Beschreibung des Eigenspannungszustandes beim Pendel- und Schnellhubschleifen

Von der Fakultät für Maschinenwesen
der Rheinisch-Westfälischen Technischen Hochschule Aachen
zur Erlangung des akademischen Grades eines
Doktors der Ingenieurwissenschaften
genehmigte Dissertation

vorgelegt von

Michael Duscha

Berichter:

Univ.-Prof. Dr.-Ing. Dr.-Ing. E. h. Dr. h.c. Dr. h.c. Fritz Klocke
Univ.-Prof. Dr.-Ing. Paul Beiss

Tag der mündlichen Prüfung: 12. Mai 2014

ERGEBNISSE AUS DER PRODUKTIONSTECHNIK

Michael Duscha

Beschreibung des Eigenspannungszustandes beim Pendel- und Schnellhubschleifen

Herausgeber:
Prof. Dr.-Ing. Dr.-Ing. E.h. Dr. h.c. Dr. h.c. F. Klocke
Prof. Dr.-Ing. Dipl.-Wirt.Ing. G. Schuh
Prof. Dr.-Ing. C. Brecher
Prof. Dr.-Ing. R. H. Schmitt

Band 27/2014

Bibliografische Information der Deutschen Nationalbibliothek
Die Deutsche Nationalbibliothek verzeichnet diese Publikation in der Deutschen Nationalbibliografie; detaillierte bibliografische Daten sind im Internet über http://dnb.ddb.de abrufbar.

Michael Duscha:

Beschreibung des Eigenspannungszustandes beim Pendel- und Schnellhubschleifen

1. Auflage, 2014

Gedruckt auf holz- und säurefreiem Papier, 100% chlorfrei gebleicht.

Apprimus Verlag, Aachen, 2014
Wissenschaftsverlag des Instituts für Industriekommunikation und Fachmedien an der RWTH Aachen
Steinbachstr. 25, 52074 Aachen
Internet: www.apprimus-verlag.de, E-Mail: info@apprimus-verlag.de

Printed in Germany

ISBN 978-3-86359-226-4

D 82 (Diss. RWTH Aachen University, 2014)

Vorwort

Preamble

Die vorliegende Arbeit entstand neben meiner Tätigkeit als wissenschaftlicher Mitarbeiter am Lehrstuhl für Technologie der Fertigungsverfahren des Werkzeugmaschinenlabors WZL der RWTH Aachen.

Herrn Prof. Dr.-Ing. Dr.-Ing. E. h. Dr. h.c. Dr. h.c. Fritz Klocke, Inhaber des Lehrstuhls für Technologie der Fertigungsverfahren, danke ich für die stetige Diskussionsbereitschaft und die wohlwollende Förderung meiner Arbeit. Seine fachliche und persönliche Unterstützung hat ein motivierendes Arbeitsfeld geschaffen, in dem ich stets sehr gerne gearbeitet habe.

Ebenso danke ich Herrn Prof. Dr.-Ing. Paul Beiss, dem ehemaligen Leiter des Instituts für Werkstoffanwendungen im Maschinenbau, für die ausgezeichnete Zusammenarbeit und seine stetige Diskussionsbereitschaft. Darüber hinaus danke ich für die eingehende Durchsicht des Manuskripts dieser Arbeit und die Übernahme des Korreferats. Weiterer Dank gilt Herrn Prof. Dr.-Ing. Uwe Reisgen für die Übernahme des Prüfungsvorsitzes.

Ich bedanke mich beim Arbeitskreis Schleiftechnik (AKS) am WZL, aus dessen Mitte wesentliche Ansätze und Ideen zur Erstellung dieser Arbeit stammten. Für die persönliche und finanzielle Unterstützung sowie zahlreichen Anregungen der Mitgliedsfirmen möchte ich mich an dieser Stelle herzlich bedanken.

Weiterer Dank geht an Herrn Dr.-Ing. Atilim Eser, der mir zusammen mit Herrn Alexander Bezold die Tür zu den Materialwissenschaften aufgestoßen hat. Insbesondere möchte ich Herrn Dr.-Ing. Andreas Stark für die großartige Unterstützung der materialwissenschaftlichen Versuche am DESY (DEUTSCHES ELEKTRONEN-SYNCHROTRON) in Hamburg sowie den unzähligen konstruktiven Diskussionen danken.

Mein besonderer Dank gilt den Aachener Schleifern und den Kollegen des Lehrstuhls Technologie der Fertigungsverfahren. Die offene und von enger Freundschaft geprägte Arbeitsatmosphäre war das optimale Umfeld, um bei vielen Gelegenheiten Forschungsergebnisse konstruktiv zu diskutieren und zu evaluieren. In diesem Umfeld trugen stellvertretend insbesondere meine Freunde und Kollegen Dr.-Ing. Barbara Linke, Dr.-Ing. Patrick Mattfeld, Dr.-Ing. Bernd Meyer, Dr.-Ing. Hagen Wegner, Dr.-Ing. Christoph Zeppenfeld, Richard Brocker, Steffen Buchholz, Silke Helmling, Daniel Müller, Matthias Rasim, Andreas Roderburg, Florestan Schindler, Janis Thiermann, Stefan Tönissen und Markus Weiß wesentlich zum Gelingen der vorliegenden Arbeit bei. Für die tatkräftige Unterstützung meiner Versuche und die Betreuung des Versuchsfeldes bedanke ich mich bei Peter Ritzerfeld und Guido Kochs-Theisen. Ebenso gilt mein Dank Brigitte Niederbach und Bernd Krüger für die fachkundige Probenpräparation und die metallographischen Untersuchungen.

Vorwort

Allen aktiven und ehemaligen Hiwis, Studien- und Diplomarbeitern sowie Gastwissenschaftlern danke ich für ihr großes Engagement bei der Durchführung der Untersuchungen und der Erstellung dieser Arbeit. Besonderer Dank gilt Marlon Hell, Dietrich Kriworotow, Ali Rajaei, Peter Wiese und Saeed Vakilzadeh.

Für ihre liebevolle und stetige Motivation bei der Erstellung meiner Arbeit sowie das Verständnis für lange Arbeitstage danke ich von Herzen meiner lieben Verlobten Juliane und ihren Eltern Elfriede und Günther Reich.

Der wichtigste und größte Dank gilt meinen Eltern sowie meiner Schwester. Sie haben stets an mich geglaubt, mich in jeder Hinsicht unterstützt und mir die Möglichkeit für meinen Werdegang geschaffen.

Obereisenheim, im Mai 2014											Michael Duscha

Inhaltsverzeichnis

Content

1 Einleitung 1

2 Stand der Forschung 3

   2.1 Prozesskinematik des Schnellhubschleifens und des Hochgeschwindigkeitsschleifens 3
      2.1.1 Schnellhubschleifen 7
      2.1.2 Hochgeschwindigkeitsschleifen 8
      2.1.3 Superposition des Schnellhubschleifens und des Hochgeschwindigkeitsschleifens 9
   2.2 Messtechnische Erfassung des thermomechanischen Belastungskollektives 11
      2.2.1 Messtechnische Erfassung der mechanischen Werkstückbelastungen 11
      2.2.2 Messtechnische Erfassung der thermischen Werkstückbelastungen 13
   2.3 Phasenumwandlungen beim Schleifen 15
      2.3.1 Austenitische Phasenumwandlung 17
      2.3.2 Martensitische Phasenumwandlung 20
      2.3.3 Einfluss von Dehnungen und Spannungen auf die Phasenumwandlung 21
   2.4 Eigenspannungen beim Schleifen 24
      2.4.1 Entstehung von Eigenspannungen beim Schleifen 24
      2.4.2 Eigenspannungshistorie in Abhängigkeit von der Schleifhubanzahl .27
      2.4.3 FE-Modellierungsansätze für die Berechnung von Eigenspannungen 27
   2.5 Zwischenfazit zum Stand der Forschung und Problemstellung 32

3 Forschungshypothese und Zielsetzung 35

4 Experimentelle Untersuchungen zur Ermittlung des thermomechanischen Belastungskollektives 39

   4.1 Versuchsplanung und -vorbereitung 39
   4.2 Vorgehensweise zur Beschreibung der mechanischen Werkstückbelastung 41
   4.3 Vorgehensweise zur Beschreibung der thermischen Werkstückbelastung 48
   4.4 Versuchsergebnisse für das Pendel- und Schnellhubschleifen 50
      4.4.1 Thermische Belastungen während des Schleifens 58
      4.4.2 Mechanische Belastungen während des Schleifens 63
   4.5 Zwischenfazit zu den experimentellen Untersuchungen 66

5 Beschreibung des thermomechanischen Werkstoffverhaltens von 100Cr6 69

5.1 Identifikation der Werkstückrandzonenbeeinflussung infolge von mechanisch induzierten Verformungen 69
5.2 Aufbau und Durchführung der Zugversuche 73
5.3 Modellierung des thermomechanischen Werkstoffverhaltens 75
5.4 Zwischenfazit zur Beschreibung des thermomechanischen Werkstoffverhaltens für 100Cr6 77

6 Numerische Modellierung der thermomechanischen Beanspruchungsprofile 79

6.1 Numerische Modellierung der wirksamen thermischen Beanspruchungsprofile 80
6.2 Numerische Modellierung der wirksamen mechanischen Beanspruchungsprofile 86
6.3 Zwischenfazit zur numerischen Modellierung und Simulation der wirksamen thermomechanischen Beanspruchungsprofile 89

7 Untersuchungen der metallurgischen Vorgänge während des Schleifens 91

7.1 Aufbau, Durchführung und Auswertung der Untersuchungen 91
7.2 Ergebnisse zu den Untersuchungen der metallurgischen Vorgänge während des Schleifens 99
    7.2.1 Austenitisierungstemperatur in Abhängigkeit von der Aufheizrate ... 99
    7.2.2 Einfluss von Dehnungen und Spannungen auf die Austenitumwandlung 100
    7.2.3 Einfluss von Dehnungen und Spannungen auf die Martensitumwandlung 108
7.3 Zwischenfazit zu den metallurgischen Vorgängen während des Schleifens 110

8 Modellierung und Simulation der Eigenspannungen 111

8.1 Modellierung der thermomechanischen Beanspruchungen und Randbedingungen 112
8.2 Modellierung der metallurgischen Beanspruchungen und des Werkstoffverhaltens von 100Cr6 113
8.3 Validierung der Forschungshypothese 119
    8.3.1 Verifikation und Evaluierung der FEM-Simulation am Beispiel der Phasenumwandlung 119
    8.3.2 Eigenspannungsausbildung in Abhängigkeit von verschiedenen Tischvorschubgeschwindigkeiten 122
    8.3.3 Eigenspannungsausbildung in Abhängigkeit von der Schleifhubanzahl 132
8.4 Zwischenfazit zur Validierung der Forschungshypothese 134

9 Zusammenfassung und Ausblick 135
10 Literaturverzeichnis 139
11 Anhang 159
    11.1 Bilderanhang 159

Formelzeichen und Abkürzungen

Formula, Symbols and Abbreviations

Großbuchstaben

A_1	K, °C	PSK-Linie im Eisen-Kohlenstoff-Diagramm
A_3	K, °C	GSE-Linie im Eisen-Kohlenstoff-Diagramm
A_{c1b}	K, °C	Austenitstarttemperatur bei Erwärmung
A_{c1e}	K, °C	Austenitfinishtemperatur bei Erwärmung
A_j, B_j, C_j	-	Materialabhängige Faktoren für das JOHNSON-COOK-Modell
$A_\alpha, B_\alpha, C_\alpha, D_\alpha, E_\alpha$	-	Materialabhängige Konstanten für die Martensitumwandlung
$A_\gamma, B_\gamma, C_\gamma, D_\gamma, E_\gamma$	-	Materialabhängige Konstanten für die Austenitumwandlung
A_k	mm²	Kontaktfläche zwischen Schleifscheibe und Werkstück
A_{kin}	mm²	Kinematische Einzelkornkontaktfläche
A_{pro}	mm²	Probenquerschnitt
A_{quer}	mm²	Querschnittsfläche
A_{r1e}	K, °C	Austenitfinishtemperatur bei Abkühlung
E''_c	J/mm²	Flächenbezogene Schleifenergie
E_{Ph}	eV	Photonenenergie
F	N	Schleifkraft
F_n	N	Schleifnormalkraft
F_p	N	Hydraulische Presskraft
F_t	N	Schleiftangentialkraft
F'_n	N/mm	Bezogene Schleifnormalkraft
F'_t	N/mm	Bezogene Schleiftangentialkraft
H	J/kg	Umwandlungsenthalpie
I	-	Intensität der Phasenanteile
J_2	MPa	Zweite Invariante des Spannungsdeviators
K	MPa	Werkstoffparameter für RAMBERG-OSGOOD-Modell
K_v	-	Anteil der umgesetzten mechanischen Arbeit

K_W	-	Anteil der Wärmestromdichte in das Werkstück
M	-	Martensitanteil im ZTU-Schaubild
M_s	K, °C	Martensitstarttemperatur
M_{s0}	K, °C	Martensitstarttemperatur im spannungsfreien Zustand
N_{kin}	mm^{-2}	Anzahl kinematischer Schneiden pro Flächeneinheit
N_{mom}	-	Anzahl der momentan im Eingriff befindlichen Schneiden
P_0	MPa/°C	Parameter für das RAMBERG-OSGOOD-Modell
P_1	MPa	Parameter für das RAMBERG-OSGOOD-Modell
P''_c	W/mm²	Kontaktflächenbezogene Schleifleistung
P_{kfz}	%	Packungsdichte (kubisch flächenzentriert)
P_{krz}	%	Packungsdichte (kubisch raumzentriert)
P_s	W	Antriebleistung
Q	J/mol	Aktivierungsenergie für die Kohlenstoffdiffusion im Austenit
Q'_w	mm³/(mm·s)	Bezogenes Zeitspanungsvolumen
$\dot{Q}_{kss}$	l/min	Kühlschmierstoffvolumenstrom
R	-	Anteil/Verhältnis
R_e	MPa	Streckgrenze
R_g	J/(mol·K)	Gaskonstante
R^2	-	Bestimmtheitsmaß
$R_{\alpha,\gamma}$	-	Korrekturfaktoren für α- und γ-Eisen
S_{kin}	-	Kinematische Schneidenanzahl
S_{stat}	-	Statische Schneidenanzahl
T	K, °C	Temperatur
T_μ	µm	Schnitteinsatztiefe
T_A	K, °C	Anfangstemperatur
T_{as}	K, °C	Austenittemperatur
T_{end}	K, °C	Endtemperatur
T_{halt}	K, °C	Haltetemperatur
T_k	K, °C	Kontaktzonentemperatur
T_{kss}	K, °C	Kühlschmierstofftemperatur

T_m	K, °C	Mittlere Temperatur des Thermoelementes
T_r	K, °C	Bezugstemperatur/Raumtemperatur
T_s	K, °C	Schleiftemperatur
T_{sch}	K, °C	Liquidustemperatur des Werkstoffes
T_{sim}	K, °C	Simulierte Temperatur
T_u	K, °C	Umgebungstemperatur
$\dot{T}_{ab}$	°C/min	Abkühlrate
$\dot{T}_{auf}$	°C/min	Aufheizrate
U_d	-	Abrichtüberdeckungsgrad
U_{mess}	V	Messspannung
V	m³	Volumen
V'_w	mm³/mm	Bezogenes Zerspanungsvolumen

Kleinbuchstaben

a_e	mm	Schleifzustellung
a_{ed}	µm	Abrichtzustellung
a_w	m/s²	Maschinentischbeschleunigung
b_a	-	Materialkonstante für die Austenitumwandlung
b_{kont}	mm	Kontaktstellenbreite
b_α	K⁻¹	Materialkonstante für die Martensitumwandlung
b_{mess}	mm	Messadapterbreite
b_s	mm	Eingriffsbreite der Schleifscheibe
c	J/(kg·K)	Wärmekapazität
c_γ	-	Umwandlungsparameter für die Austenitumwandlung
c_{sls}	-	Dimensionslose Konstante der Schleifscheibe
d	mm	Durchmesser
d_g	mm	Gitterkonstante
d_{gl}	µm	Glimmerscheibendicke
d_{kg}	µm	Mittlerer Korndurchmesser
d_{ko}	mm	Konstantandrahtdurchmesser
d_l	mm	Durchmesser der Laserbahnen
d_s	mm	Schleifscheibendurchmesser

d_{the}	µm	Thermoelementdicke
e_1	-	Exponent für die maximale Spanungsdicke
e_c	J/mm³	Spezifische Schleifenergie
e_i	-	Exponent
f	-	Phasenanteil
$f(f_{\alpha,\gamma})$	-	Korrekturterm für die Umwandlungsplastizität
$f(\dot{T})$	-	Korrekturterm für die Aufheizrate
f_{ab}	Hz	Abtastfrequenz
f_i	-	Phasenanteil der jeweiligen Phase
$\dot{f}_i$	s⁻¹	Inkrement des Phasenanteils der jeweiligen Phase
f_{is}	-	Maximaler Phasenanteil zu Beginn der Phasenumwandlung für die Differentialgleichung
f_l	mm	Laserbrennweite
f_s	Hz	Abtastrate
h	mm	Höhe
h_{cu}	µm	Spanungsdicke
$h_{cu,\,eq}$	µm	Äquivalente Spanungsdicke
$h_{cu,\,max}$	µm	Maximale unverformte Einzelkornspanungsdicke
h_{kol}	mm	Kolbenhubweg der Presse
k_t	-	Konstante für die Entfestigung
k_{tp}	MPa⁻¹	Konstante für die Umwandlungsplastizität
l	mm	Länge
l_0	mm	Anfangslänge
l_1	mm	Endlänge
l_g	mm	Geometrische Kontaktlänge
l_{kin}	mm	Kinematische Kontaktlänge
l_{pro}	mm	Werkstückprobenlänge
l_{real}	mm	Reale Kontaktlänge
l_{sim}	mm	Kontaktlänge während der Simulation
l_w	mm	Werkstücklänge
m_γ	-	Umwandlungsparameter für die Austenitumwandlung

m_j, n_j	-	Werkstoffabhängige Konstanten für das JOHNSON-COOK-Modell
n	-	Exponent für die Phasenumwandlung
n_l	µm	Länge für Element
n_R	-	Verfestigungsfaktor für RAMBERG-OSGOOD-Modell
p	MPa	Flächenpressung/Druck
p_{beh}	bar	Behälterdruck der Presse
p_{dila}	MPa	Flächenpressung für die Dilatometerversuche
p_{eff}	MPa	Effektiver Druck
$\bar{p}$	MPa	Mittlere Flächenpressung
q	-	Geschwindigkeitsverhältnis
q_d	-	Abrichtgeschwindigkeitsquotient
$\dot{q}''_{kss}$	W/mm²	Wärmestromdichte in den Kühlschmierstoff
$\dot{q}''_s$	W/mm²	Wärmestromdichte in die Schleifscheibe
$\dot{q}''_{span}$	W/mm²	Wärmestromdichte in die Späne
$\dot{q}''_t$	W/mm²	Gesamtwärmestromdichte
$\dot{q}''_w$	W/mm²	Wärmestromdichte in das Werkstück
$\dot{q}'''_{\Delta H}$	W/mm³	Spezifischer Wärmestrom für Enthalpiedifferenz
r_{tas}	µm	Tastkegelradius
s_{hub}	-	Schleifhubanzahl
s_{ko}	µm	Konstantanfolienstärke
t	s	Zeit
t_{ans}	s	Ansprechzeit
t_{bild}	s	Bildaufnahmezeit
t_k	s	Kontakteingriffszeit
t_{mess}	mm	Messadaptertiefe
v_s	m/s	Schleifscheibenumfangsgeschwindigkeit
v_{sd}	m/s	Schleifscheibenabrichtgeschwindigkeit
v_w	m/min	Tischvorschubgeschwindigkeit
x	mm	Abstand
x_{ab}	mm	Tastschnittabstand in Umfangsrichtung
x_k	mm	Längenposition im Kontaktbogen

Formelzeichen und Abkürzungen   IX

x_{mess}	mm	x-Messrichtung
y_{ab}	mm	Tastschnittabstand in y-Richtung
y_k	mm	Höhenposition im Kontaktbogen
y_{mess}	mm	y-Messrichtung
y_{wrz}	µm	Werkstückrandzonentiefe
z	µm	Tiefe
z_{ab}	-	Tastschnittabstand in z-Richtung

Griechische Buchstaben

α	-	α-Eisen (Martensit)
α_{kss}	W/(m²·K)	Wärmeübergangskoeffizient für den Kühlschmierstoff
γ	-	γ-Eisen (Austenit)
γ_{kor}	µm	Austenitkorngröße
γ_{sch}	-	Scherung
$\dot{\gamma}_{sch}$	s⁻¹	Scherdehnungsgeschwindigkeit
Δr_s	µm	Radialverschleiß der Schleifscheibe
$\Delta\Psi$	-	Halbwertsbreite
ε	-	Dehnung
ε^{el}	-	Elastische Dehnung
ε_{gren}	°	Schneidenversatz-Grenzwinkel
ε^{pl}	-	Plastische Dehnung
$\bar{\varepsilon}^{pl}$	-	Äquivalente plastische Dehnung
$\dot{\varepsilon}^{pl}$	s⁻¹	Äquivalente plastische Dehnungsgeschwindigkeit
ε^t	-	Totaler Dehnungstensor
ε^{th}	-	Thermische Dehnung
ε^{tp}	-	Umwandlungsplastische Dehnung
ε^{tr}	-	Umwandlungsdehnung
$\dot{\varepsilon}$	s⁻¹	Dehnungsgeschwindigkeit
$\dot{\varepsilon}_0$	s⁻¹	Bezugsgeschwindigkeit
θ	°	Beugungswinkel
λ	nm	Wellenlänge

λ	W/(m·K)	Wärmeleitfähigkeit
λ_{ab}	-	Abkühlparameter für die Martensitumwandlung
λ_l	nm	Laserwellenlänge
μ	-	Schnittkraftverhältnis
$\mu_{\alpha,\gamma}$	-	Schwächungskoeffizient der Phasen
ν	-	Querkontraktionszahl
ρ	kg/m³	Dichte
σ	MPa	Spannung
σ_f	MPa	Fließspannung für den Werkstoff 100Cr6
σ_m	MPa	Mittlere Spannung
σ_{rk}	MPa	Radiale Kontaktspannung
σ_v	MPa	Vergleichsspannung nach VON MISES
σ_{wahr}	MPa	Wahre Spannung
$\sigma_\perp$	MPa	Eigenspannung (senkrecht zur Schleifrichtung)
$\sigma_\parallel$	MPa	Eigenspannung (parallel zur Schleifrichtung)
σ'	MPa	Deviator des Spannungstensors
τ	s	Zeitverzögerungsparameter
φ	-	Wahre Dehnung

Abkürzungen und Indizes

AHP	Aufheizphase
AKP	Abkühlphase
ber	Berechnet
CBN	Kubisches Bornitrid
DESY	DEUTSCHES ELEKTRONEN-SYNCHROTRON
DFLUX	Unterprogramm für die Modellierung der bewegten mechanischen Beanspruchung in ABAQUS
DLOAD	Unterprogramm für die Modellierung der bewegten thermischen Beanspruchung in ABAQUS
druck	Druck
esp	Eigenspannungen

FE	Finite Elemente
FEM	Finite-Elemente-Methode
FEP	Perfluorethylenpropylen (Fluorinated Ethylene Propylene)
ges	Gesamt
HEMS	High Energy Materials Science
hkl	Millersche Indizes
HWB	Halbwertsbreite
HZG	Helmholtz-Zentrum Geesthacht
k	Kontaktzone
kfz	Kubisch flächenzentrierte Gitterstruktur
kin	Kinematisch
krz	Kubisch raumzentrierte Gitterstruktur
kss	Kühlschmierstoff
luft	Luft
max	Maximal
mech	Mechanisch
mess	Messung
min	Minimal
n	Normalenrichtung
pro	Probe
real	Real
res	Resultierend
s	Schleifscheibe
sim	Simulation
t	Tangentialrichtung
ther	Thermisch
topo	Topografie
trz	Tetragonal raumzentrierte Gitterstruktur
USDFLD	User defined field (Unterprogramm in ABAQUS)
w	Werkstück
wrz	Werkstückrandzone

ZTA	Zeit-Temperatur-Austenitisierungsschaubild
ZTU	Zeit-Temperatur-Umwandlungsschaubild
zug	Zug

1 Einleitung

Das Schleifen steht in einer Vielzahl von Anwendungsfällen am Ende der Wertschöpfungskette. Damit trägt das Schleifen entscheidend zu den Bauteileigenschaften in der Randzone bei. Aufgrund des thermomechanischen Belastungskollektives im Schleifprozess kann es zu thermischen Überbeanspruchungen im Werkstoff kommen. Diese können zu unerwünschten Veränderungen der Randzoneneigenschaften, wie zum Beispiel Zugeigenspannungen, führen. Ein vielversprechendes Schleifverfahren zur Reduzierung thermischer Überbeanspruchungen bei vergleichsweise hohen Zeitspanungsvolumina ist das Schnellhubschleifen [ZEPP05; NACH08]. Erste Untersuchungen zeigen das Potential dieses innovativen Schleifverfahrens auf. Dabei ist das Schnellhubschleifen hinsichtlich der auftretenden thermischen und mechanischen Einflüsse auf die Bauteilrandzone weitestgehend unerforscht.

Die Verschleißfestigkeit von geschliffenen Bauteilen hängt im Wesentlichen von dem Randzonengefüge, der Oberflächengüte sowie den Eigenspannungen ab. Eine Vielzahl von Bauteilen, die schleiftechnisch hergestellt werden, ist im späteren Lebenszyklus dynamisch beansprucht. Eigenspannungen beeinflussen insbesondere die Schwingfestigkeit, wobei Druckeigenspannungen zu einer Erhöhung der Dauerfestigkeit beitragen und somit als positiv einzustufen sind [ZOCH95; HOSE00]. Die Lebensdauer eines Bauteiles ist damit entscheidend abhängig von den Eigenspannungen in der Bauteilrandzone.

Insbesondere für die Vorhersage von Eigenspannungen nach einem Schleifprozess ist die Kenntnis der thermischen und mechanischen Beanspruchungen sowie Kenntnis des metallurgischen Zustandes der Randzone eine Grundvoraussetzung. Das Beanspruchungsszenario der Randzone während der Bearbeitung ist die Ursache für die Ausbildung des Eigenspannungszustandes. Die Erforschung der thermomechanisch-metallurgischen Beanspruchungen ist Ziel dieser Arbeit. Dazu werden neue experimentelle Ansätze zur Identifikation des vorliegenden thermomechanischen Belastungskollektives im Kontaktbogen zwischen Schleifscheibe und Bauteil entwickelt, die den verfahrensspezifischen Bedingungen des Schnellhubschleifens gerecht werden. Ausschlaggebend für die Beeinflussung der Bauteilrandzone ist das wirksame Beanspruchungskollektiv auf der geschliffenen Bauteiloberfläche, welches durch numerische Simulationsansätze erforscht wird. Hohe thermische Beanspruchungen können den metallurgischen Zustand des Bauteiles verändern. Dabei ist die auftretende Phasenumwandlung ebenfalls von den mechanischen Einflüssen abhängig. In dieser Arbeit wird erstmals der Einfluss von unterschiedlichen Dehnungen und Dehnungsgeschwindigkeiten auf die Austenit- und Martensitumwandlung beim Schleifen herausgestellt. Abschließend können die Ursachen (thermomechanisch-metallurgische Beanspruchungen) als Grundlage für die Vorhersage der Eigenspannungen beim Pendel- und Schnellhubschleifen abgebildet werden.

Introduction

In a variety of applications, grinding is within the last operations of the value chain and has a decisive influence on the properties of the component. Due to the thermo-mechanical load spectrum during grinding processes, the workpiece can be damaged. This can lead to undesirable changes of the surface layer properties such as tensile residual stresses. The speed stroke grinding process can be viewed as a promising grinding process since it combines a reduction of tensile residual stresses with a comparatively high material removal rate [ZEPP05; NACH08]. First investigations indicated the high capabilities of this innovative grinding process. The influence of speed stroke grinding on the subsequent arising thermal and mechanical load distribution is mostly unexplored.

Wear resistance of ground components depends substantially on the structure of the surface layer, surface quality and residual stresses. A large number of components, which have been ground during their manufacturing sequence, have to endure dynamic stresses in the course of their life cycle. Especially resistance against cyclic loads is influenced by residual stresses whereby fatigue strength can be increased by residual compressive stresses, therefore classified as positive influence [ZOCH95; HOSE00]. Hence, the residual stresses in the workpiece surface layer are crucial for its durability.

Basic prerequisite especially for prediction of residual stresses after grinding is the knowledge of thermal and mechanical stresses. The aim of this thesis is to investigate on thermo-mechanical-metallurgical stresses causing residual stresses. For this purpose new experimental approaches have to be developed to identify the existing thermo-mechanical load distribution in the contact arc between grinding wheel and workpiece which fulfil process-related conditions of speed stroke grinding. The effective stress spectrum on the ground workpiece surface is crucial for influencing the superficial workpiece layer and has to be explored by a numerical approach. The metallurgical condition of the component can be modified by high thermal stresses. However, the arising phase transformation is also affected by mechanical stresses. This thesis initially highlights the influence of various strains and strain rates on the austenite and martensite phase transformation by grinding. In conclusion, primary causes (thermo-mechanical-metallurgical stresses) can be reproduced and enable the prediction of the residual stresses by pendulum and speed stroke grinding.

2 Stand der Forschung

Current State of Research

Aufbauend auf den Grundlagen des Schleifens werden in diesem Kapitel die technologischen Zusammenhänge für die verschiedenen Prozesskinematiken des Schnellhubschleifens sowie des Hochgeschwindigkeitsschleifens dargestellt. Die während des Schleifens auftretenden Spanbildungsvorgänge führen zu einem thermomechanischen Belastungskollektiv. Die Möglichkeiten der messtechnischen Erfassung der thermomechanischen Belastungen werden diskutiert. Infolge des wirkenden thermomechanischen Belastungskollektives kann es zu Veränderungen des metallurgischen Zustandes der Werkstückrandzone kommen. Die auftretenden Mechanismen der Phasenumwandlung werden hergeleitet und die Beeinflussung der einzelnen Phasenumwandlungen durch Dehnungen und Spannungen betrachtet. Im weiteren Fokus stehen die Entstehungsmechanismen der Eigenspannungsausbildung. Zusätzlich werden bisherige Modellierungsansätze für die Berechnung von Eigenspannungen vorgestellt. Das Forschungsdefizit wird aufgezeigt und die Problemstellung abgeleitet.

2.1 Prozesskinematik des Schnellhubschleifens und des Hochgeschwindigkeitsschleifens

Process Kinematic of Speed-Stroke Grinding and High-Speed Grinding

Das Schleifen ist durch eine Vielzahl von bahngebundenen Korneingriffen in den Werkstoff geprägt. Die dabei auftretende Spanbildung kann in drei Phasen unterteilt werden. Beim ersten Kontakt zwischen Korn und Werkstück wird elastische Verformung in der Werkstückrandzone induziert. Diese Phase wird durch zusätzliche plastische Verformungen in der zweiten Phase teilweise abgelöst. In der dritten Phase beginnt mit dem Erreichen der Mindestschnitteinsatztiefe T_μ während des Korneingriffes die eigentliche Spanbildung. [LORT75, S. 71 f.; LOWI80, S. 7; KLOC05, S. 10] Die Hauptspanbildung ist vorwiegend in der Austrittszone der Schleifkörner zu erwarten [DENK12, S. 111]. Dabei tritt die Spanbildung in Richtung der größten Schubspannung auf, vgl. [LEOP80]. Die während des Korneingriffes auftretenden Schleifkräfte und -temperaturen stehen in einem direkten Zusammenhang zu den maximal unverformten Einzelkornspanungsdicken $h_{cu,max}$. Aufbauend auf den Arbeiten von [KURR28; PAHL43; REIC56; COLD59; KASS69; PETE67; WERN71; MALK89; INAS89; LIER90] kann im Allgemeinen die mathematische Beschreibung der maximal unverformten Einzelkornspanungsdicken wie folgt angegeben werden [TOEN92, S. 680; PAUL94, S. 49]:

$$h_{cu,max} = c_{sls} \cdot \left(\frac{v_w}{v_s}\right)^{e_1} \cdot \left(\frac{a_e}{d_s}\right)^{\frac{e_1}{2}} \qquad \text{Formel 2.1}$$

mit c_{sls} : Dimensionslose Konstante für die Schleifscheibe

  v_w : Tischvorschubgeschwindigkeit

v_s : Schleifscheibenumfangsgeschwindigkeit

a_e : Zustellung

d_s : Schleifscheibendurchmesser

e_1 : Experimentell ermittelter Exponent

Dieser Beschreibung liegen die Annahmen zu Grunde, dass keine plastische Verformung während des Korneingriffes vorliegt sowie kein Kornverschleiß auftritt. Darüber hinaus wird davon ausgegangen, alle Körner gleichverteilt in Eingriff zu bringen, ohne dass eine gegenseitige Beeinflussung der Korneingriffsbahnen auf dem Werkstück vorhanden ist [TOEN92, S. 680]. Die äquivalente Spanungsdicke $h_{cu,eq}$ ist ein vereinfachter Ansatz, um die auftretenden Spanungsdicken zu beschreiben. Nach SNOEYS ET AL. kann die äquivalente Spanungsdicke $h_{cu,eq}$ nach folgendem Ansatz berechnet werden [SNOE74, S. 228]:

$$h_{cu,eq} = \frac{a_e \cdot v_w}{v_s}$$
Formel 2.2

Im Schleifprozess kommt eine Vielzahl kornspezifischer Schneiden zum Einsatz, die in der Kontaktzone als statistisch verteilt angenommen werden kann, vgl. [LORT75]. In Bild 2.1 ist eine qualitative Darstellung der am Zerspanprozess beteiligten Schneiden zu sehen:

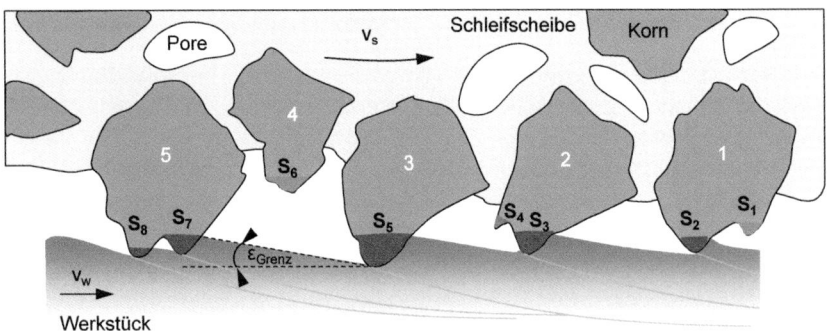

Bild 2.1: Qualitative Darstellung des Schneidenversatz-Grenzwinkels und der beteiligten Kornflächen während des Schleifens (In Anlehnung an STEFFENS [STEF83, S. 8])
Qualitative visualisation of the kinematic offset angle and involved grit areas during grinding

Dabei muss zwischen statischen (S_1-S_8) und kinematischen Schneiden (S_2, S_3, S_5, S_7, S_8) unterschieden werden. Die statischen Schneiden S_{stat} sind alle auf der Topografie der Schleifscheibe befindlichen Schneiden pro Längeneinheit, wohingegen die kinematischen Schneiden S_{kin} nur die am Schleifprozess beteiligten Schneiden pro Längeneinheit sind. Für den Fall, dass zwei aufeinanderfolgende Schneiden den gleichen oder die nachfolgende Schneide einen größeren radialen Abstand vom

2 Stand der Forschung

Schleifscheibenmittelpunkt bis zur Kornspitze haben, wird die nachfolgende Schneide ebenfalls in Eingriff gelangen. Wenn die nachfolgende Schneide jedoch einen zu geringen Abstand zum Schleifscheibenmittelpunkt im Vergleich mit der vorherigen Schneide aufweist, wird diese Schneide nicht an der Zerspanung des Werkstoffes beteiligt. [KASS69, S. 37; WERN71, S 45; LORT75, S. 71]

Für die genaue Bewertung, welche Schneiden aktiv an der Zerspanung beteiligt sind, kann der Schneidenversatz-Grenzwinkel ε_{gren} nach Formel 2.3 berechnet werden [WERN71, S. 46]:

$$\tan \varepsilon_{gren} = \frac{1}{q} \cdot 2 \cdot \left(\frac{a_e}{d_s}\right)^{\frac{1}{2}}$$
Formel 2.3

mit q : Geschwindigkeitsverhältnis v_s/v_w

Der Werkstoffbereich, welcher sich mittels des Schneidenversatz-Grenzwinkels und der vorlaufenden Schneide bestimmen lässt, wird von der nachfolgenden Schneide zerspant (Bild 2.1). Ein vergleichbarer Zusammenhang ergibt sich für die Anzahl der kinematischen Schneiden pro Flächeneinheit N_{kin}. Diese Kenngröße ergibt sich in Abhängigkeit von den Prozessstellgrößen nach Formel 2.4 [KASS69, S. 50 ff.; WERN71, S. 55 ff.; PAUL94, S. 48]:

$$N_{kin} = c_{sls} \cdot \left(\frac{1}{q}\right)^{e_1} \cdot \left(\frac{a_e}{d_s}\right)^{\frac{e_1}{2}}$$
Formel 2.4

Die kinematischen Schneiden pro Flächeneinheit nehmen mit steigender Tischvorschubgeschwindigkeit bei gleichzeitig reduzierten Zustellungen zu. Im Gegensatz dazu reduziert sich unter gleichen Bedingungen die Anzahl der momentan im Eingriff befindlichen Schneiden N_{mom} nach WERNER [WERN71, S. 57]:

$$N_{mom} = c_{sls} \cdot N_{kin} \cdot l_g \cdot b_s$$
Formel 2.5

mit l_g : Geometrische Kontaktlänge

b_s : Schleifscheibeneingriffsbreite

Dabei übt jede im Eingriff befindliche Schneide eine thermische und mechanische Belastung auf die Werkstückrandzone aus. Die Summe dieser Belastungen wird im Folgenden als thermomechanisches Belastungskollektiv definiert. Die summierten Einzelkräfte an allen momentan im Eingriff befindlichen Körnern entlang des Kontaktbogens ergeben die Schleifkräfte. Dabei ist bezogen auf das Werkstückkoordinatensystem die Tangentialkraft F_t die Schleifkraft in Tangentialrichtung sowie die Normalkraft F_n die Schleifkraft in Normalenrichtung. Die resultierenden Schleifkräfte F_{res} können im Betrag nach Formel 2.6 berechnet werden [CROF77, S. 92]:

$$F_{res} = \sqrt{F_t^2 + F_n^2}$$
Formel 2.6

mit F_t : Tangentialkraft

F_n : Normalkraft

Die jeweils resultierende Schleifkraft entlang des Kontaktbogens wirkt normal zu dem entsprechenden Werkstückoberflächenpunkt. Der Verlauf der resultierenden Schleifkraft variiert in Abhängigkeit von der Korneingriffsverteilung entlang des Kontaktbogens. Aus den Schleifkräften kann mit dem Schnittkraftverhältnis µ eine weitere Kenngröße für das Schleifen abgeleitet werden (Formel 2.7):

$$\mu = \frac{F_t}{F_n}$$ Formel 2.7

Das Schleifkraftverhältnis kann mit der auftretenden Spanbildung während des Schleifens in Bezug gesetzt werden [MUCK00, S. 70]. Ein großes Schnittkraftverhältnis deutet auf eine effiziente Zerspanung hin. Im Gegensatz dazu ist ein vergleichsweise kleines Schnittkraftverhältnis ein Hinweis auf hohe Reibanteile während des Schleifens. Die elastischen und plastischen Reibanteile nehmen einen entscheidenden Einfluss auf die Wärmeentstehung entlang des Kontaktbogens. Ein kleines Schnittkraftverhältnis ist somit ebenfalls ein erster Hinweis auf eine zunehmende spezifische Schleifenergie e_c. Diese Schleifenergie ist ein Maß für die umgesetzte Schleifenergie pro Volumenelement des zerspanten Werkstoffes (Formel 2.8) [MALK89, S. 118 ff.; ZEPP05, S. 45]:

$$e_c = \frac{F'_t \cdot v_s}{Q'_w}$$ Formel 2.8

mit F'_t: Bezogene Tangentialkraft (Bezogen auf Schleifscheibenbreite)

   Q'_w: Bezogenes Zeitspanungsvolumen

Das bezogene Zeitspanungsvolumen ergibt sich nach folgender mathematischer Beschreibung (Formel 2.9):

$$Q'_w = a_e \cdot v_w$$ Formel 2.9

Eine Steigerung der Tischvorschubgeschwindigkeit v_w bei konstantem bezogenen Zeitspanungsvolumen Q'_w geht mit einer Reduzierung der Zustellung a_e einher. Unter der Annahme, dass die Tangentialkraft unabhängig von der Tischvorschubgeschwindigkeit bei konstantem bezogenen Zeitspanungsvolumen gleich bleibt, nimmt nach ZEPPENFELD die kontaktflächenbezogene Schleifleistung P''_c aufgrund der damit einhergehenden abnehmenden Kontaktfläche nach Formel 2.10 zu [ZEPP05, S. 46]:

$$P''_c = \frac{F'_t \cdot v_s}{l_g}$$ Formel 2.10

Die Steigerung der Schleifscheibenumfangsgeschwindigkeit führt demnach ebenfalls zu höheren kontaktflächenbezogenen Schleifleistungen. Es ist jedoch davon auszugehen, dass bei Steigerung der Tischvorschubgeschwindigkeit die Schleiftemperaturen in der Werkstückrandzone reduziert werden, wobei mit steigender Schleifscheibenumfangsgeschwindigkeit eine Temperaturerhöhung einhergeht.

2 Stand der Forschung

Zur weiteren Begründung dieser Annahme kann die Kenngröße für die Beschreibung der einwirkenden Schleifenergie in der Kontaktzone durch die Verwendung der flächenbezogenen Schleifenergie E''_c herangezogen werden (Formel 2.11):

$$E''_c = \frac{F'_t \cdot v_s}{v_w}$$

Formel 2.11

Im Gegensatz zur kontaktflächenbezogenen Schleifleistung P''_c berücksichtigt die flächenbezogene Schleifenergie E''_c die Einwirkzeit während des Schleifscheibeneingriffes. Mit steigenden Tischvorschubgeschwindigkeiten wird die Einwirkzeit verkürzt und die umgesetzte Wärmemenge reduziert. Dies wirkt sich günstig auf die Schleiftemperaturen aus.

2.1.1 Schnellhubschleifen
Speed-Stroke Grinding

Das Schnellhubschleifen ist durch hohe Tischvorschubgeschwindigkeiten sowie hohe Tischbeschleunigungen charakterisiert und stellt eine Verfahrenserweiterung des Flachschleifens dar [ZEPP05, S. 5; NACH08, S. 16]. Dabei können nach heutigem Stand der Technik die Tischvorschubgeschwindigkeiten bis zu $v_w = 200$ m/min sowie die Tischbeschleunigungen bis zu $a_w = 50$ m/s² erreichen [OPPE03, S. 17].

In ersten Arbeiten von INASAKI zum Schleifen mit hohen Tischvorschubgeschwindigkeit wurden verschiedene Keramiken mit Tischvorschubgeschwindigkeiten von bis zu $v_w = 36$ m/min bearbeitet. Mit zunehmender Tischvorschubgeschwindigkeit wird bei einem bezogenen Zeitspanungsvolumen von $Q'_w = 1,6$ mm³/(mm·s) die Anzahl der momentan im Eingriff befindlichen Schneiden reduziert. Gleichzeitig wird die Querschnittsfläche A_{quer} der momentan im Eingriff befindlichen Schneiden deutlich erhöht. Eine Volumeneinheit des zerspanten Werkstoffes muss entsprechend von einer geringeren Anzahl von Schleifkörnern zerspant werden. Dadurch steigt die Einzelkornbelastung bei gleichzeitig effektiverer Zerspanung infolge größerer Spanungsdicken. Zusätzlich werden die Korneingriffszeiten durch verkürzte Eingriffslängen reduziert. Im Gegensatz zum Tiefschleifen werden die kumulierten Eingriffslängen gesenkt. Die Gesamtschleifkraft F_{ges} sinkt bei steigender Einzelkornbelastung mit höheren Tischvorschubgeschwindigkeiten v_w. Die spezifische Schleifenergie e_c reduziert sich ebenfalls aufgrund der zuvor genannten veränderten Zerspanbedingungen. Somit können die thermischen Belastungen während des Schleifens weiter gesenkt werden [INAS88].

In weiterführenden Untersuchungen zum Schnellhubschleifen von Aluminiumoxidkeramik mit Diamantschleifscheiben wurden von TÖNSHOFF ET AL. für steigende Tischvorschubgeschwindigkeiten ebenfalls sinkende Schleifkräfte herausgestellt, vgl. [TOEN97]. Die sinkenden Schleifkräfte sowie die ermittelte Schleifenergie sind ein Hinweis auf die reduzierten thermischen Belastungen während des Schleifprozesses. Dahingegen wurde mit höheren Tischvorschubgeschwindigkeiten eine zunehmende Tiefenbeeinflussung beim Schleifen von Keramikwerkstoffen beobachtet. Dies lässt den Schluss zu, dass mit höheren Tischvorschubgeschwindigkeiten größere mechanische Belastungen in der Werkstückrandzone induziert werden [TOEN97].

Die theoretischen Modellvorstellungen der mechanischen und thermischen Energiebilanzen beim Schnellhubschleifen von γ-Titanaluminiden mit Diamantschleifscheiben mit hohen Einzelkornspanungsdicken h_{cu} zeigen nach ZEPPENFELD das Potential während des Schnellhubschleifens [ZEPP05, S. 33 ff.]. Dies konnte in den experimentellen Untersuchungen ebenfalls nachgewiesen werden [ZEPP05, S. 51 ff.]. Infolge der hohen Einzelkornspanungsdicken werden die Reibanteile während der Zerspanung vermindert. Dies führt zu reduzierten thermischen Werkstoffbeanspruchungen, was durch einen 2-Farben-Pyrometer in experimentellen Untersuchungen stichprobenartig nachgewiesen werden konnte. Dadurch können beim Schnellhubschleifen von γ-Titanaluminiden Druckeigenspannungen in der Werkstückrandzone induziert werden [ZEPP05, S. 199 ff.].

In weiterführenden Arbeiten von NACHMANI wird die qualitative Übertragbarkeit auf die Stahlwerkstoffe 42CrMo4 und 90MnCrV8 während des Schnellhubschleifens mit konventionellen Schleifscheiben [NACH08, S. 75 f. und S. 89 f.] und in ersten Stichversuchen mit einer galvanisch gebundener CBN-Schleifscheibe unter Einsatz von Schleiföl verifiziert [NACH08, S. 106]. Konventionelle Schleifscheiben führen im Vergleich zu galvanisch gebundenen CBN-Schleifscheiben zu höheren thermischen Belastungen mit Ausbildung von Zugeigenspannungen. Im Gegensatz dazu führt der Einsatz galvanisch gebundenen CBN-Schleifscheiben zur Ausbildung von Druckeigenspannungen. Diese Tendenz kann aufbauend auf den Arbeiten von UHLMANN ET AL. für das Schnellhubschleifen von Keramiken bestätigt werden, vgl. [UHLM11]. Mit steigender Tischvorschubgeschwindigkeit bis zu v_w = 180 m/min können die spezifischen Schleifenergien trotz steigenden bezogenen Zeitspanungsvolumen Q'_w gesenkt werden.

2.1.2 Hochgeschwindigkeitsschleifen
High-Speed Grinding

Das Schleifen mit hohen Schleifscheibenumfangsgeschwindigkeiten (Hochgeschwindigkeitsschleifen) ist seit mehreren Jahrzenten Gegenstand wissenschaftlicher Untersuchungen und bereits in einer Vielzahl industrieller Anwendungen wiederzufinden, vgl. [VDI27; GUEH67; SPER70; KOEN71; COLD72; TAWA90; FERL92; TREF94; STUF96; KLOC97; TOEN98; MUCK00; KOPA06; OLIV09].

Mit steigender Schleifscheibenumfangsgeschwindigkeit v_s nimmt die Anzahl der momentan im Eingriff befindlichen Schneiden N_{mom} ab. Eine Volumeneinheit des zerspanten Werkstoffes wird jedoch von einer größeren Anzahl von Schleifkörnern zerspant. Daraus resultieren sinkende Spanungsdicken h_{cu} bei gleichzeitig abfallenden Einzelkornbelastungen. Neben dem reduzierten Radialverschleiß Δr_s führen kleine Spanungsdicken zu besseren Oberflächenrauheiten. Im Gegensatz dazu steigt die in Wärme umgesetzte Schleifleistung nach Formel 2.10 mit höheren Schleifscheibenumfangsgeschwindigkeiten v_s bei sinkenden Tangentialkräften F_t an. Daraus resultieren nach GÜHRING höhere Schleiftemperaturen an der Werkstückoberfläche und somit ein Abfall der Werkstofffestigkeit. Schlussfolgernd fallen die Schleifkräfte weiter ab [GUEH67, S. 22 f.]. Nach TAWAKOLI steigen die Schleiftemperaturen mit höherer Schleifscheibenumfangsgeschwindigkeit an, fallen jedoch nach dem Erreichen der Spanbildungs-Gleichgewichtstemperatur wieder ab, welches mit der Kontaktschichttheorie wie folgt zu begründen ist. Die Abnahme der momentan im Eingriff befindlichen Schneiden N_{mom} führt bei höheren Schleiftemperaturen zu größeren Anteilen der Werkstoffverdrängung bei einer gleichzeitig größeren Anzahl an Eingriffsbahnen. Das verdrängte Werkstoffvolumen wird direkt durch den nächsten Korneingriff zerspant und die Wärme über die Späne entsprechend abgeführt. Ein wesentlicher physikalischer Effekt, der diese günstige Zerspanung bedingt, ist die schnellere Wärmeausbreitung über die Werkstofffläche im Gegensatz zur Wärmeausbreitung in die Tiefe der Werkstückrandzone [TAWA90, S. 56 ff.]. Damit kann der Vorteil des HEDG (High Efficiency Deep Grinding/Hochleistungsflachschleifen) begründet werden. Zu einem vergleichbaren Schluss kommen auch andere Wissenschaftler [GUEH67, S. 37; ROWE01, S. 208; JIN06, S. 622 ff.]. Aufbauend auf den Arbeiten von TAWAKOLI zeigt auch FERLEMANN für Tiefschleifversuche, dass die Werkstoffbeeinflussung in der Werkstückrandzone bei steigenden Schleifscheibenumfangsgeschwindigkeiten einem Maximum entgegenstrebt und anschließend wieder abfällt [FERL92, S. 114]. Ein direkter Rückschluss auf die Schleiftemperatur kann ohne eine Temperaturmessung jedoch nicht abgeleitet werden. Eine direkte Übertragbarkeit auf Pendel- und Schnellhubschleifprozesse ist aufgrund der vergleichsweise großen Zustellungen beim Tiefschleifen im Gegensatz zu den Pendel- und Schnellhubschleifprozessen mit Zustellungen $a_e \leq 250$ µm nicht möglich. Die mechanischen Einflüsse auf die Werkstückrandzone waren nicht Gegenstand der Untersuchungen.

2.1.3 Superposition des Schnellhubschleifens und des Hochgeschwindigkeitsschleifens
Superposition of Speed-Stroke Grinding and High-Speed Grinding

In den vorherigen Kapiteln wurden die technologischen Aspekte des Schnellhubschleifens sowie des Hochgeschwindigkeitsschleifens getrennt voneinander betrachtet. Eine Übersicht der relevanten Arbeiten zum Stand der Forschung ist in Bild 2.2 zu sehen. Es wird deutlich, dass in den meisten Anwendungen die verschiedenen Prozessstrategien getrennt voneinander betrachtet wurden. Die Arbeiten, die sich horizontal in das Bild einordnen, beschäftigen sich vorwiegend mit unterschiedlichen Werkstückgeschwindigkeiten. Dahingegen setzen sich die vertikal aufgeführten Arbeiten mit der gezielten Steigerung der Schleifscheibenumfangsgeschwindigkeit auseinander. Eine geringe Anzahl von wissenschaftlichen Arbeiten untersucht verschiedene Einflüsse auf das Prozessergebnis unter Berücksichtigung der kombinierten hohen Werkstück- und Schleifscheibenumfangsgeschwindigkeiten. Andere Arbeiten berücksichtigen die Superposition, die Effekte der Überlagerung wurden jedoch nicht abschließend untersucht, vgl. [TREF94; STUF96; MUCK00].

In den Forschungsarbeiten von MUCKLI wurde gezielt ein konstantes Geschwindigkeitsverhältnis von q = 60 bei Variation der Werkstückgeschwindigkeit bis zu v_w = 230 m/min bei konstantem bezogenen Zeitspanungsvolumen von Q'_w = 20 mm³/(mm·s) untersucht. Dementsprechend wurden die Schleifscheibenumfangsgeschwindigkeiten auf v_s = 230 m/s gesteigert. Damit fallen die äquivalenten Spanungsdicken bis auf $h_{cu,\,eq}$ = 0,083 µm ab. Ziel dieser Arbeit war es, die Erkenntnisse von FERLEMANN und TAWAKOLI auf das Außenrundeinstechschleifen zu übertragen [MUCK00, S. 67 ff.]. Die Schleifkräfte sowie das Schnittkraftverhältnis werden mit zunehmender Schleifscheibenumfangsgeschwindigkeit gesenkt. Eine deutliche Veränderung der Tendenz für die fallenden Schleifkräfte, welche durch den Übergang von COULOMB'schen (Festkörperreibung) zu NEWTON'schen (Reibung zwischen Festkörper und Medium) Reibverhältnissen begründet wird [FERL92, S. 24 ff.], ist jedoch nicht zu beobachten [MUCK00, S. 68 ff.]. Eine Übertragbarkeit dieses Effektes kann schlussfolgernd auf das Außenrundeinstechschleifen nicht vorgenommen werden [MUCK00, S. 68 ff.].

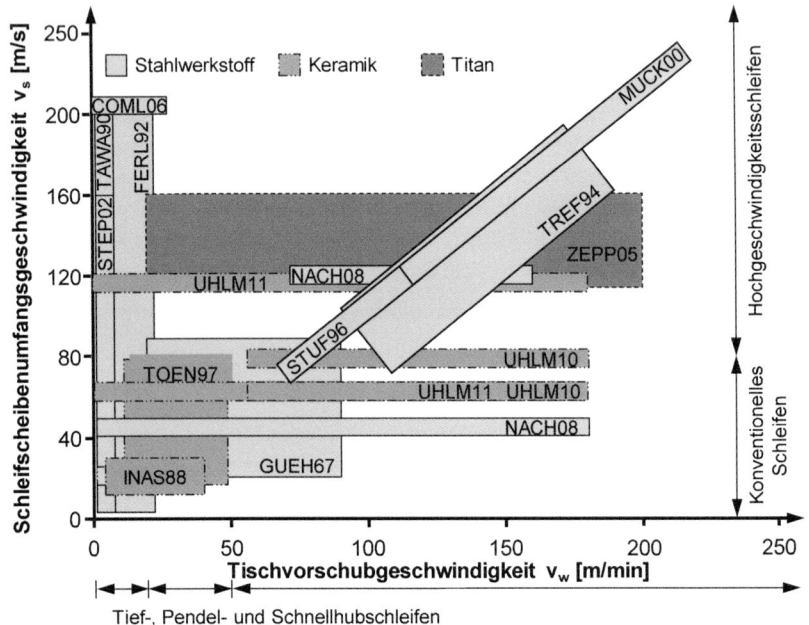

Bild 2.2: Übersicht zum Stand der Forschung für die Superposition des Schnellhub- und Hochgeschwindigkeitsschleifens
Overview of the state of research for the superposition of speed-stroke grinding and high-speed grinding

Im Vergleich zum Pendel- und Schnellhubschleifprozesse ergeben sich beim Außenrundeinstechschleifen bei vergleichbaren bezogenen Zeitspanungsvolumen ebenfalls hohe Werkstückgeschwindigkeiten. Die Werkstückgeschwindigkeit liegt über der Wärmeausbreitungsgeschwindigkeit, und der zuvor beschriebene Effekt der Spanbildungs-Gleichgewichtstemperatur kommt nicht mehr zum Tragen [MUCK00, S. 68 f.]. Inwieweit eine Übertragbarkeit der Erkenntnisse auf Pendel- und Schnellhubschleifprozesse hergestellt werden kann, ist aufgrund der unterschiedlichen Eingriffsbedingungen nicht eindeutig.

2.2 Messtechnische Erfassung des thermomechanischen Belastungskollektives

Measurement Acquisition of the Thermo-Mechanical Load Distribution

Das thermomechanische Belastungskollektiv setzt sich aus den wirkenden mechanischen und thermischen Werkstückbelastungen zusammen. Diese treten beim Schleifen permanent in Wechselwirkung miteinander auf. Die messtechnische Erfassung der beiden Komponenten des thermomechanischen Belastungskollektives werden im Folgenden vorgestellt.

2.2.1 Messtechnische Erfassung der mechanischen Werkstückbelastungen

Measurement Acquisition of the Mechanical Workpiece Load

Während des Schleifens dringen Schleifkörner in das Werkstoffgefüge der Randzone ein. Daraus resultieren Schleifkräfte, welche als mechanische Belastung entlang des Kontaktbogens wirken. Die messtechnische Erfassung der mechanischen Werkstückbelastungen wird im Folgenden beschrieben.

Mittels eines piezobasierten 3-Komponenten-Dynamometers sind die Einzelkraftanteile der Schleifkräfte in allen orthogonalen Raumrichtungen messbar [KLOC05, S. 446 ff.]. Die gemessenen Schleifkräfte können mit der Eingriffsfläche der Schleifscheibe in die auf die Werkstückoberfläche wirkende Gesamtspannung umgerechnet werden. Die mittlere Flächenpressung $\bar{p}$ lässt sich anschließend nach Formel 2.12 berechnen (MALK89, S. 117):

$$\bar{p} = \frac{F_n}{b_s \cdot l_g} = \frac{F_n}{A_k} \qquad \text{Formel 2.12}$$

mit A_K: Kontaktfläche zwischen Schleifscheibe und Werkstück

Diese Betrachtung berücksichtigt jedoch nur eine Gleichverteilung der wirkenden Spannungen innerhalb der Kontaktzone [NACH08, S. 39 f.]. Erste Untersuchungen zur Ermittlung der Schleifkraftverteilung entlang des Kontaktbogens beruhen auf SHAFTO [SHAF74, S. 14 ff.]. Nach dem ersten Eingriff der Schleifscheibe in das Werkstück steigen die Schleifkräfte bis zum Erreichen des vollen Kontakteingriffes an und geben einen Rückschluss auf die Verteilung der Schleifkräfte im Kontaktbogen. In den Untersuchungen von SHI ET AL. wurde der vereinfachte Ansatz verfolgt, die Schleifkräfte innerhalb des Kontaktbogens aufzulösen [SHI09, S. 376]. Hierzu wurden verkürzte Werkstücke eingesetzt, um den Schleifkraftverlauf schrittweise darzustellen.

In Arbeiten von QUIROGA zum Trockenschleifen konnte mittels radial und tangential angeordneter Dehnungsmessstreifen die Verteilung der radialen Kontaktspannung in der Kontaktzone gemessen werden [QUIR80, S. 86 ff.]. Unabhängig von der Schleifstrategie (Gleich- oder Gegenlauf) wurde ein ungleichförmiger Spannungsverlauf nachgewiesen. Dabei erreichten die maximalen radialen Kontaktspannungen Beträge von $\sigma_{rk,\,max} > 10$ MPa. Weiterhin wurde die reale Kontaktlänge l_{real} ermittelt. Die geometrische Kontaktlänge war deutlich kleiner als die reale Kontaktlänge. In der Arbeit von STEFFENS wurde die Verteilung der Normal- und Tangentialspannung ebenfalls abgeleitet [STEF83, S. 77]. Die auftretende mittlere Kontaktspannung ist mit den von QUIROGA ermittelten Spannungen vergleichbar. Die Spannungen wie auch die Verteilung der kinematischen Schneidenanzahl variierten über die reale Kontaktlänge [STEF83, S. 42]. Es muss davon ausgegangen werden, dass die lokalen Verformungen zu einer Beeinflussung der Kontaktlänge führen [STEF83, S. 77]. Die realen Kontaktlängen sind abhängig von den Prozessstellgrößen wie beispielsweise der Werkstückgeschwindigkeit v_w, der Schleifscheibenumfangsgeschwindigkeit v_s und der Zustellung a_e. In verschiedenen wissenschaftlichen Arbeiten wurde herausgestellt, dass die reale Kontaktlänge wesentlich von der geometrischen Kontaktlänge abweicht, vgl. [QI97a; QI97b; MARI04; ANDE08; MAO08; BABE13]. Insbesondere für kleine Zustellungen nimmt diese Abweichung prozentual zu. Die berechnete geometrische Kontaktlänge nimmt kleinere Werte an.

Beim Werkzeugschleifen von Hartmetall wurden experimentelle Untersuchungen von SCHNEIDER und WEINERT durchgeführt, vgl. [SCHN99; WEIN00]. Diese Messungen wurden genutzt, um die in das Werkstück geführte Wärmestromdichte abzuleiten. Hierzu wurde das Werkstück in zwei Teile separiert. Ein Teil wurde dabei fest eingespannt und unterschiedlich messtechnisch gelagert. Durch das Einlaufen der Schleifscheibe in die zweite Werkstückhälfte konnte eine ungleiche Kraftverteilung innerhalb der Kontaktzone ermittelt werden [SCHN99, S. 19 f.; WEIN00, S. 254 f.]. Aufbauend auf den Arbeiten von SCHNEIDER und WEINERT entwickelte NOYEN eine Kraftmessmethode, mithilfe derer es möglich ist, die Schleifkräfte für geringe bezogene Zeitspanungsvolumen Q'_w in Tangential- und Normalrichtung aufzulösen [NOYE08, S. 35 ff.]. Mit Hilfe der Gesamteingriffsfläche des Messadapters konnte auf eine mechanische Gesamtbelastung für das Tief- und Pendelschleifen mit konventionellen Schleifscheiben geschlossen werden. Die Flächenpressung in Normalrichtung nimmt beispielsweise Werte von $p_n > 5$ MPa an. Diese Belastung entspricht jedoch nicht den an den Schleifkörnern wirkenden Spannungen innerhalb der Kontaktzone, sondern ist ein Mittelwert bezüglich der gesamten Kontaktfläche. Die realen Eingriffsverhältnisse wurden nicht berücksichtigt.

Die Kontaktfläche zwischen dem Werkstück und der Schleifscheibe muss infolge des real vorliegenden Eingriffes der aktiven Schneiden in das Werkstück kleiner angenommen werden [MAHD98, S. 90]. Insbesondere für die Ermittlung der mechanischen Belastung innerhalb der Werkstückrandzone ist dies von großer Bedeutung.

Nach MALKIN ergab sich ein maximales Verhältnis zwischen der im Eingriff befindlichen realen Kontaktfläche zwischen Werkstück und Schleifscheibe und der geometrisch berechneten Kontaktfläche bei einer keramisch gebundenen Korundschleifscheibe mit unterschiedlichen Kühlschmierstoffen von $R_A \approx 4\ \%$ [MALK89, S. 213]. Dabei können die Abweichungen unter Berücksichtigung der realen Kontaktlänge weiter zunehmen.

In weiterführenden Arbeiten von CHOI wurde der effektive Druck p_{eff} auf die für eine CBN-Schleifscheibe (B64) wirkende reale Kontaktfläche ermittelt [CHOI86, S. 74 ff.]. Die Tischvorschubgeschwindigkeit betrug beim Pendelschleifen mit $v_w = 24$ m/min bei einer Schleifscheibenumfangsgeschwindigkeit von $v_s = 30$ m/s. Unter Verwendung verschiedener Annahmen, wie z. B. einem vereinfachten Kornmodell nach BÜTTNER [BUET68], der aktiven Schneidenanzahl nach KAISER [KAIS75], der Korngröße nach SCHLEICH [SCHL82] und TRIEMEL [TRIE75] sowie einer realen Kontaktlänge, welche der doppelten geometrischen Kontaktlänge entspricht, kann ein effektiver Druck berechnet werden. Eine Verteilung des effektiven Druckes entlang des Kontaktbogens wurde nicht berücksichtigt. Der berechnete effektive Druck beträgt $p_{eff} = 1087$ MPa für eine gemessene bezogene Normalkraft von $F'_n = 6,5$ N/mm sowie für eine reale Kontaktfläche von $A_{k,\,real} = 1993$ µm². Dieser effektive Druck weicht deutlich von den vorgestellten Ergebnissen anderer Wissenschaftler ab, vgl. [QUIR80, STEF83, MALK89, NACH08, NOYE08]. Es kann jedoch davon ausgegangen werden, dass die mechanische Belastung auf die Werkstückrandzone bisher aus Gründen der Vereinfachung nicht realitätsnah beschrieben wurde. Die Auflösung der mechanischen Belastung entlang des Kontaktbogens ist bisher nicht gelungen.

2.2.2 Messtechnische Erfassung der thermischen Werkstückbelastungen
Measurement Acquisition of the Thermal Workpiece Load

Der Schleifprozess ist gekennzeichnet durch eine Vielzahl von aktiven Schneiden, die sich im Eingriff mit der Werkstückoberfläche befinden. Die Reibanteile während der Spanbildung sowie die Verformung der Werkstückoberfläche führen zu einer thermischen Beeinflussung der Werkstückrandzone. Die daraus resultierenden Schleiftemperaturen können zu Veränderungen in der Werkstückrandzone führen, vgl. [SHAM89, S. 267; KARP01, S. 47; KOMA01, S. 653; TOEN02, S. 557; BATA05, S. 1231; DAVI07, S. 581]. Nur mit Hilfe verschiedener physikalischer Effekte kann eine Temperaturmessung erfolgen [CHIL01, S. 6]. Darauf aufbauend können geeignete Temperaturmessmethoden abgeleitet werden.

Prinzipiell werden die Temperaturmessmethoden nach der Art der Temperaturerfassung beschrieben. Dabei kann die Unterteilung nach Wärmeleitung und Wärmestrahlung vorgenommen werden [DENK11, S. 93 f.]. Die Wärmeleitung kann durch die Widerstandsmessung, mittels des SEEBECK-Effektes, auch thermoelektrischer Effekt genannt, sowie durch die Messung basierend auf der Stoffumwandlung messtechnisch erfasst werden. Für die praktische Anwendbarkeit der Temperaturmessmethoden werden verschiedene Kriterien vorgeschlagen [CHIL01, S. 13 f.; DAVI07, S. 597]. Dazu zählen unter anderem der erforderliche Temperaturmessbereich, die räumliche und zeitliche Auflösung, das einfache Handhaben während des Einrichtens, die dominierenden Fehlerquellen sowie die Kosten der Temperaturmessmethode. Im Stand der Forschung hat sich die Temperaturmessung mittels thermoelektrischen Effektes beim Schleifen weitestgehend etabliert, vgl. [LITT53; PEKL57; GROF77; CHOI86; WILK06; SHEN08], wobei die Anwendung sowohl für das Flach- als auch für das Außenrundschleifen erfolgte. Eine umfangreiche Übersicht der eingesetzten werkstückseitigen Temperaturmessmethoden auf Grundlage des thermoelektrischen Effektes [WILK06, S. 25 ff.] sowie der werkzeugseitigen Temperaturmessmethoden [WILK06, S. 33 ff.] gibt WILKENS.

Das Prinzip der Temperaturmessung mit einem Thermoelement basiert auf dem im Jahre 1823 entdeckten SEEBECK-Effekt [CHIL01, S. 99]. Sobald sich zwei unterschiedlich elektrisch leitende Metalle berühren, tritt eine Spannungsdifferenz auf. In einem aus zwei Metallen geschlossenen Stromkreis kann diese Berührungsspannung (Thermospannung) infolge der Thermokraft gemessen werden. Dabei steht die gemessene Thermospannung in direkter Korrelation mit der Temperatur am Messpunkt. Grundsätzlich können die Thermoelemente in offene oder geschlossene Ausführungen unterteilt werden. Ein offenes Thermoelement wird erst während der Temperaturmessung geschlossen.

Im Folgenden wird am Beispiel des offenen Thermoelementes vom Typ J (Standardwerkstoffpaarung Eisen-Konstantan) das Messprinzip beim Schleifen erläutert, siehe Bild 2.3:

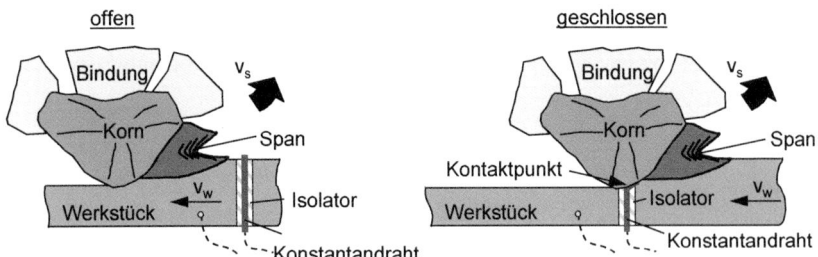

Bild 2.3: Messprinzip des offenen Thermoelementes vom Typ J (In Anlehnung an BATAKO [BATA05, S. 1242])
Measurement principle of the single pole thermocouple type J

Vor dem Schleifprozess liegen der Werkstoff Stahl 100Cr6 sowie der Konstantandraht isoliert zueinander vor. Zu diesem Zeitpunkt ist das Thermoelement offen und es kann keine Thermospannung gemessen werden. Durch den ersten Korneingriff in der Kontaktzone wird Werkstoff über die Isolationsschicht geschmiert. Der Kontakt zwischen Werkstück und Konstantandraht wird geschlossen. Es entsteht ein geschlossenes Thermoelement. Die während des Korneingriffes umgesetzte Wärme kann durch die Thermospannung als Schleiftemperatur gemessen werden. Auf Grundlage der in Annäherung vorliegenden Werkstoffpaarung Eisen-Konstantan kann eine Beziehung zwischen der Temperatur und der messbaren Thermospannung herausgestellt werden [DIN96, S. 45 ff.]. Der Anwendungsbereich für ein Standardthermoelement vom Typ J liegt im Temperaturmessbereich von T = -40 °C bis 750 °C.

Infolge der Vielzahl am Schleifprozess aktiv beteiligter Schneiden kommt es neben Temperaturspitzen zu einer messbaren Durchschnittstemperatur in der Werkstückrandzone [PEKL57, S. 23 ff.; BRAN78, S. 92 f.; ROWE96, S. 580]. Die Temperaturmessung wird in verschiedenen Arbeiten genutzt, um die Einflüsse der Prozesseinstellgrößen, des Abrichtprozesses, der Kühlschmierstoffbedingungen sowie der verschiedenen Kornmaterialien auf die Schleiftemperaturen herauszustellen, vgl. [GROF77; LOWI80; CHOI86; TAWA90; BLACK94; ROWE96]. Die Temperaturgradienten können bis zum Erreichen der auftretenden Durchschnittstemperaturen sehr hohe Werte von $\dot{T}_{auf}$ = 10^3 °C/s bis 10^6 °C/s erreichen [DEDE72, S. 79; MARI77, S. 20; BRAN78, S. 54; LOWI80, S. 60; SCHN99, S. 81]. Die Temperaturgradienten während der Abkühlphase liegen dabei unter den Werten der Aufheizphase.

Damit charakteristische thermische Einflüsse auf die Werkstückrandzone während der Temperaturmessung eindeutig herausgestellt werden können, werden hohe Anforderungen an die räumliche und zeitliche Auflösung des Messsystems gestellt. Unabhängig vom Schleifen wurden bereits im Jahr 1962 von MOELLER experimentelle Untersuchungen durchgeführt, um die Ansprechzeit von Thermoelementen zu testen, vgl. [MOEL62]. Dabei wurden die Thermoelemente, ebenso wie bei dem vorgestellten offenen Thermoelement vom Typ J, während des tatsächlich zu messenden Vorganges geschlossen [MOEL62]. Es wurden Ansprechzeiten von weniger als t_{ans} < 10 µs ermittelt. Nach BATAKO ET AL. kann bei der Messung mit einem offenen Thermoelement vom Typ J während des Schleifens davon ausgegangen werden, dass keine Abhängigkeit der Ansprechzeit von den Abmaßen der eingesetzten Konstantandrähte besteht [BATA05, S. 1240]. Beim Pendelschleifen und insbesondere beim Schnellhubschleifen treten je nach Zustellung, Schleifscheibendurchmesser sowie Tischvorschubgeschwindigkeit Kontaktzeiten von t_k < 1 ms auf. Für diese Kontaktzeiten liegen derzeit keine experimentellen Untersuchungen vor. Ferner existieren bisher keine Angaben zu zeitlichen und örtlichen Schleiftemperaturverläufen für Pendel- und Schnellhubschleifversuche.

2.3 Phasenumwandlungen beim Schleifen
Phase Transformations during Grinding

Das auftretende thermomechanische Belastungskollektiv während des Schleifens führt zu einer ungewollten Wärmebehandlung der Werkstückrandzone, vgl. [WAGN57]. Die technischen Wärmebehandlungsverfahren sind nach DIN EN 10052 genormt. Dabei handelt es sich um Verfahren, die durch eine gewünschte Abfolge von Zeit-Temperatur-Beanspruchungen des Werkstoffgefüges zur Änderung der Eigenschaften desselben verwendet werden [DIN93]. Generell können die Zeit-Temperatur-Abfolgen in drei Phasen unterteilt werden: Aufheizphase (AHP), Haltephase (HP) und Abkühlphase (AKP), vgl. [BLEC10; BROE10].

Das thermomechanische Belastungskollektiv führt in der Werkstückrandzone zu einer Beanspruchungshistorie. Die Beanspruchungshistorie kann nach dem Verlauf der vorliegenden Schleiftemperaturen in verschiedene Phasen eingeteilt werden. Während dieser verschiedenen Phasen können in Abhängigkeit von der Aufheizrate $\dot{T}_{AHP}$, der erreichten maximalen Temperatur T_{max}, der Haltedauer der Schleiftemperatur t_{halt} sowie der Abkühlrate $\dot{T}_{AKP}$ verschiedene Phasenumwandlungen der kristallographischen Struktur auftreten. In diesem Sinne werden gleiche Ordnungszustände von Atomen mit gleicher chemischer und physikalischer Eigenschaft definiert [BERN93, S. 5]. Beim Schleifen des Werkstoffes 100Cr6 im vergüteten Zustand treten zwei mögliche kristallographische Strukturen auf, einerseits der Martensit (α-Eisen) in tetragonal raumzentrierter (trz) Gitterstruktur sowie andererseits der Austenit (γ-Eisen) in kubisch flächenzentrierter (kfz) Gitterstruktur. Unter Berücksichtigung dieser beiden kristallographischen Strukturen kommen zwei Möglichkeiten der Phasenumwandlung zu Stande. Dabei handelt es sich zum einen um die Austenitisierung (α-Eisen zu γ-Eisen) und zum anderen um die Martensitneubildung (γ-Eisen zu α-Eisen).

In Bild 2.4 ist die quantitative Darstellung der thermischen Dehnung ε^{th} in Abhängigkeit von der Temperatur T und den Phasen (α-und γ-Eisen) zu sehen. Die Austenitisierung ist zeit- und temperaturabhängig und daher durch eine diffusionsgesteuerte Phasenumwandlung charakterisiert:

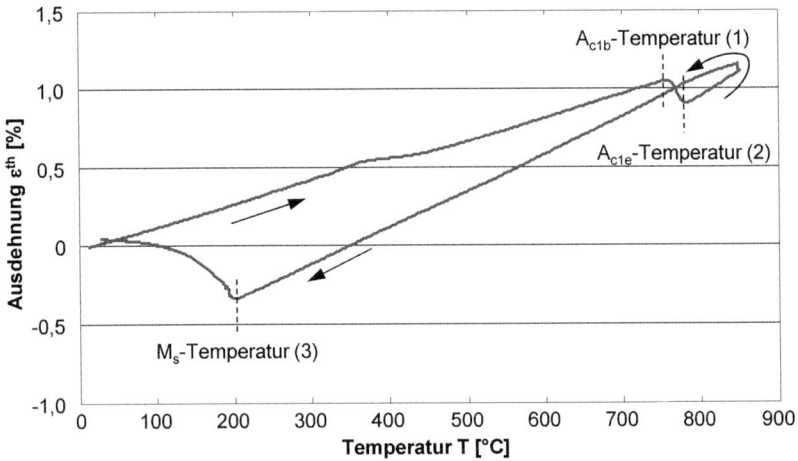

Bild 2.4: Thermische Dehnung in Abhängigkeit von der Temperatur und Phase
Thermal strain in dependency on temperature and phase structure

Mit dem Erreichen der A_{c1b}-Temperatur (1) (Austenitstarttemperatur) kommt es zur Phasenumwandlung, welche mit dem Erreichen der A_{c1e}-Temperatur (2) (Austenitfinishtemperatur) vollständig abgeschlossen ist, siehe Bild 2.4 rechts oben. Im Gegensatz dazu ist die Ausbildung von Martensit nicht zeitabhängig, die Phasenumwandlung verläuft diffusionslos. Die Martensitausbildung beginnt bei ausreichender Abkühlrate mit der M_s-Temperatur (3) (Martensitstarttemperatur) und endet theoretisch bei der Martensitfinishtemperatur M_f. Diese Temperatur hat jedoch wenig praktische Bedeutung, da die Martensitfinishtemperatur unter der Raumtemperatur liegt. In Stählen, deren Martensitfinishtemperatur beim Abschrecken nicht erreicht wird, verbleibt immer Restaustenit. Der Martensit liegt, wie auch die ursprüngliche Gitterstruktur des Werkstoffes 100Cr6, erneut in der tetragonal raumzentrierten (trz) Gitterstruktur vor.

Im Folgenden werden die verschiedenen Phasenumwandlungen mathematisch beschrieben. Abschließend werden mögliche Einflüsse infolge von Verformungen und Spannungen identifiziert sowie mögliche Lösungsansätze im Stand der Forschung betrachtet.

2.3.1 Austenitische Phasenumwandlung

Austenitic Phase Transformation

Die Bildung von Austenit beginnt mit dem Erreichen der A_{c1b}-Temperatur. Im Werkstoff bilden sich wachstumsfähige Keimstellen an den Kleinwinkel- sowie bevorzugt an den Großwinkelkorngrenzen und an den Phasengrenzen aus. Mit zunehmender Temperatur nehmen die Anzahl der Keimstellen und die Keimwachstumsrate zu. Die Geschwindigkeit der Umwandlung wird durch die Überlagerung dieser Effekte gegenläufig beeinflusst [BLEC10].

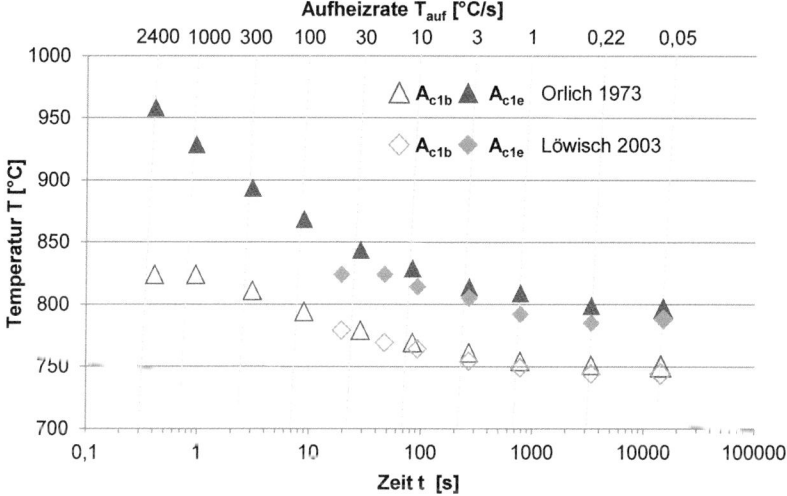

Bild 2.5: Austenitisierungstemperaturen für den Werkstoff 100Cr6 in Abhängigkeit von der Aufheizrate [ORLI73, S. 178; LOEW03, S. 450]

Austenitization temperatures for the material 100Cr6 in dependency on the heating rate

Die Austenitisierungstemperatur und -kinetik sind außer von der Grundstruktur des Werkstoffgefüges, dem Kohlenstoffgehalt und den Legierungselementen von der Aufheizrate abhängig, vgl. [BROE10]. In Bild 2.5 ist die Abhängigkeit der Austenitisierungstemperatur für den Werkstoff 100Cr6 von der Aufheizrate im kontinuierlichen Zeit-Temperatur-Austenitisierungsschaubild (ZTA-Schaubild) dargestellt [ORLI73, S. 178 ff.; LOEW03, S. 450]. Es wird deutlich, dass die Austenitisierungstemperaturen mit steigenden Aufheizraten zunehmen. Mit steigender Aufheizrate ist ebenfalls eine zunehmende Differenz zwischen der A_{c1b}- und A_{c1e}-Temperatur ersichtlich. Das Schaubild 2.5 drückt weiterhin aus, dass die unterschiedlichen wissenschaftlichen Arbeiten in geringem Maße voneinander abweichen. Diese Abweichungen führt LÖWISCH auf die unterschiedlichen Vorbehandlungen des Ausgangswerkstoffes sowie Chargenunterschiede zurück [LOEW03, S. 451]. Inwieweit eine Übertragbarkeit der Ergebnisse auf den im Rahmen der vorliegenden Arbeit verwendeten Werkstoff 100Cr6 möglich ist, kann nicht eindeutig geklärt werden.

Der jeweils vorliegende Phasenanteil f kann nach dem mathematischen Modell der diffusionsgesteuerten (isothermen) Umwandlungskinetik von JOHNSON-MEHL-AVRAMI-KOLMOGOROV (JMAK-Gleichung) beschrieben werden (Formel 2.13), vgl. [KOLM37; JOHN39; AVRA39; AVRA40; AVRA41]:

$$f = f_{max} \cdot \left[1 - \exp\left\{-\left(\frac{t}{\tau}\right)^n\right\}\right]$$ Formel 2.13

mit f_{max} :   Maximaler Phasenanteil bei konstanter Temperatur für $t \to \infty$

       t :   Zeit

       τ :   Zeitverzögerungsparameter für die Umwandlung

       n :   Parameter für die Umwandlungsrate

2 Stand der Forschung

Damit wird die kontinuierliche Phasenumwandlung beschrieben. Dabei kann der Volumenanteil der Phase $0 \leq f \leq 100\,\%$ betragen (Bild 2.6):

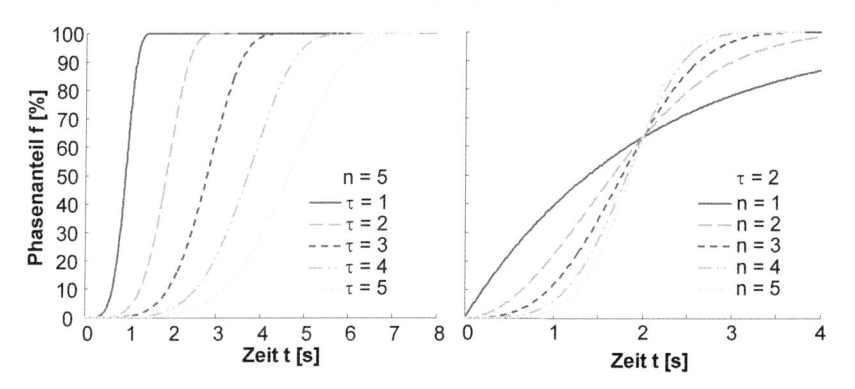

Bild 2.6: Einfluss der Parameter τ und n auf die Phasenumwandlung

Influence of the parameters τ and n on the phase transformation

Dieser stellt sich nach einer Zeit t bei einer konstanten Temperatur T (isotherm) ein. Der maximale Phasenanteil f_{max} bzw. der Gleichgewichtsanteil der jeweiligen Phase wird nach unendlicher Zeit in Abhängigkeit von der Temperatur erreicht. Die temperaturabhängige Materialparameter τ und n können durch Polynomansätze beschrieben werden. Der Einfluss der Parameter auf die JMAK-Gleichung ist in Bild 2.6 zu sehen.

Formel 2.13 beschreibt nur isotherme kontinuierliche Phasenumwandlungen. Für die kontinuierliche Berechnung der jeweiligen diffusionsgesteuerten Umwandlungen muss jedoch der bereits vorhandene Phasenanteil berücksichtigt werden, vgl. [FONS96]. Der jeweilige mögliche Phasenanteil zu Beginn der Phasenumwandlung ist abhängig von den weiteren vorliegenden Phasenanteilen. Gleiches gilt für die Karbidanteile in der entsprechenden Phase [REIC82, S. 3-7].

Zur numerischen Lösung von Formel 2.13, unter Berücksichtigung der vorhergehenden Erläuterungen, kann die Differentialgleichung in Formel 2.14 zur Berechnung der Austenitphasenanteile verwendet werden [HOEF05, S. 44]:

$$\frac{\partial f_i(t)}{\partial t} = n_{\gamma,i}(T) \frac{f_{is}(T) - f_i(t)}{\tau_{\gamma,i}(T)} \cdot \left[\ln\left(\frac{f_{is}(T)}{f_{is}(T) - f_i(t)}\right)\right]^{\frac{n_{\gamma,i}(T)-1}{n_{\gamma,i}(T)}} \qquad \text{Formel 2.14}$$

mit f_{is} : Maximaler Phasenanteil bei konstanter Temperatur für $t \to \infty$

f_i : Phasenanteil der jeweiligen Phase

$\tau_{\gamma,i}(T)$: Zeitverzögerungsparameter für die Umwandlung

$n_{\gamma,i}(T)$: Parameter für die Umwandlungsrate

Eine systematische Übersicht derzeit relevanter makroskopischer Modelle für die Phasenumwandlung im Stahl gibt BÖHM [BOEH03].

2.3.2 Martensitische Phasenumwandlung
Martensitic Phase Transformation

Ist beim Schleifen die Abkühlrate der austenitisierten Werkstoffbereiche ausreichend groß, wird sich durch eine diffusionslose, temperaturabhängige Umwandlung ein martensitisches Werkstückrandzonengefüge einstellen. Diese Zusammenhänge können den Zeit-Temperatur-Umwandlungsschaubildern (Bild 2.7) für den Werkstoff 100Cr6 entnommen werden [WEVE61; SHAH11]:

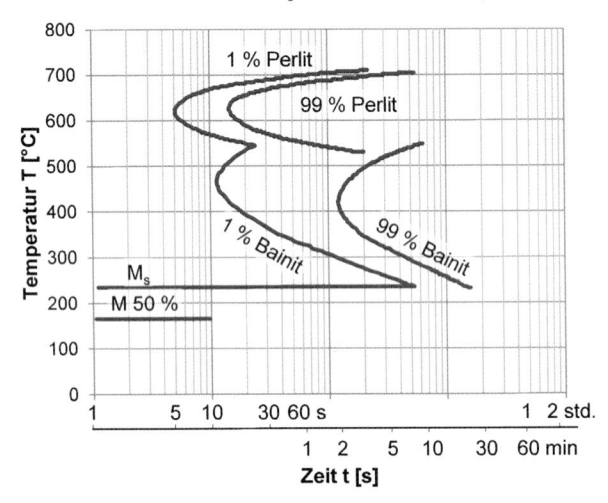

Bild 2.7: ZTU-Schaubilder für den Werkstoff 100Cr6 [SHAH11, S. 44]
TTT-diagram for the workpiece material 100Cr6

Die Martensitstarttemperatur M_s wird mit 235 °C angegeben. Dabei muss berücksichtigt werden, dass nur solche Werkstoffbereiche umgewandelt werden können, die zuvor im austenitisierten Zustand vorlagen. Neben der martensitischen Umwandlung können in Abhängigkeit von der Abkühlrate noch weitere Phasenumwandlungen auftreten (z. B. Bainit, Perlit etc.). Im Gegensatz zur Bildung von Bainit oder Perlit ist die Martensitumwandlung nicht zeitabhängig. Im Rahmen der vorliegenden Arbeit wird nur auf die martensitische Phasenumwandlung eingegangen. Es kann davon ausgegangen werden, dass beim Pendel- und Schnellhubschleifen sehr schnelle Abkühlvorgänge auftreten und diese zu keiner diffusionsgesteuerten Phasenumwandlung führen.

Diffusionslose Phasenumwandlungen im reinen Eisen können in Anlehnung an die KOISTENEN-MARBURGER Beziehung [KOIS59, S. 60] nach WILDAU mathematisch wie folgt formuliert werden (Formel 2.15) [WILD86]:

$$f_\alpha = f_{\alpha,max} \cdot \left\{ 1 - \exp\left\{ \left(\frac{M_s - T}{b_\alpha} \right)^{n_\alpha} \right\} \right\}$$ **Formel 2.15**

mit $f_{\alpha,max}$: Maximaler Martensitphasenanteil

M$_s$:   Martensitstarttemperatur (M$_s$-Temperatur)

T :   Temperatur

b$_\alpha$: Materialkonstante für die Martensitumwandlung

n$_\alpha$: Exponent für die Martensitumwandlung

Sofern die momentane Werkstofftemperatur unter der Martensitstarttemperatur liegt, kommt es zur partiellen Ausbildung von Martensit. Die Martensitstarttemperatur wird außer vom Kohlenstoffgehalt [KRAU80; WILD86] durch die Legierungselemente beeinflusst [BLEC10]. Dabei kann der Martensit nur in Abhängigkeit von dem vorliegenden Austenitphasenanteil gebildet werden [WILD86]. Während der Abkühlphase wird der maximale Martensitphasenanteil gebildet, wenn die Temperatur des jeweiligen Werkstoffbereiches die Martensitfinishtemperatur M$_f$ erreicht. Dabei kann ein maximaler Martensitphasenanteil für Stahlwerkstoffe mit 1 % Massengehalt Kohlenstoff von f$_{\alpha, max}$ ≈ 80 % erzielt werden [BLEC10, S. 168]. Austenit, welcher nicht umgewandelt wird, verbleibt nach dem Abschluss der Phasenumwandlung als Restaustenit im Werkstoffgefüge. Die Materialkonstante b muss in Abhängigkeit vom Werkstoff ermittelt werden und beträgt für eine Vielzahl von Stahlwerkstoffen b$_\alpha$ = 0,011 K^{-1} [KOIS59, S. 60].

2.3.3 Einfluss von Dehnungen und Spannungen auf die Phasenumwandlung
Influence of Strains and Stresses on Phase Transformation

Die bisherigen Beschreibungen der diffusionsgesteuerten sowie diffusionslosen Phasenumwandlungen berücksichtigen nicht die Beeinflussung durch auftretende Dehnungen und/oder Spannungen. Beim Schleifen treten Verformungen in der Werkstückrandzone infolge von mechanischen Belastungen unabhängig davon auf, ob eine Phasenumwandlung vorliegt. Die resultierenden Dehnungen äußern sich in Spannungen. Diese haben einen Einfluss auf die Phasenumwandlung, vgl. [BIER61; RADC63; FUJI71; SCHM76; LUEN91; WEIS92; BESS93; FISC94; GAUT94; FISC96; AHRE03]. Nach SCHMIDTMAN, RADCLIFFE und FUJITA senkt der hydrostatische Spannungszustand die Umwandlungspunkte A$_1$ (PSK-Linie) und A$_3$ (GSE-Linie) im Eisen-Kohlenstoff-Diagramm sowie die Umwandlungskinetik dahingehend, dass eine Verzögerung zu verzeichnen ist [BIER61; SCHM76; RADC63; FUJI71]. Im Gegensatz dazu werden die diffusionsgesteuerten Phasenumwandlungen bei anliegender Zug- oder Druckspannung im einachsigen Zustand beschleunigt, vgl. [BHAT54; KEHL56; PORT59; NOCK76]. In Arbeiten von DARKEN ET AL. wurde zur Beschreibung dieser Zusammenhänge die CLAUSIUS-CLAPYERON-Gleichung (Formel 2.16) verwendet [DARK53, S. 343 ff.]:

$$\frac{\Delta p}{\Delta T_{\alpha,\gamma}} = \frac{\Delta H_{\alpha,\gamma}}{T_{\alpha,\gamma}\Delta V_{\alpha,\gamma}} \qquad \text{Formel 2.16}$$

mit Δp :   Druckdifferenz

T$_{\alpha, \gamma}$: Austenitstarttemperatur (A$_{c1b}$) bei Druck p = 0 MPa

$\Delta T_{\alpha,\gamma}$: Temperaturdifferenz infolge hydrostatischen Druckes

$\Delta H_{\alpha,\gamma}$: Notwendige Enthalpie für die Umwandlung von α-Eisen zu γ-Eisen

$\Delta V_{\alpha,\gamma}$: Volumenänderung während der Umwandlung von α-Eisen zu γ-Eisen

Die CLAUSIUS-CLAPYERON-Gleichung wurde ursprünglich für die Berechnung der Phasengrenzlinie eines Phasendiagramms zwischen der flüssigen und gasförmigen Phase verwendet. Die Anwendung für reines Eisen zur Berechnung der abweichenden Temperatur $\Delta T_{\alpha,\gamma}$ infolge eines hydrostatischen Druckes von p = 2840 MPa ergab $\Delta T_{\alpha,\gamma}$ = -50°C [DARK53, S. 307]. Aufbauend auf diesem Ansatz führten weitere Wissenschaftler Untersuchungen für verschiedene Fertigungsverfahren sowie Werkstoffe durch, vgl. [GRIF87; HAN06; RAME08; FOEC12; SCHU13]. FÖCKERER ET AL. untersuchte die theoretischen Auswirkungen verschiedener hydrostatischer Drücke auf die Temperaturdifferenz $\Delta T_{\alpha,\gamma}$ beim Schleifhärten vom Werkstoff 100Cr6 [FOEC12, S. 563 f.]. In den Untersuchungen lag der Werkstoff im angelassenen perlitisch-bainitischen Gefügezustand vor. Unter der Einwirkung von hydrostatischen Drücken bis p = 2000 MPa ergab sich eine Reduktion der Temperatur von $T_{\alpha,\gamma} \approx$ -45 °C für die A_{c1e}-Temperatur. Eine Anpassung der Austenitfinishtemperatur wurde in der Modellierung des thermo-metallurgischen Belastungskollektives vorgenommen. Das modellierte thermo-metallurgische Belastungskollektiv wurde anschließend genutzt, um Eindringhärtetiefen während des Schleifhärtens zu simulieren. Die Validierung der Ergebnisse wurde anhand experimenteller Schleifhärteuntersuchungen zur Eindringhärtetiefe vorgenommen und zeigte eine gute Korrelation [FOEC12]. Das Schleifhärten ist ein vorwiegend thermisch dominierter Prozess, bei dem die mechanischen Belastungen nur eine untergeordnete Rolle einnehmen. Es ist davon auszugehen, dass der Einfluss infolge der mechanischen Belastungen keine besondere Bedeutung für die A_{c1e}-Temperatur hat.

Diffussionslose Phasenumwandlungen werden ebenfalls durch die verschiedenen Dehnungs- und Spannungszustände beeinflusst, vgl. [SCHE32; RADC63; SCHM76; BESS93]. Infolge der Volumenzunahme während der Phasenumwandlung von Austenit (γ-Eisen) zu Martensit (α-Eisen) ist mit einer Verzögerung bei einem hydrostatischen Druck zu rechnen [SCHE32; PATE53; SCHM76]. Der Einfluss des hydrostatischen Druckes kann, wie für die Phasenumwandlung von Ferrit (α-Eisen) zu Austenit (γ-Eisen), mit Formel 2.16 beschrieben werden. Dabei ist zu beachten, dass die positive Differenz der Martensitstarttemperatur eine Verzögerung der Martensitbildung anzeigt. Im Allgemeinen erhöhen einachsige Zug- und Druckspannungen die Umwandlungstemperatur. Nur die infolge des hydrostatischen Druckes induzierten Spannungen verringern die Umwandlungstemperatur [KRAN99; AHRE03].

2 Stand der Forschung

INOUE ET AL. und DENIS ET AL. stellen Lösungsansätze für die Berechnung der Abweichung der Martensitstarttemperatur vor [DENI85; DENI87; INOU85]. Nach dem Lösungsansatz von INOUE kann die Abweichung der Martensitstarttemperatur ΔM_s nach Formel 2.17 für einen perlitischen Stahl berechnet werden [INOU85, S. 847].

$$\Delta M_s = A_\alpha \sigma_m + B_\alpha J_2^{\frac{1}{2}}$$
Formel 2.17

mit ΔM_s : Abweichung der Martensitstarttemperatur

σ_m : Mittlere Spannung

J_2 : Zweite Invariante des Spannungsdeviators

A_α, B_α : Materialabhängige Faktoren

Die zweite Invariante des Spannungstensors J_2 berücksichtigt dabei nur Spannungen, die in Abhängigkeit von der Verformung entstehen. Die hydrostatische Spannung findet in Formel 2.17 nur in der mittleren Spannung σ_m Berücksichtigung. Darauf aufbauend stellte DENIS ET AL. den Ansatz nach Formel 2.18 vor [DENI85, S. 810]:

$$\Delta M_s = A_\alpha \sigma_m + B_\alpha \sigma_v$$
Formel 2.18

mit σ_v : Vergleichsspannung nach VON MISES

Hierbei wird die mittlere Spannung σ_m sowie die Vergleichsspannung nach VON MISES σ_v verwendet. In den vorgestellten Lösungsansätzen wird die Abweichung der Martensitstarttemperatur ΔM_s dargestellt. Die Abweichung der Martensitstarttemperatur kann mittels Formel 2.19 wieder auf die Martensitstarttemperatur zurückgeführt werden:

$$M_s = M_{s0} + \Delta M_s$$
Formel 2.19

mit M_{s0} : Martensitstarttemperatur im spannungsfreien Zustand

In den Arbeiten von RAMESCH ET AL. wird Formel 2.18 für die Modellierung der thermo-metallurgischen Belastungen während des Drehprozesses angewendet [RAME08, S. 408]. Dabei wird der vergütete Werkstoff 100Cr6 (62 HRC) eingesetzt. Nach KRAUSS kann die M_s-Temperatur im spannungsfreien Zustand mit $M_{s0} \approx 204\,°C$ angenommen werden [KRAU90, S. 52]. Im Gegensatz dazu wird nach ACHT eine M_s-Temperatur für den Werkstoff 100Cr6 im Ausgangszustand mit kugeligem Zementit (GKZ-Gefüge) im spannungsfreien Zustand von $M_{s0} = 211{,}0 \pm 1{,}4\,°C$ angegeben [ACHT08b, S. 300]. Die unterschiedlichen Angaben für die Martensitstarttemperaturen in der Literatur sind unter anderem den Schwankungen des Kohlenstoffgehaltes für den Werkstoff 100Cr6 geschuldet.

2.4 Eigenspannungen beim Schleifen
Residual Stresses in Grinding

Die Fertigungskette eines Werkstücks endet insbesondere bei gehärteten Werkstoffen für eine Vielzahl von Anwendungen mit dem Schleifen. Inwieweit ein Werkstück erfolgreich bearbeitet wurde, hängt unter anderem maßgeblich von der Differenz zwischen der geforderten und der erreichten Werkstückfunktionalität ab. Dabei steigen die Anforderungen an die Werkstückfunktionalität stetig an, vgl. [KLOC08]. Gezielt induzierte Eigenspannungen in der Werkstückrandzone können beispielsweise zu einer Funktionalitätssteigerung und somit zur Erhöhung der Lebensdauer von dynamisch beanspruchten Bauteilen führen [BRIN82, S. 8; BRIN91, S. 5; SADE09, S. 4].

Unter Eigenspannungen werden nach MACHERAUCH Spannungen verstanden, die in einem abgeschlossenen System ohne das äußere Einwirken von Kräften oder Momenten verbleiben [MACH73, S. 201]. Eigenspannungen können im Allgemeinen in Eigenspannungen I. II. und III. Art unterteilt werden. Bei Eigenspannungen I. Art handelt es sich um Eigenspannungen, die über größere Werkstoffbereiche konstant in Betrag und Richtung bzw. homogen sind. Hieraus resultieren makroskopische Maßänderungen. Dahingegen sind Eigenspannungen II. Art nur über kleinere Werkstoffbereiche (Korn oder Kornbereiche) im Werkstoff nahezu konstant. Für einen Bereich inhomogen auftretender Eigenspannungen III. Art sind ebenfalls alle Kräfte und Momente über mehrere Atombereiche im Gleichgewicht [MACH73, S. 201 f.].

2.4.1 Entstehung von Eigenspannungen beim Schleifen
Formation of Residual Stresses during Grinding

Beim Schleifen wirkt das beschriebene thermomechanische Belastungskollektiv auf die Werkstückrandzone, welches durch die verwendeten Eingangsgrößen beim Schleifen beeinflusst wird [BRIN90, S. 350 f., DENK03, S. 211; DENK11, S. 291 ff]. Die daraus resultierenden Werkstoffbeanspruchungen führen zu einer Veränderung der Werkstückrandzoneneigenschaften, wie beispielsweise zu einer Veränderung des resultierenden Eigenspannungszustandes $\sigma_{esp,\,res}$. Unter Berücksichtigung der separaten Betrachtung der mechanischen, thermischen und metallurgischen Werkstückbeanspruchungen während des Schleifens kann nach BRINKSMEIER in Bild 2.8 ein schematischer Verlauf der resultierenden Eigenspannungen in Abhängigkeit von der Schleifleistung P''_c dargestellt werden [BRIN91, S. 87].

Im ersten Bereich kommt es zu thermoelastischen Werkstoffverformungen, welche im zweiten Bereich durch thermoplastische Werkstoffverformungen überlagert werden. Die Schnitteinsatztiefe T_μ ist zu diesem Zeitpunkt noch nicht erreicht. Die inneren und äußeren Reibvorgänge im Werkstoff führen zu einer Temperaturerhöhung. Infolge der daraus dominierenden thermischen Werkstoffbeanspruchungen in der Werkstückrandzone bilden sich Zugeigenspannungen aus. Im nachfolgenden dritten Bereich kommt es vorerst unter weiterer Einflussnahme von mechanischen Effekten zur Ausbildung von Druckeigenspannungen in der Werkstückrandzone. Mit weiter ansteigender bezogener Schleifleistung und daraus resultierenden hohen Schleiftemperaturen werden die Eigenspannungen in Richtung Zugeigenspannungsbereich verschoben. Im vierten Bereich ist ein schneller Abfall der Zugeigenspannungen zu verzeichnen. Die hohen Schleiftemperaturen führen zu thermischen Überbeanspruchungen des Werkstoffgefüges. Schlussfolgernd werden Phasenumwandlungen bei Überschreiten der Austenitisierungstemperatur begünstigt. Diese provozieren bei schneller Abkühlung des betrachteten Werkstoffbereiches die Martensitneubildung. Die Volumenzunahme des Martensites führt zu einem Anteil von Druckeigenspannungen [BRIN91, S. 87 ff.].

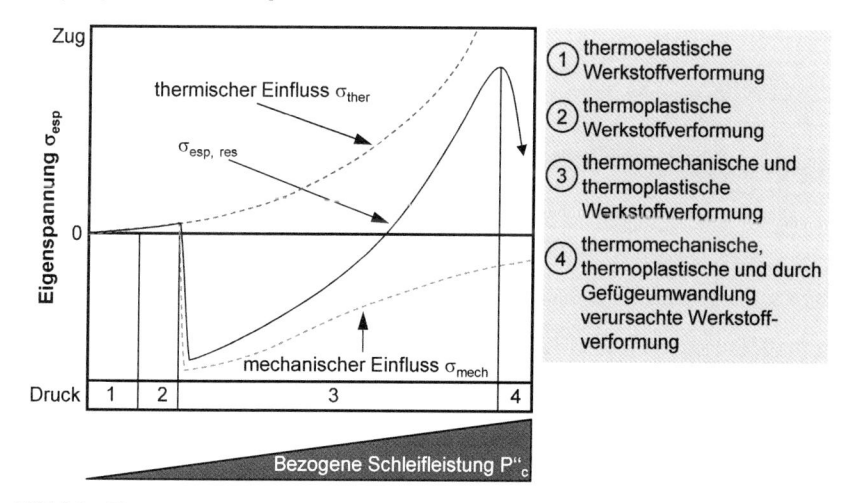

Bild 2.8: Eigenspannungen als Funktion der Schleifleistung durch Superposition mechanischer und thermischer Wirkungen (In Anlehnung an [BRIN91, S. 87])
Residual stresses as a function of grinding power by superposition of mechanical and thermal effects

Zusammenfassend kann herausgestellt werden, dass drei Ursachen zur Eigenspannungsausbildung in der Werkstückrandzone führen. Hierzu zählen der thermische, der mechanische sowie der metallurgische Zustand des Werkstoffgefüges, die in Wechselwirkung miteinander stehen (Bild 2.9). Thermische und mechanische Wirkmechanismen sowie metallurgische Vorgänge und deren wechselseitige Beeinflussung führen zu inhomogenen elasto-plastischen Verformungen des Werkstückes innerhalb der Kontaktzone. Die während des Schleifens in Wärmenergie umgesetzten Umform- und Reibvorgänge in der Werkstückrandzone können zu hohen Schleiftemperaturen sowie Temperaturgradienten führen. Aufbauend auf der werkstoffabhängigen Umwandlungskinetik (1) kann die Phasenumwandlung beschrieben werden. Phasenumwandlungen führen zu Wärmetönungen (2). Diese geben Aufschluss über die exothermen und endothermen Reaktionen. Nachfolgend kommt es zu einer Temperaturabnahme oder -zunahme. Darüber hinaus werden, wie zum Beispiel durch die umwandlungsbedingte Volumenabnahme oder -zunahme, Umwandlungsspannungen (3) induziert. Die daraus resultierenden Dehnungen innerhalb der Werkstoffrandzone führen zu einer möglichen spannungsinduzierten Phasenumwandlung (4). Die Verformung des Werkstoffes geht ebenfalls mit inneren Reibvorgängen einher, die zu einer Steigerung der Temperatur (5) führen. Dadurch werden thermisch bedingte Spannungen induziert. Diese wirken sich auf den mechanischen Zustand des Werkstoffgefüges aus [INOU81, S. 315 f.; BRIN82, S. 11].

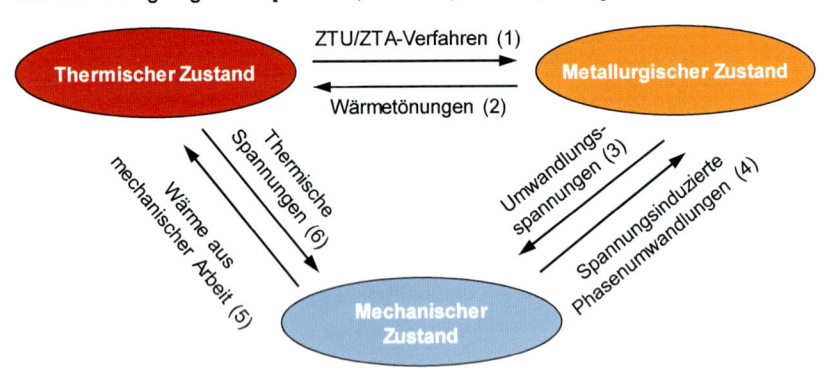

Bild 2.9: Thermomechanisch-metallurgisches Modell zur Ausbildung von Eigenspannungen (In Anlehnung an INOUE und BRINKSMEIER [INOU81, S. 315 ff.; BRIN82, S. 11])
Thermo-mechanical-metallurgical model for inducing residual stresses

Die vorgestellten Wirkmechanismen führen zu einer zeit- und ortsabhängigen Gesamtdehnung für den totalen Dehnungstensors ε_{ij}^t im Werkstoff. Aufbauend auf den Arbeiten verschiedener Wissenschaftler kann die folgende Beschreibung nach Formel 2.20 für die Berechnung des totalen Dehnungstensors ε_{ij}^t verwendet werden, vgl. [DENI82, S. 26; LEBL86, S. 399 ff.; BESS93, S. 22; HOEF05, S. 52; SIMS08, S. 53; SHAH11, S. 62]:

$$\varepsilon_{ij}^t = \varepsilon_{ij}^{el} + \varepsilon_{ij}^{pl} + \varepsilon_{ij}^{th} + \varepsilon_{ij}^{tr} + \varepsilon_{ij}^{tp}$$ **Formel 2.20**

mit ε_{ij}^{el} : Elastische Dehnung

ε_{ij}^{pl} : Plastische Dehnung

ε_{ij}^{th} : Thermische Dehnung

ε_{ij}^{tr} : Umwandlungsdehnung

ε_{ij}^{tp} : Umwandlungsplastische Dehnung

Eine genaue Beschreibung der mathematischen Zusammenhänge wird in Kapitel 8 gegeben. Insofern die während des Schleifens ermittelten Gesamtspannungen die Fließgrenze des Werkstoffes 100Cr6 in Abhängigkeit von der Temperatur sowie der vorliegenden Phase überschreiten, kommt es zur Ausbildung von Eigenspannungen in der Werkstückrandzone.

2.4.2 Eigenspannungshistorie in Abhängigkeit von der Schleifhubanzahl
Residual Stress History in Dependency on the Stroke Number

Der Eigenspannungsverlauf in der Werkstückrandzone wird durch das thermomechanische Belastungskollektiv sowie die metallurgisch induzierten Werkstoffbeanspruchungen entscheidend beeinflusst. Während des Schleifens wird insbesondere beim Pendel- und Schnellhubschleifen die Werkstückrandzone in Abhängigkeit von der Anzahl der Schleifhübe wiederholt beeinflusst. Es ist davon auszugehen, dass eine wiederholte Beeinflussung der Werkstückrandzone den Eigenspannungszustand verändert, vgl. [KLOO80; AHGA00; SASA97]. In den bisherigen Arbeiten zur sequentiellen Beeinflussung des Eigenspannungszustandes wurden die aufeinanderfolgenden Bearbeitungsschritte in verschiedenen Modellen betrachtet. Daher ist der Eigenspannungszustand im ersten Bearbeitungsschritt an das nachfolgend verwendete Modell unter Vernachlässigung des physikalischen Zustandes der Werkstückrandzone übergeben worden. In weiteren Arbeiten von GUO und LIU wurden die Eigenspannungen für eine Vielzahl von Bearbeitungsschritten in einem Modell mittels einer FEM–Simulation berechnet. Der Einfluss mehrerer Bearbeitungsschritte auf den Eigenspannungszustand wurde deutlich herausgestellt [LIU00, S. 1081 ff.; GUO02, S. 33 ff.]. Unter Berücksichtigung der sequentiellen Bearbeitung kamen auch EE ET AL. zu dem Schluss, dass die Zugeigenspannungen bei der Bearbeitung mit definierter Schneide abgesenkt werden können [EE05, S. 1624]. Im Gegensatz dazu zeigte OUTEIRO einen Anstieg der Zugeigenspannungen für die Drehbearbeitung mit zunehmender Anzahl der Bearbeitungsschritte [OUTE06, S. 1793]. Mit der Modellierung von Räumprozessen wurden mehr als drei sequentielle Bearbeitungsschritte berücksichtigt. Der Eigenspannungszustand nahm mit dem Erreichen von zehn sequentiellen Bearbeitungsschritten ein konstantes Niveau an [SCHU12, S. 354 f.].

In der bisherigen Forschung zur Eigenspannungshistorie wurde das Schleifen nicht berücksichtigt. Es ist jedoch davon auszugehen, dass die Anzahl der Schleifhübe für das Pendel- und Schnellhubschleifen eine besondere Bedeutung hat. Beim Schnellhubschleifen kommt es zu einer Vielzahl von Schleifhüben, bevor die finale Werkstückoberfläche erzeugt ist.

2.4.3 FE-Modellierungsansätze für die Berechnung von Eigenspannungen
FE-Modelling Approach for the Calculation of Residual Stresses

Der Stand der Forschung zeigt eine Vielzahl von Modellierungsansätzen für das Schleifen auf [TOEN92, S. 677 ff.; SCHN99, S. 56 ff.; MACK03, S. 103 ff.; BRIN06, S. 667; DOMA09, S. 110 ff.; HEIN09, S. 31 ff.]. Die dabei verwendeten Modellierungsansätze können unter anderem nach dem Grad der Abstraktion unterschieden werden. Insbesondere wird hierbei zwischen mikroskopischen und makroskopischen Modellen unterschieden, vgl. [BRIN06; DOMA09]. Die vorliegende Arbeit beschäftigt sich mit den makroskopischen Modellansätzen, daher werden ausschließlich diese im Folgenden betrachtet.

Die quantitative Vorhersage der Eigenspannungen in geschliffenen Werkstückrandzonen ist aufgrund der Komplexität des Schleifprozesses rein analytisch nicht möglich. Deshalb wird in der Literatur vielfach auf die numerische Berechnung der Eigenspannungen mithilfe der Finite-Elemente Methode (FEM) zurückgegriffen [DOMA09, S. 110]. Eine weitere Unterteilung der vorliegenden Modellierungsansätze mittels der FE-Methode lässt sich je nach Schwerpunkt der Arbeiten vornehmen. Dabei kann zwischen thermischen und thermomechanischen sowie zwei- und dreidimensionalen Modellierungsansätzen unterschieden werden, wobei je nach Modellierungsansatz der metallurgische Zustand der Werkstückrandzone ebenfalls betrachtet wurde. Eine umfangreiche Übersicht dieser Arbeiten liefert HEINZEL [HEIN09].

Der überwiegende Teil der FE-Modelle setzt sich mit der Entstehung und Verteilung der Wärmestromdichte in der Werkstückrandzone auseinander, vgl. [MAHD95; CHOI86; BIER97; LIER99; WEIN00; WEBE01; ANDE08; NOYE08; DUSC10a; SCHU12a]. In den makroskopischen Modellansätzen wird die Schleifscheibe-Werkstück-Interaktion durch eine bewegte Wärmequelle angenommen, die sich mit der Werkstückgeschwindigkeit über die Werkstückrandzone bewegt. Die Gesamtwärmestromdichte $\dot{q}''_t$ kann anhand der Kenntnis aus der mechanischen Leistung sowie der Kontaktfläche A_k berechnet werden (Formel 2.21) [LOWI80, S. 32 ff.; ROWE96, S. 581 ff., ROWE98, S. 276 ff.]:

$$\dot{q}''_t = \frac{F_t \cdot v_s}{A_k} = \dot{q}''_w + \dot{q}''_s + \dot{q}''_{kss} + \dot{q}''_{span} \qquad \text{Formel 2.21}$$

mit A_k : Kontaktfläche

$\dot{q}''_w$: Wärmestromdichte in das Werkstück

$\dot{q}''_s$: Wärmestromdichte in die Schleifscheibe

$\dot{q}''_{kss}$: Wärmestromdichte in den Kühlschmierstoff

$\dot{q}''_{span}$: Wärmestromdichte in die Späne

Die Gesamtwärmestromdichte teilt sich in die am Prozess beteiligten einzelnen Komponenten auf. Von besonderem Interesse ist die Wärmestromdichte in das Werkstück $\dot{q}''_w$, da eine thermische Überbelastung der Werkstückrandzone zu einer Veränderung des Gefüges führt. Die Ermittlung der Wärmestromdichte in das Werkstück wird mittels Formel 2.22 vorgenommen [LOWI80, S. 32 f.]:

$$\dot{q}''_w = K_v \cdot K_w \cdot \frac{F_t \cdot v_s}{A_{k,ges}} \qquad \text{Formel 2.22}$$

mit K_v : Anteil der umgesetzten mechanischen Arbeit

K_w : Anteil der Wärmestromdichte in das Werkstück

Nach verschiedenen wissenschaftlichen Arbeiten kann die im Schleifprozess eingebrachte mechanische Arbeit zu einem in Wärme umgesetzten Anteil von 100 % führen. Somit ergibt sich nach unterschiedlichen Wissenschaftlern für die meisten Schleifprozesse ein $K_v = 1$, vgl. [DEDE72; GROF77; LOWI80; STEF83]. Im Gegensatz dazu kann nach Angaben verschiedener Wissenschaftler in Abhängigkeit von den

Prozesseinstellgrößen, der verwendeten Schleifscheibe sowie dem Kühlschmierstoff unter Berücksichtigung des Werkstoffes eine verbleibende anteilige Wärmestromdichte in der Werkstückrandzone zwischen $5 \leq K_w \leq 84\,\%$ angenommen werden [CHOI86, S. 8]. Für die Ermittlung des Anteils der Wärmestromdichte in das Werkstück werden verschiedene Ansätze verwendet. Aufbauend auf den analytischen Simulationen zur Temperaturverteilung von CARSLAW und JAEGER sowie TAKAZAWA [JAEG42; CARS59; TAKA66] wird der Faktor K_w mit gemessenen oder mit simulativ ermittelten Temperaturverläufen abgeglichen [SCHN99; WEBE01; SCHU12a]. Einen weiteren entscheidenden Einfluss auf die Qualität der Simulationsergebnisse besitzt die Verteilung der Wärmestromdichte innerhalb der Kontaktzone. In dem überwiegenden Teil der FE-Modellierungsansätze wird eine vereinfachte Wärmestromdichteverteilung angenommen, wobei in den meisten Modellierungen eine dreieckige oder rechteckige Verteilung entlang der Kontaktzone angenommen wird, vgl. [DEDE72; LOWI80; CHOI86; ROWE98; GUO99; SCHN99; WEBE01; KLOC03; HAMD04; JIN04; BRIN06; MALK07; MAIE08]. Insbesondere STEFFENS weist darauf hin, dass die Wärmestromdichteverteilung abhängig von der Verteilung der kinematischen Schneiden pro Flächeneinheit ist, vgl. [STEF83]. Eine nichtkonstante Verteilung wurde ebenfalls in den Arbeiten von NOYEN, SCHNEIDER und SCHUMANN aufbauend auf dem Ansatz von SHAFTO, siehe Kapitel 2.1.1, ermittelt [SHAF74; SCHN99; NOYE08; SCHU12a]. Mittels der ermittelten mechanischen Belastungen entlang des Kontaktbogens konnte die Modellierung einer detaillierten Wärmestromdichteverteilung vorgenommen werden, vgl. [SCHN99; NOYE08; SCHU12a; SCHU12b; SCHU12c]. Dabei gaben die Arbeiten von NOYEN erstmals Aufschluss über die mechanische Belastungsverteilung entlang des Kontaktbogens, vgl. [NOYE08].

Für elasto-plastisches Materialverhalten berechnete MOULIK ET AL. die Eigenspannungen infolge einer bewegten Wärmequelle für unterschiedliche Wärmebelastungen. Die hier berechneten inneren Spannungen resultierten aus plastischen und thermischen Dehnungen. Mit steigenden Wärmeströmen wurde eine zunehmende Dominanz von Zugeigenspannungen in der Werkstückrandzone festgestellt. Mechanische und metallurgische Wirkmechanismen, insbesondere die spannungsinduzierten Phasenumwandlungen, wurden nicht berücksichtigt, vgl. [MOUL01].

In den Arbeiten von CHOI wurde der Einfluss von CBN- und Korundschleifscheiben auf die im Schleifprozess auftretende Schleiftemperatur anhand experimenteller und simulativer Untersuchungen erforscht [CHOI06]. Geschliffen wurde der vergütete Werkstoff 100Cr6. Die durch das Schleifen in der Werkstückrandzone entstehenden Schleiftemperaturen wurden mit den Modellierungsansätzen nach CARSLAW und JAEGER beschrieben [JAEG42; CARS59]. Die Ergebnisse für die Temperatursimulation stimmten bis zu einer Tiefe von $z = 120\,\mu m$ mit den Ergebnissen der experimentellen Untersuchungen überein. Die Schleiftemperaturen erreichten Maximalwerte von $T_{s,\,max} \approx 400\,°C$, die jedoch unterhalb der A_{c1b}-Temperatur liegen und keine Phasenumwandlungen erwarten lassen. Aufbauend auf den ermittelten Schleiftemperaturen wurden Eigenspannungen berechnet. In dieser Arbeit wurde postuliert, dass die thermischen Einflüsse beim Einsatz von CBN-Schleifscheiben vernachlässigt werden können. Das mechanische Werkstoffverhalten wurde anhand eines elasto-plastischen Modells berechnet. Die Berücksichtigung der mechanisch induzierten Eigenspannungen durch den effektiven Druck an den Schleifkörnern führte, verglichen mit den experimentellen Untersuchungen, zu einem qualitativ ähnlichen Eigenspannungstiefenverlauf. Andererseits waren die berechneten Eigenspannungen in dem Werkstück ca. doppelt so hoch wie die experimentell ermittelten Ergebnisse. Wie in den Untersuchungen von MOULIK wurde die Volumenänderung des Werkstoffgefüges durch Phasenumwandlungen, welche einen signifikanten Einfluss auf die Eigenspannungsbildung haben können [HAMD04, S. 284], vollständig vernachlässigt.

Im Gegensatz zu den bisher vorgestellten Modellierungsansätzen wird die Kenntnis der Wärmeverteilung in den Arbeiten von BRINKSMEIER und BROCKHOFF genutzt, um den metallurgischen Zustand der Werkstückrandzone abzubilden, vgl. [BRIN94; BRIN96; BROC99; BRIN05; BRIN08]. Dieses ermöglicht den Autoren, die Werkstückrandzone weicher, wärmebehandelter Stähle während des Schleifhärtens zu simulieren [BRIN94; BRIN96]. In weiteren Arbeiten von BRINKSMEIER ET AL. wurde das Schleifhärten des Wälzlagerstahls 100Cr6 untersucht. Gerade bei komplexeren Werkstückstrukturen sind jedoch zahlreiche Vorversuche zur Prozessauslegung erforderlich, um die Härtetiefe und den resultierenden Bauteilverzug beherrschen zu können [BRIN03]. Daher wird zur Vorhersage von Oberflächenhärte, Einhärtetiefe, auftretenden Phasenumwandlungen sowie Werkstückverzug eine numerische Simulation mittels der FE-Methode durchgeführt. Hierbei wurden die Umwandlungen von Perlit und Austenit während der Erwärmung sowie die Umwandlungen von Austenit in Perlit, Bainit und Martensit während des Abkühlens berücksichtigt. Die diffusionsgesteuerten Phasenumwandlungen werden mit der JMAK-Gleichung berechnet. Die verschiedenen Aufheizraten $\dot{T}_{auf}$ werden in der Simulationssoftware SYSWELD durch einen Korrekturterm $f(\dot{T}_{auf})$ berücksichtigt. Dahingegen wird die diffusionslose Phasenumwandlung nach der Beziehung von KOISTINEN-MARBURGER berechnet [KOIS59].

In weiteren Arbeiten von FÖCKERER ET AL. wurden die Eigenspannungen beim Schleifhärten des Werkstoffs 100Cr6 im weichgeglühten Ausgangszustand simuliert. Die Schleiftemperaturen erreichten Maximalwerte von $T_{s,\,max} \approx 850$ °C und lagen damit oberhalb der A_{c1b}-Temperatur. Spannungsinduzierte Phasenumwandlungen wurden in der Simulation jedoch nicht berücksichtigt [FOEC10]. So wurden bis zu einer Werkstückrandzonentiefe von $y_{wrz} = 700$ µm sowohl höhere Druckspannungen als auch höhere Härtewerte gemessen, was auf Martensitbildung zurückzuführen ist. Andererseits zeigen die simulierten Härtewerte und die Druckeigenspannungen nur bis zu einer Werkstückrandzonentiefe von $y_{wrz} = 450$ µm einen im Vergleich zu den experimentellen Ergebnissen qualitativ ähnlichen Verlauf. Die Martensitbildung in tieferen Bauteilbereichen kann nur mit einer entsprechenden Phasenumwandlung unterhalb der A_{c1b}-Temperatur erklärt werden. In aktuellen Arbeiten zum Schleifhärten wird die Anwendbarkeit auf verschiedene Schleifverfahren untersucht, vgl.

[STOE08; WILK08; ZAEH09; KOLK11; NGUY11; HYAT13]. In den Arbeiten zum Schleifhärten werden nur die thermisch-metallurgischen Belastungen berücksichtigt. Erste Ansätze, das thermomechanische Belastungskollektiv für die Eigenspannungsausbildung zu berücksichtigen, wurden von ZHANG ET AL. und MAHDI verfolgt [ZHAN95; ZHAN99; MAHD97; MAHD98; MAHD99; MAHD99a; MAHD00]. Die Wärmequelle wurde mit einem vereinfachten Model nach JAEGER mathematisch beschrieben [JAEG42]. Die Materialeigenschaften für den verwendeten EN23-Stahl wurden phasen- und temperaturabhängig definiert. Das Werkstoffverhalten wurde als elastisch und ideal-plastisch ohne Werkstoffverfestigung modelliert. Die aus der mechanischen Belastung abgeleiteten Spannungsprofile wurden als dreieckige Spannungsprofile in der FE-Software ADINA angenommen. Damit wurde erstmals ein vereinfachter Ansatz gewählt, um der Verteilung der mechanischen Belastungen entlang des Kontaktbogens gerecht zu werden. In diesen Arbeiten wurde zwar die γ- zu α-Eisen-Phasenumwandlung vereinfacht modellhaft erfasst und der entstandene Martensitanteil in Abhängigkeit von den Schleif- und Werkstoffparametern (Tischvorschubgeschwindigkeit, Kontaktlänge, Wärmeübergangskoeffizient des Kühlschmierstoffs, Temperaturleitfähigkeit des Werkstücks usw.) semi-empirisch bestimmt, jedoch wurde die Volumenzunahme, welche einen signifikanten Einfluss auf die Eigenspannungsbildung hat, nicht berücksichtigt. Eine Validierung der berechneten Eigenspannungen mit experimentell ermittelten Eigenspannungen wurde nicht durchgeführt.

Ein weiterer Ansatz, das thermomechanische Belastungskollektiv unter Berücksichtigung des metallurgischen Zustands für die Berechnung von Eigenspannungen in der Werkstoffrandzone zu verwenden, wurde beim Flachschleifen vorgenommen, vgl. [SHAH11]. Die thermischen und mechanischen Belastungen wurden sowohl getrennt als auch überlagert betrachtet. Dabei wurde das thermomechanische Belastungskollektiv entlang des Kontaktbogens als elliptisch verteilt angenommen sowie verschiedene Intensitäten theoretisch hergeleitet. Die Verteilung der mechanischen Belastungen auf die Werkstückoberfläche wurde in Tangential- und Normalenrichtung angenommen. In den Berechnungen wurde elastisch-plastisches oder elastisch-viskoplastisches Materialverhalten ohne Werkstoffverfestigung verwendet. Die Modellierung und Simulation der Umwandlungsvorgänge von Austenit in Perlit, Bainit (diffusionsgesteuerte Phasenumwandlungen) und Martensit (diffusionslose Phasenumwandlungen) wurden auf Basis der aktuellen Forschung vorgenommen. Die Validierung der Simulation wurde für rein thermische Werkstückbelastungen erfolgreich abgeschlossen. Der Einfluss der mechanischen Belastung auf die Umwandlungstemperaturen und Umwandlungskinetik wurde jedoch nicht untersucht. Eine Validierung der berechneten Eigenspannungen mit experimentellen Untersuchungen ist wie auch in den Arbeiten von ZHANG ET AL. und MAHDI nicht erfolgt.

Gänzlich unberücksichtigt sind in den bisherigen Modellierungsansätzen zur quantitativen Eigenspannungsbeschreibung die spannungs- und verformungsinduzierten Phasenumwandlungen, die sowohl die Umwandlungskinetik als auch die Umwandlungstemperaturen und damit auch die Ausbildung der Eigenspannungen beeinflussen. Bisher wurden ebenfalls nur theoretisch betrachtete mechanische Belastungen entlang des Kontaktbogens in die Berechnung mit einbezogen. Inwieweit die Verteilungen und Intensitäten der mechanischen Belastungen entlang des Kontaktbogens realitätsnah angenommen wurden, kann nicht eindeutig geklärt werden.

2.5 Zwischenfazit zum Stand der Forschung und Problemstellung
Interim Results of the Current State of the Research and Research Issue

Das Schleifen ist durch ein thermomechanisches Belastungskollektiv gekennzeichnet, welches als ungewolltes Wärmebehandlungsverfahren angesehen werden kann, vgl. [WAGN57]. Grundlegende Arbeiten verschiedener Wissenschaftler zeigen das Potential des Pendel- und Schnellhubschleifens bezüglich der reduzierten thermischen Werkstückrandzonenbeeinflussung, vgl. [INAS88; TOEN97; ZEPP05; NACH08; UHLM11]. Auf der anderen Seite führen hohe Schleifscheibenumfangsgeschwindigkeiten zu verbesserten Oberflächenrauheiten. Experimentelle Untersuchungen zum Pendel- und Schnellhubschleifen mit hohen Schleifscheibenumfangsgeschwindigkeiten sind bisher nur stichpunktartig erfolgt. Für das Pendel- und Schnellhubschleifen des vergüteten Werkstoffes 100Cr6 mit keramisch gebundener CBN-Schleifscheibe mit hohen Schleifscheibenumfangsgeschwindigkeiten ist die Historie des thermomechanischen Belastungskollektives nicht erforscht.

Für die detaillierte Analyse des thermomechanischen Belastungskollektives ist die Historie der auftretenden thermischen und mechanischen Belastungen entlang des Kontaktbogens notwendig. Erste wissenschaftliche Ansätze zur Identifikation der thermischen [BATA05; SCHU12a] und mechanischen [QUIR80; SCHN99; NOYE08] Belastungsprofile wurden für verschiedene Schleifverfahren vorgestellt. Für die Beschreibung der thermischen Belastungen wurden verschiedene werkstück- und werkzeugseitige Temperaturmessmethoden eingesetzt, vgl. [WILK06]. Die Schleiftemperaturhistorie konnte für Schleifoperationen mit geringen Werkstückgeschwindigkeiten hinreichend genau beschrieben werden. Im Gegensatz dazu ist das Schnellhubschleifen durch Tischvorschubgeschwindigkeiten von bis $v_w = 200$ m/min charakterisiert [ZEPP05; NACH08]. Daraus ergeben sich Herausforderungen an die Schleiftemperaturmessung hinsichtlich der notwendigen örtlichen und zeitlichen Auflösung, die mit bisher bestehenden Messmethoden nur unzureichend realisiert werden können. Die Weiterentwicklung einer geeigneten Messmethode zur Erfassung der thermischen Belastungen ist somit erforderlich. Das mechanische Belastungsprofil entlang des Kontaktbogens setzt sich aus den Schleifkräften sowie der Summe der am Schleifprozess beteiligten Einzelkornkontaktflächen in Tangential- und Normalenrichtung zusammen. Aufbauend auf den Arbeiten verschiedener Wissenschaftler [SHAF74; QUIR80; SCHN99] entwickelte NOYEN eine Methodik, um die mechanische Belastungsverteilung für das Pendelschleifen zu ermitteln [NOYE08]. Dabei wurde die reale Kontaktfläche infolge von einzelnen Schneideneingriffen nicht berücksichtigt. Eine quantitative Beschreibung der mechanischen Belastungen entlang des Kontaktbogens konnte somit bisher nicht erzielt werden.

Aufgrund thermomechanischer Belastungen in der Werkstückrandzone können beim Schleifen Phasenumwandlungen auftreten. In der vorliegenden Arbeit wird herausgestellt, dass die thermischen Wirkmechanismen zur Ausbildung von Austenit und Martensit im Allgemeinen gut beschreibbar sind. Im Gegensatz dazu ist die Umwandlungskinetik unter der Beeinflussung mechanischer Wirkmechanismen nicht ausreichend erforscht. Erste Erkenntnisse über die Beeinflussung der Umwandlungskinetik während der Phasenumwandlung (α-Eisen zu γ-Eisen) infolge des hydrostatischen Drucks wurden abgeleitet und für die Modellierung der Phasenumwandlung bei verschiedenen Fertigungsverfahren [DARK53; GRIF87; HAN06; RAME08; SCHU13], wie auch dem Schleifhärten [FOEC12], eingesetzt. Die während des Schleifhärtens auftretenden Drücke wurden mittels der CLAUSIUS-CLAPYERON-Gleichung in der Phasenumwandlung berücksichtigt. Dabei wurden nur solche hydrostatischen Drücke berücksichtigt, welche vorliegen, wenn alle Hauptspannungen in einem Werkstoffbereich äquivalent sind. Beim Schleifen kommt es infolge der großen mechanischen Belastungen zu Verformungen in der Werkstückrandzone. Von einem hydrostatischen Spannungszustand kann nicht ausgegangen werden. Weiterhin kann betont werden, dass für die Modellierung der Phasenumwandlung (γ-Eisen zu α-Eisen) ebenfalls Dehnungen und/oder Spannungen berücksichtigt werden müssen [SCHE32; RADC63; SCHM76; BESS93; AHRE03]. Neben Ansätzen, die CLAUSIUS-CLAPYERON-Gleichung zu verwenden, werden vielversprechende Lösungsansätze von INOUE ET AL. und DENIS ET AL. vorgestellt, die Spannungen infolge von Verformungen berücksichtigt, welche nicht auf einen hydrostatischen Spannungszustand zurückzuführen sind [DENI85; INOU85]. Die Auswirkungen der beim Schleifen resultierenden Verformungen auf die Phasenumwandlung wurden bisher nicht untersucht.

Daraus ergibt sich die Problemstellung, dass die thermomechanisch-metallurgischen Werkstoffbeanspruchungen in der Werkstückrandzone beim Schleifen nach dem aktuellen Stand der Forschung nicht ausreichend beschrieben werden können. In den bisherigen Modellansätzen zur Eigenspannungsausbildung wurden die hohen thermischen Beanspruchungen während des Schleifens in den Vordergrund gestellt. Diese Modellansätze vernachlässigen jedoch nahezu vollständig den Einfluss der mechanischen Belastungen auf die Werkstückrandzone und somit auf die Eigenspannungsausbildung. Schlussfolgernd ist die quantitative Vorhersage der Eigenspannungen in der Werkstückrandzone bisher nicht möglich.

3 Forschungshypothese und Zielsetzung
Research Hypothesis and Objective

Das Pendel- und Schnellhubschleifen mit hohen Schleifscheibenumfangsgeschwindigkeiten stellen sich nach dem Stand der Technik als bedeutende Zukunftstechnologie dar. Diese ermöglicht die Zerspanung mit hohen bezogenen Zeitspanungsvolumen bei nahezu gleichbleibenden Qualitäten der Form- und Lagetoleranzen. Von besonderer Bedeutung für die Funktionalität des geschliffenen Werkstücks ist der Eigenspannungszustand in der Werkstückrandzone.

Die wesentlichen Erkenntnisdefizite zur Ausbildung der Eigenspannungen während des Pendel- und Schnellhubschleifens des Werkstoffes 100Cr6 mit Tischvorschubgeschwindigkeiten bis zu v_w = 200 m/min sowie Schleifscheibenumfangsgeschwindigkeiten bis zu v_s = 200 m/s sind unter anderem auf die bisher fehlenden Messmöglichkeiten zur Identifizierung der thermischen und mechanischen Werkstoffbelastungen zurückzuführen. Weiterhin sind die Auswirkungen der metallurgischen Einflüsse auf die Eigenspannungsausbildung nur unzureichend erforscht. Insbesondere wurden bisher keine Untersuchungen durchgeführt, um den gezielten Einfluss der mechanischen Werkstoffbeanspruchungen auf die Phasenumwandlung während des Schleifens zu beschreiben. Somit war es bisher nicht möglich, unter Berücksichtigung eines ganzheitlichen Ansatzes die Eigenspannungen zu berechnen. Die Eigenspannungshistorie in Abhängigkeit von der Anzahl der Schleifhübe ist ebenfalls nicht bekannt.

Aufgrund der großen wissenschaftlichen und wirtschaftlichen Bedeutung des Pendel- und Schnellhubschleifens besteht erheblicher Bedarf, die Zusammenhänge zur Ausbildung der Eigenspannungen in der Werkstückrandzone zu erforschen, um Vorhersagen auf den Eigenspannungsverlauf in Abhängigkeit von den Prozesseinstellgrößen treffen zu können. Aus diesem Bedarf leitet sich das folgende Forschungsziel ab:

Forschungsziel: Das Ziel der Arbeit ist die Beschreibung der Eigenspannungsausbildung in der Werkstückrandzone beim Pendel- und Schnellhubschleifen.

Forschungshypothese: Die Kenntnis der Interaktion des thermomechanisch-metallurgischen Belastungskollektivs entlang des Kontaktbogens zwischen Werkstück und Schleifscheibe beim Pendel- und Schnellhubschleifen mit hohen Schleifscheibenumfangsgeschwindigkeiten ermöglicht die quantitative Vorhersage des Eigenspannungszustands in der Werkstückrandzone.

Zum Erreichen des Forschungszieles und zur Validierung der Forschungshypothese müssen die folgenden fünf Teilhypothesen kausal korrekt validiert werden:

Teilhypothese 1: Die gezielte Neu- und Weiterentwicklung von Messmethoden ermöglicht es, die ungleich verteilten Schleifkräfte und -temperaturen entlang des Kontaktbogens quantitativ aufzulösen, detailliert zu analysieren und zu beschreiben. (Kapitel 4)

Teilhypothese 2: Die beim Schleifprozess auftretenden mechanischen Belastungen können durch die Kenntnis der realen Kontaktlänge, der kinematischen Einzelkornkontaktflächen in Normalen- und Tangentialrichtung, der im Eingriff befindlichen aktiven Schneiden sowie der Normal- und Tangentialkraft entlang des Kontaktbogens identifiziert und beschrieben werden. (Kapitel 4)

Teilhypothese 3: Das während des Schleifens in der Werkstückrandzone wirkende Beanspruchungskollektiv kann aufbauend auf der Kenntnis des thermomechanischen Werkstoffverhaltens von 100Cr6 und des experimentell gemessenen thermomechanischen Belastungskollektives ermittelt werden. (Kapitel 5 und 6)

Teilhypothese 4: Mechanisch induzierte Werkstoffbeanspruchungen haben einen signifikanten Einfluss auf die Phasenumwandlung, der durch innovative experimentelle Untersuchungen identifiziert und analytisch beschrieben werden kann. (Kapitel 7)

Teilhypothese 5: Die Ursachen (thermomechanisch-metallurgische Beanspruchungen) zur Ausbildung der Eigenspannungen können in einem 3D-FE-Modell in Interaktion gesetzt werden und ermöglichen somit die Beschreibung des Eigenspannungszustandes in der Werkstückrandzone. (Kapitel 8)

Die Vorgehensweise zur Erreichung des Forschungsziels und der Validierung der Forschungshypothese ist in Bild 3.1 dargestellt:

Kapitel 4: Experimentelle Untersuchungen zur Ermittlung des thermomechanischen Belastungskollektives	**Erforschung des thermomechanischen Belastungskollektives**
Kapitel 5: Beschreibung des thermomechanischen Werkstoffverhaltens von 100Cr6	**Modellerstellung zur Vorhersage der Eigenspannungen**
Kapitel 6: Modellierung der wirksamen thermomechanischen Beanspruchungsprofile	
Kapitel 7: Untersuchungen der metallurgischen Vorgänge während des Schleifens	
Kapitel 8: Modellierung und Simulation der Eigenspannungen 8.1 Entwicklung und Umsetzung eines thermomechanisch-metallurgischen 3D-FEM-Modelles	
Kapitel 8: Modellierung und Simulation der Eigenspannungen 8.2 Validierung der Forschungshypothese	**Validierung**

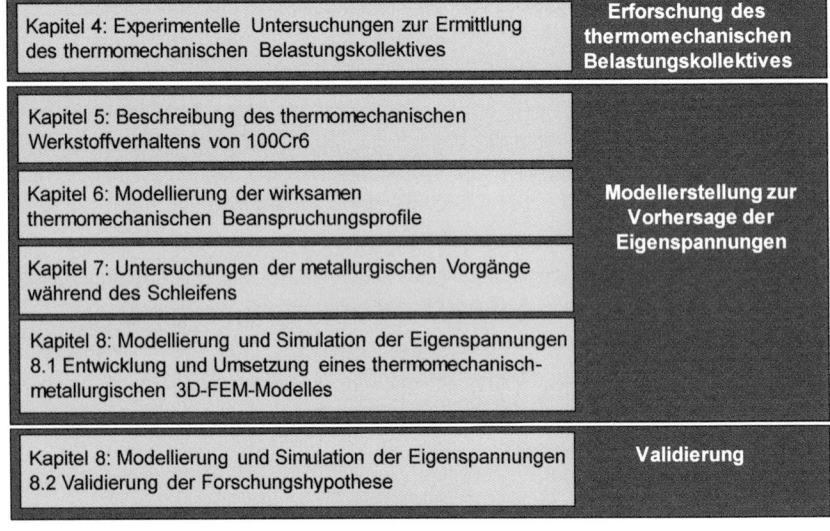

Bild 3.1: Vorgehensweise zur Validierung der Forschungshypothese
Procedure for the validation of the research hypothesis

Damit das Gesamtziel erreicht und die Forschungshypothese validiert werden kann, wird im ersten Schritt in Kapitel 4 die Neu- und Weiterentwicklung verschiedener Messmethoden zur Identifizierung des thermomechanischen Belastungskollektives im Kontaktbogen zwischen Schleifscheibe und Werkstück vorgenommen. In einem weiteren Schritt folgen experimentelle Untersuchungen zum Pendel- und Schnellhubschleifen, um die thermischen und mechanischen Belastungen messtechnisch zu erfassen und beschreibbar zu machen. Die experimentellen Hochgeschwindigkeitszugversuche in Kapitel 5 zur Beschreibung des thermomechanischen Werkstoffverhaltens dienen als Grundlage für die Ermittlung des wirksamen thermomechanischen Belastungskollektives in Kapitel 6. Mittels eines zweidimensionalen FE-Modells wird ein auf die geschliffene Werkstückoberfläche wirksames Beanspruchungsprofil abgeleitet. In weiterführenden Untersuchungen werden die ermittelten Beanspruchungen für die experimentellen Untersuchungen zur Phasenumwandlung am DESY (DEUTSCHES ELEKTRONEN-SYNCHROTRON) in Hamburg in Kapitel 7 zu Grunde gelegt. Die Erkenntnisse werden analytisch zusammengefasst und dienen als Eingangsgröße für die weitere Modellierung der Eigenspannungen. In Kapitel 8 wird ein 3D-FE-Modell für das Pendel- und Schnellhubschleifen mit hohen Schleifscheibenumfangsgeschwindigkeiten zur Vorhersage von Eigenspannungen entwickelt und verifiziert. Dieses liefert Erkenntnisse über die Entstehung von Eigenspannungen in der Werkstückrandzone in Abhängigkeit von dem Beanspruchungsszenario während des Schleifens. Abschließend wird das Modell zur Vorhersage von Eigenspannungen in Kapitel 8 der Werkstückrandzone beim Pendel- und Schnellhubschleifen validiert.

4 Experimentelle Untersuchungen zur Ermittlung des thermomechanischen Belastungskollektives
Experimental Investigation in Order to Determine the Thermo-Mechanical Load Distribution

Der Schleifprozess ist durch ein thermomechanisch-metallurgisches Beanspruchungskollektiv in der Werkstückrandzone geprägt. Das Zusammenwirken dieser drei sich gegenseitig beeinflussenden Werkstoffbeanspruchungen kann eine dauerhafte Veränderung der Werkstückrandzoneneigenschaften nach sich ziehen. Für die Analyse dieser Beanspruchungen muss das wirkende thermomechanische Belastungskollektiv auf die Kontaktzone bekannt sein. Im Stand der Forschung wurde herausgestellt, dass das thermomechanische Belastungskollektiv bisher nur unzureichend bekannt ist. Daher ist es Ziel dieses Kapitels, geeignete Messmethoden für das Pendel- und Schnellhubschleifen sowie eine Vorgehensweise zur Beschreibung der mechanischen und thermischen Werkstoffbelastungen abzuleiten.

Der allgemeine Versuchsaufbau für die experimentellen Untersuchungen wird in Kapitel 4.1 beschrieben. In Kapitel 4.2 und 4.3 werden die Vorgehensweisen für die Beschreibung der mechanischen und thermischen Werkstoffbelastungen für das Pendel- und Schnellhubschleifen separat vorgestellt. Anschließend werden die experimentellen Schleifuntersuchungen zur Beschreibung der mechanischen und thermischen Werkstoffbelastung durchgeführt sowie die Ergebnisse analysiert. Die Ergebnisse sind in Kapitel 4.4 dargestellt. Aufbauend auf den gewonnenen Erkenntnissen können die wirksamen Belastungsprofile in Kapitel 5 erforscht werden.

4.1 Versuchsplanung und -vorbereitung
Planning and Preparation of the Experimental Investigation

In den experimentellen Untersuchungen zum Pendel- und Schnellhubschleifen wurde die Schnellhubschleifmaschine Blohm Profimat MT 408 HTS eingesetzt (Bild 4.1). Diese verfügt über eine maximale Antriebsleistung von $P_{s,max}$ = 45 kW. Mit einem maximalen Schleifscheibendurchmesser von $d_{s,max}$ = 400 mm können maximale Schleifscheibenumfangsgeschwindigkeiten von $v_{s,max}$ = 230 m/s erreicht werden. Dabei werden durch einen impulsentkoppelten Linearantrieb in der x-Achse Tischvorschubgeschwindigkeiten von $v_{w,max}$ = 200 m/min bei einer Tischbeschleunigung von $a_{w,max}$ = 50 m/s² realisiert.

Während der experimentellen Untersuchungen wurde eine keramisch gebundene Schleifscheibe mit splittrigen CBN-Schleifkörnern (B181V/ABN 300) der Firma TYROLIT SCHLEIFMITTELWERKE SWAROVSKI K.G. mit einem Schleifscheibendurchmesser von d_s = 400 mm eingesetzt. Die CBN-Schleifscheibe wurde mit einer Diamantformrolle der Firma TYROLIT SCHLEIFMITTELWERKE SWAROVSKI K.G. mit der Spezifikation RPX TN und einem mittleren Korndurchmesser d_{kg} = 851 μm abgerichtet. Die Abrichtbedingungen wurden mit einem Abrichtüberdeckungsgrad von U_d = 2 sowie einem konstanten Abrichtgeschwindigkeitsquotienten von q_d = 0,8 bei einer Schleifscheibenumfangsgeschwindigkeit von $v_{sd} = 80$ m/s festgelegt. Diese Abrichtbedingungen führen zu einer stabilen Prozessführung mit reproduzierbaren Schleifergebnissen und wurden in Voruntersuchungen ermittelt.

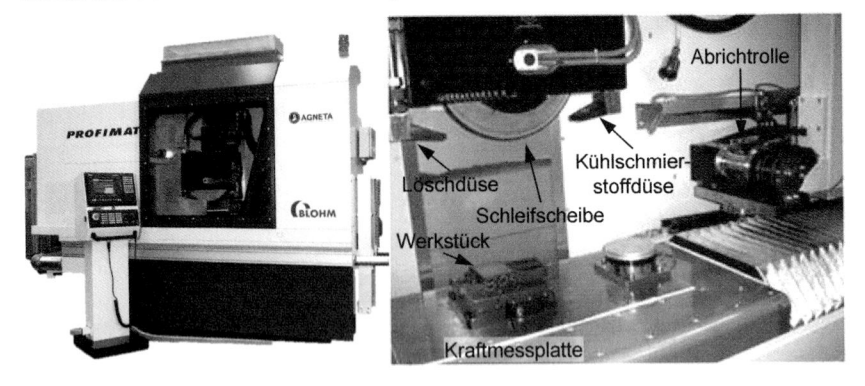

Bild 4.1: Schnellhubschleifmaschine Blohm Profimat MT 408 HTS
Speed-stroke grinder Blohm Profimat MT 408 HTS

Die Kühlschmierstoffversorgung wurde über eine Nadeldüse der Firma GRINDAIX über die gesamte Schleifscheibenbreite $b_s = 20$ mm mit einem Kühlschmierstoffvolumenstrom $\dot{Q}_{kss} = 140$ l/min realisiert. Bei dem verwendeten Kühlschmierstoff handelt es sich um eine Emulsion (5%ig) mit der Produktbezeichnung Ecocool TN 2525 HP. Dieses Kühlschmierstoffprodukt der Firma FUCHS EUROPE eignet sich für Hochleistungsschleifprozesse.

Der verwendete Werkstoff 102Cr6V/100Cr6 (Werkstoffnummer 1.2067) mit der amerikanischen Bezeichnung AISI L1/L3 wird vorwiegend als Werkzeugstahl eingesetzt. Dieser Werkstoff wird typischerweise für Gewindebohrer, Bohrer, Schneidbacken, Fräser, Kaltwalzen etc. verwendet. Der in der chemischen Zusammensetzung vergleichbare Werkstoff mit der Werkstoffnummer 1.3505 ist bei Wälzlageranwendungen im Einsatz und unterscheidet sich im Wesentlichen durch feinere Karbidanteile. Die chemische Zusammensetzung wurde vor der Versuchsdurchführung analysiert, siehe Tabelle 4.1:

Tabelle 4.1: Chemische Zusammensetzung von 100Cr6 (Werkstoffnummer 1.2067)
Chemical composition of 100Cr6 (AISI L1/L3)

Element	C	Si	Mn	P	S	Cr	Ni	Cu
Gew.-%	1,15	0,30	0,33	0,012	0,017	1,43	0,02	0,04

Der Werkstoff 100Cr6 wurde für alle experimentellen Untersuchungen in einer Charge geliefert, bearbeitet und vergütet. Hierzu wurde der Werkstoff bei $T = 850$ °C für $t = 30$ min gehalten und im Öl abgeschreckt. Anschließend wurde der Werkstoff bei $T = 220$ °C für $t = 120$ min angelassen. Nach dem Vergüten liegt der Werkstoff mit homogen fein verteilten Chromkarbiden im martensitischen Zustand vor. Der Werkstoff 100Cr6 hat infolge seines Gefüges eine hohe Verschleißfestigkeit sowie gute Gleiteigenschaften. Das vorliegende Gefüge weist eine Härte nach Rockwell von 60 ± 1 HRC auf.

In Tabelle 4.2 sind die Prozesseinstellgrößen für die Pendel- und Schnellhubschleifversuche aufgeführt. Die Versuchsdurchführung wurde mittels der statistischen Analysesoftware MINITAB vollfaktoriell geplant und mit jeweils zwei Wiederholungen vorgenommen. Somit konnten zufällige Fehler erkannt und systematische Fehler während der Versuchsdurchführung berücksichtigt werden.

Tabelle 4.2: Prozesseinstellgrößen für die Pendel- und Schnellhubschleifversuche

Process input parameters for pendulum and speed-stroke grinding tests

Versuchswerkstoff	100Cr6 (60 ± 1 HRC)
Schleifscheibe	Keramisch gebundenes CBN (B181V)
Bezogenes Zeitspanungsvolumen Q'_w	10; 20; 30; 40; 50 mm³/(mm·s)
Scheibenumfangsgeschwindigkeit v_s	80; 120; 160; 180; 200 m/s
Tischvorschubgeschwindigkeit v_w	6; 12; 50; 80; 120; 160; 180 m/min
Bezogenes Zerspanungsvolumen V'_w	500 mm³/mm
Kühlschmierstoff	Emulsion 5%ig, Fuchs Ecocool TN 2525 HP, $\dot{Q}_{kss}$ = 140 l/min

Als Bewertungsgrößen für die experimentellen Untersuchungen dienten außer den Schleiftemperaturen, den Schleifkräften und der Schleifscheibentopografie ebenfalls der Gefügezustand der Werkstückrandzone. Zusätzlich wurde während der Versuchsdurchführung das thermomechanische Belastungskollektiv erfasst, welches in den nachfolgenden Kapiteln detailliert beschrieben wird.

4.2 Vorgehensweise zur Beschreibung der mechanischen Werkstückbelastung

Procedure for the Description of the Mechanical Workpiece Load

Bisherige wissenschaftliche Arbeiten haben sich weitestgehend mit der Beschreibung der Gesamtschleifkräfte in der Werkstückrandzone auseinandergesetzt. Dabei wurden die Verteilung der Schleifkräfte entlang des Kontaktbogens und deren resultierende mechanische Belastung auf die Werkstückrandzone nicht berücksichtigt. Eine umfassende Kenntnis der mechanischen Belastungen ist jedoch Grundvoraussetzung für die Modellierung des Schleifprozesses. Das Ziel war es daher, aufbauend auf einer geeigneten Vorgehensweise unter Verwendung von neuartigen Mess- und Auswertungsmethoden, die mechanische Belastung entlang des Kontaktbogens zu beschreiben. Damit die mechanische Belastung in der Kontaktzone zwischen

Werkstück und Schleifscheibe lokal aufgelöst beschrieben werden konnte, wurde die in Bild 4.2 gezeigte Vorgehensweise angewandt:

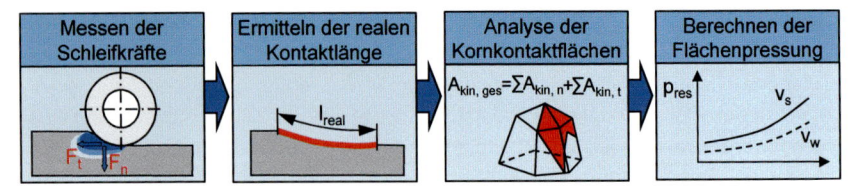

Bild 4.2: Vorgehensweise zur Beschreibung der mechanischen Belastung entlang des Kontaktbogens

Procedure for the description of the mechanical load along the contact arc

Im ersten Schritt wurden die Schleifkräfte in Normalen- und Tangentialrichtung messtechnisch erfasst. Im zweiten Schritt erfolgte die Ermittlung der realen Kontaktlänge mittels der experimentell ermittelten Daten und im dritten Schritt wurden die kinematischen Einzelkornkontaktflächen in verschiedenen Verschleißzuständen analysiert. Damit können die Schleifkräfte entlang des Kontaktbogens auf die mesoskopisch kleinen Einzelkornkontaktflächen bezogen werden, um eine Aussage über die auftretenden mechanischen Belastungen abzuleiten. Im Folgenden wird eine detaillierte Beschreibung zu den einzelnen Schritten der Vorgehensweise vorgenommen.

Aufbauend auf den Arbeiten verschiedener Wissenschaftler, vgl. SHAFTO, SCHNEIDER und NOYEN [SHAF74, SCHN99, NOYE08], wurde ein Kraftmessaufbau (Bild 4.3) weiterentwickelt, mit dem es möglich war, in einem einzigen Messaufbau die mechanischen und thermischen Belastungen lokal aufgelöst zu erfassen.

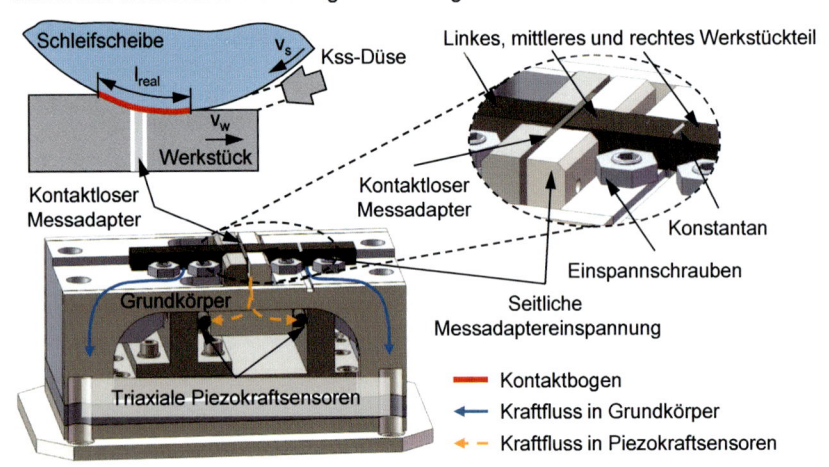

Bild 4.3: Kraftmessaufbau zur Messung der Schleifkräfte und der Schleiftemperaturen entlang des Kontaktbogens

Force measurement test set-up for the measurement of the grinding force and the grinding temperatures along the contact arc

4 Ermittlung des thermomechanischen Belastungskollektives

Der Kraftmessaufbau besteht im Wesentlichen aus dem Grundkörper, drei Werkstückteilen sowie einem Messadapter. Der Messadapter ist zwischen dem linken und mittleren Werkstückteil reibungsfrei gelagert und seitlich eingespannt, so dass während der Schleifversuche keine Beeinflussung des Kraftmesssignals durch Berührung mit den umliegenden Werkstückteilen vorlag. Die Kräfte wurden über vier triaxiale Piezokraftsensoren gemessen. Die Breite des Messadapters b_{mess} = 500 µm, siehe Bild 4.4, sowie der Abstand zu den umliegenden Werkstückteilen x_{luft} = 100 µm war unter Berücksichtigung der in Voruntersuchungen auf den Messadapter ermittelten maximalen Normalkräfte von $F_{n, max}$ > 250 N bzw. maximalen Tangentialkräfte von $F_{t, max}$ > 100 N dahingehend dimensioniert, dass in den Schleifuntersuchungen eine Berührung von Messadapter und den umliegenden Werkstückteilen im gesamten Parameterbereich des Versuchsprogramms ausgeschlossen werden konnte. Zum anderen musste die Messadapterbreite b_{mess} hinreichend klein ausgelegt werden, um minimale Veränderungen in der Schleifkraft in Abhängigkeit von der Längenposition im Kontaktbogen x_k aufzulösen. Die Tiefe des Messadapters von t_{mess} = 20 mm wurde äquivalent zur Schleifscheibenbreite b_0 gewählt. Während des Schleifens wird der Messadapter ebenfalls zerspant, so dass dieser die Kontaktzone mit der Tischvorschubgeschwindigkeit durchläuft. In Bild 4.4 ist beispielhaft der qualitative Verlauf der Schleifkraft in Abhängigkeit von der Position des Messadapters dargestellt:

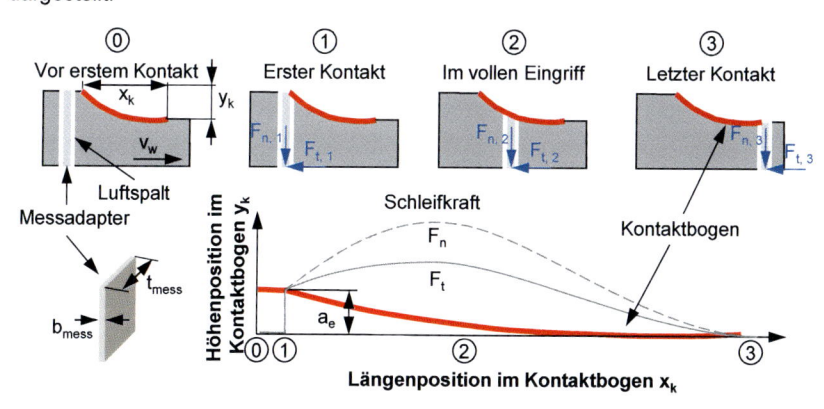

Bild 4.4: Verlauf des Kraftmesssignals in Abhängigkeit von den Messadapterpositionen
Tendency of the force measurement signal in dependency of adapter position

Bevor der erste Kontakt zwischen Schleifscheibe und reibungslos gelagertem Messadapter erfolgte, ergibt sich kein Kraftmesssignal. Erst mit dem Eingriff der Schleifscheibe in den Messadapter wird eine Schleifkraft gemessen. Das Messsignal ist dem Eingriff im oberen Bereich des Kontaktbogens bei maximaler Zustellung zuzuordnen. Anschließend ist der Messadapter im vollen Eingriff. Die gemessene Schleifkraft bezieht sich somit zu jedem folgenden Zeitpunkt auf die Messadapterfläche und endet mit dem letzten Kontakt zwischen Schleifscheibe und Messadapter. Da die reale Eingriffszeit aus dem Messsignal der Kraftmessung, die Tischvorschubgeschwindigkeit sowie die Zustellung bekannt sind, kann die reale Kontaktlänge entlang des Kontaktbogens berechnet werden.

Die Summe der gemessen Schleifkräfte entlang des Kontaktbogens ist gleich der Gesamtschleifkraft. Um die Gesamtschleifkräfte in Normalen ($F_{n,\,ges}$)- sowie Tangentialrichtung ($F_{t,\,ges}$) quantitativ zu erfassen, war die Schnellhubschleifmaschine zusätzlich mit einem Drei-Komponenten-Dynamometer der Firma KISTLER INSTRUMENTS ausgerüstet. Dieser befand sich direkt unter dem vorgestellten Messaufbau.

In Bild 4.5 ist der beispielhafte Verlauf der bezogenen Schleifkräfte entlang des Kontaktbogens für einen Überlauf während des Schnellhubschleifens mit einer Tischvorschubgeschwindigkeit von v_w = 180 m/min und einer Schleifscheibenumfangsgeschwindigkeit von v_s = 160 m/s dargestellt. Dabei beträgt das konstante bezogene Zeitspanungsvolumen Q'_w = 50 mm³/(mm·s).

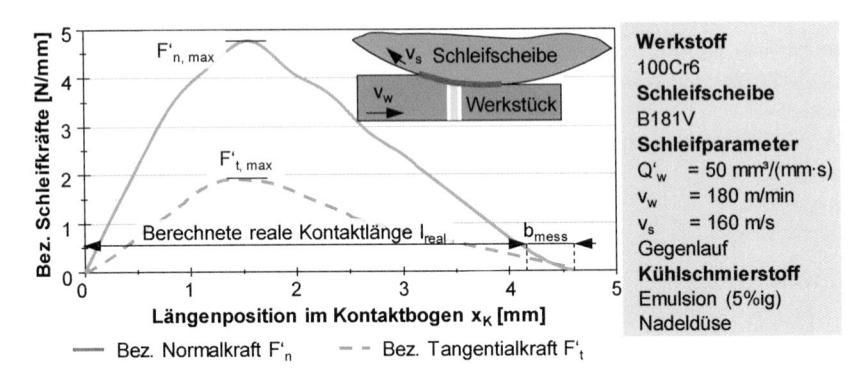

Bild 4.5: Bez. Schleifnormal- und Schleiftangentialkraft entlang des Kontaktbogens
Specific grinding normal and grinding tangential force along the contact arc

Der Verlauf zeigt die bezogene Normal- und Tangentialkraft in der jeweiligen x-Position entlang des Kontaktbogens. Die Normalkraft nimmt in dem vorliegenden Beispiel eine maximale bezogene Schleifkraft von $F'_{n,\,max}$ ≈ 4,82 N/mm an. Das Maximum der bezogenen Tangentialkraft von $F'_{t,\,max}$ ≈ 1,97 N/mm befindet sich an der gleichen x-Position und ist deutlich geringer.

Nach dem Erreichen der maximalen Schleifkräfte fallen diese kontinuierlich ab, bis die Schleifscheibe nicht mehr mit dem Messadapter im Eingriff ist. Dieser Kraftverlauf ist im Wesentlichen auf die Verteilung der mittleren kinematischen Schneidenanzahl über die Kontaktlänge zurückzuführen. Dabei stimmt der Verlauf der Verteilung der mittleren kinematischen Schneidenanzahl qualitativ mit den hier dargestellten gemessenen Schleifkraftverläufen überein. Die Zeitdifferenz zwischen dem ersten und dem letzten Anschnitt des Messadapters führt nicht direkt auf die reale Kontaktlänge, sondern muss um die Überlaufzeit einer Messadapterbreite reduziert werden. Durch den synchronen Einsatz einer Acoustic Emission Sensorik (AE) zur Kontakterkennung im Schleifkraftfluss zwischen Messadapter und Piezokraftsensoren konnte die

Erfassung der Start- und Endpunkte für die reale Kontaktlänge weiter unterstützt werden.

Aufbauend auf der Kenntnis über die reale Kontaktlänge sowie Schleifscheibeneingriffsbreite konnte die Eingriffsfläche ermittelt werden. Damit jedoch die tatsächlichen Eingriffsverhältnisse zwischen Schleifscheibe und Werkstück realitätsnah wiedergegeben werden können, ist die Analyse der Schleifscheibentopografie erforderlich. Dazu wurden an ausgewählten Schleifscheibenabschnitten Abdrücke der Schleifscheibe in einer Negativform vorgenommen. Es wurde eine Schicht PANASIL PUTTY und anschließend PANASIL CONTACT TWO IN ONE der Firma KETTENBACH GMBH & CO. KG gleichmäßig in die Negativform eingebracht und die Schleifscheibe gleichmäßig abgeformt. Nachfolgend wurde die Negativform mit dem Modellwerkstoff DIEMET-E der Firma ERKODENT ERICH KOPP GMBH ausgegossen. In einem weiteren Schritt wurde der Positivabguss mit dem Messgerät HOMMELTESTER T8000 der Firma HOMMELETAMIC im 3D-Tastschnittverfahren gemessen [DUSC09, S. 29; DUSC09a, S. 38 f.]. Das Messverfahren ist zeitintensiv, kann dafür aber eine hinreichend genaue Auflösung bieten. Beim 3D-Tastschnittverfahren wird eine Tastspitze über die zu vermessende Geometrie entlang der Mantellinie geführt. Die Auslenkung der Tastspitze in Richtung der Tastspitzenachse (Höhenprofil) ist proportional mit der Messgröße verknüpft. Die erzielbare Abbildungsgenauigkeit des Messverfahrens hängt im Wesentlichen vom Tastkegelradius (r_{tas} = 5 µm) und von der Tastkegelsteigung (Diamantkegel 90°) ab. Die Messgenauigkeit auf der Schleifscheibe in Umfangsrichtung x_{ab} und für das Tiefenprofil z_{ab} beträgt ca. 1 µm, wohingegen die Messgenauigkeit entlang der Schleifscheibenbreite auf den Abstand der gemessenen Tastschnitte begrenzt ist. Um eine dreidimensionale Schneidenraumstruktur zu erhalten, wurden Tastschnitte in einem definierten Messabstand aneinander gefügt. In den Untersuchungen wurde ein Tastschnittabstand von y_{ab} = 10 µm gewählt.

Die generierte 3D-Punktewolke wurde mittels der Software MOUNTAINSMAP lage- und formkorrigiert. Anschließend wurde die 3D-Punktewolke in einer Datenbank hinterlegt und dient zur weiteren analytischen Auswertung der Schleifscheibentopografie (Bild 4.6).

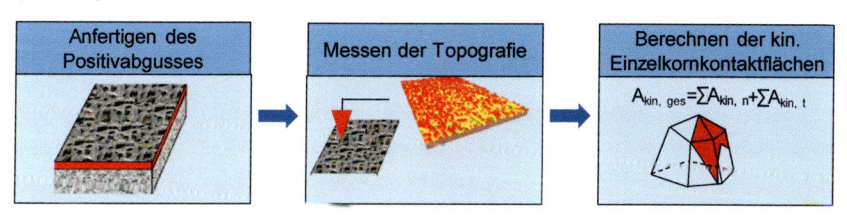

Bild 4.6: Vorgehensweise zur Auswertung der am Schleifprozess beteiligten kinematischen Einzelkornkontaktflächen

Procedure for the evaluation of the kinematic single grit areas during grinding

Um Rückschlüsse von der Schleifscheibentopografie in Abhängigkeit von den Prozessstellgrößen auf die tatsächlichen Eingriffsverhältnisse ziehen zu können, wurden verschiedene Berechnungsalgorithmen entwickelt und in der Software MATLAB umgesetzt. In der Berechnung wurde im ersten Schritt die maximale Schneidenraumtiefe der aktiv am Zerspanprozess beteiligten Schleifkörner in Umfangsrichtung der Schleifscheibe (x-Messrichtung) mittels des Schneidenversatz-Grenzwinkels ϵ_{gren} ermittelt. Die Werte für die Schneidenraumtiefe sind dabei im geringen Mikrometerbereich. Ein Einfluss der Bindung war damit auszuschließen. Die Berechnung wurde abschließend für die gesamte 3D-Punktewolke ebenfalls in y-Messrichtung vorgenommen. Somit war es möglich, die aktiv am Zerspanprozess beteiligten Schleifkörner in die Auswertung einzubeziehen. Beispielhaft ist ein 3D-Kornausschnitt in Bild 4.7 dargestellt:

■ Kin. Einzelkornkontaktfläche

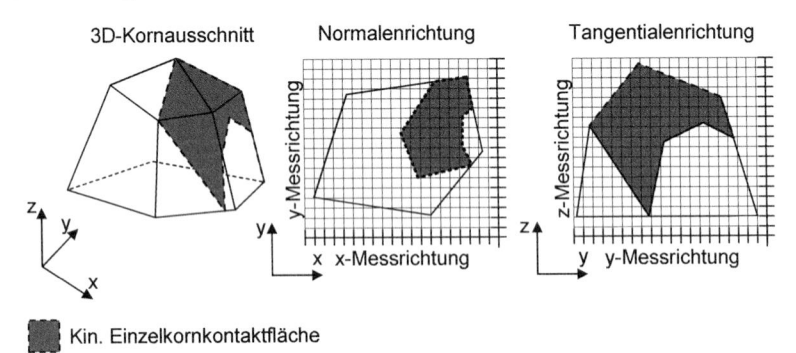

Bild 4.7: Schematische Darstellung eines 3D-Kornausschnittes
Schematic view of the 3D-grit segment

Der 3D-Kornausschnitt lässt sich weiter in die Normalen- und Tangentialrichtung unterteilen. Eine Auswertung der kinematischen Einzelkornkontaktflächen wurde, wie in Bild 4.7 zu sehen, separat für die Normalen- ($A_{kin, n}$) und Tangentialrichtung ($A_{kin, t}$) durchgeführt und aufsummiert. Dabei wurden die Kornflächen diskretisiert. Als Ergebnis liegen die gesamten kinematischen Einzelkornkontaktflächen $A_{kin, ges}$ in Abhängigkeit von der Schleifscheibentopografie sowie den unterschiedlichen Prozessstellgrößen vor. Für eine umfassende Beschreibung der kinematischen Einzelkornkontaktflächen wurden verschiedene CBN-Segmente sowohl vor dem Schleifen als auch nach dem Schleifen für unterschiedliche bezogene Zerspanungsvolumen gemessen.

In Bild 4.8 ist beispielhaft ein Ausschnitt eines gemessenen CBN-Segmentes der eingesetzten CBN-Schleifscheibe B181 zu sehen. Es handelt sich dabei um einen Ausschnitt mit Messlängen in y-Messrichtung von $y_{mess} \approx 3$ mm und in x-Messrichtung von $x_{mess} \approx 4$ mm. Die 3D-Punktewolke der Schleifscheibentopografie wurde zur Auswertung bezüglich der jeweiligen Schleifrichtung durch die Software analysiert. Dabei muss berücksichtigt werden, dass der vordere Randbereich infolge des endlichen Messbereiches zu falschen Abschattungseffekten führen kann. Sofern am Messrandbereich kein Schleifkorn vorliegt, wird eine nahezu komplette Korntopografie in die Berechnung einbezogen. Daher muss der Randbereich des Messausschnittes in der Rechnung vernachlässigt werden. Der Farbverlauf gibt die Höhenunterschiede in z-Messrichtung wieder. Weiterhin sind die berechneten kinematischen Einzelkornkontaktflächen weiß dargestellt, die sich an den Kornspitzen auf der Schleifscheibentopografie befinden. Dieser Anteil ist während des Schleifens direkt an der Zerspanung beteiligt. Die eingebrachten mechanischen Belastungen werden über die beteiligten Kornspitzen in der Werkstückrandzone induziert.

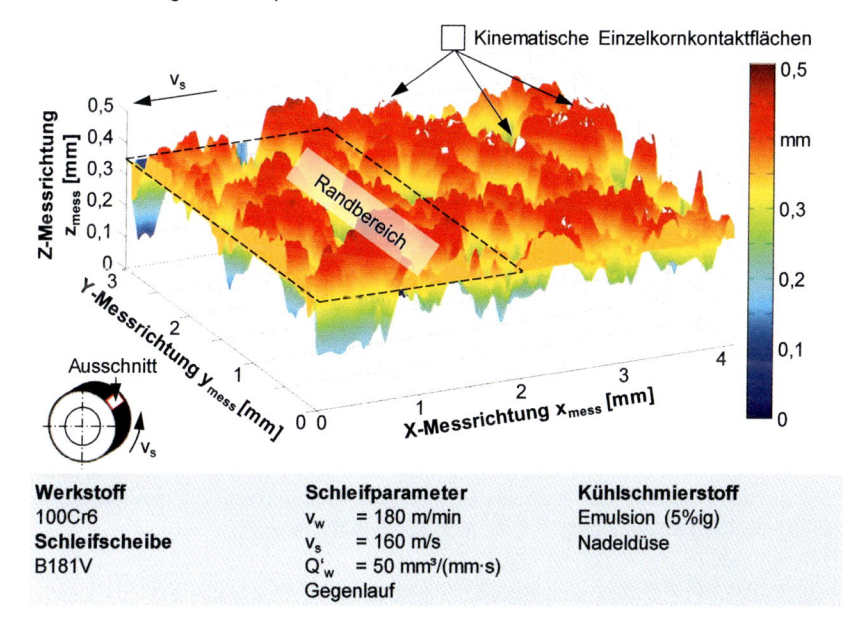

Werkstoff	Schleifparameter	Kühlschmierstoff
100Cr6	v_w = 180 m/min	Emulsion (5%ig)
Schleifscheibe	v_s = 160 m/s	Nadeldüse
B181V	Q'_w = 50 mm³/(mm·s)	
	Gegenlauf	

Bild 4.8: Darstellung eines taktil gemessenen Ausschnittes der Schleifscheibentopografie und der tatsächlichen Einzelkornkontaktflächen

View of a tactile measurement of the grinding wheel topography segment and the actual single grit contact areas

Es ist ersichtlich, dass der Anteil der kinematischen Einzelkornkontaktflächen an der theoretischen Eingriffsfläche vergleichsweise gering ist, siehe Bild 4.8. In Abhängigkeit von einer Tischvorschubgeschwindigkeit von v_w = 180 m/min, einer Schleifscheibenumfangsgeschwindigkeit von v_s = 160 m/s sowie für eine Zustellung von a_e = 13 µm ergibt sich unter Berücksichtigung der verwendeten Schleifscheibe (B181) bei einem bezogenen Zerspanungsvolumen von V'_w = 500 mm³/mm eine durchschnittliche kinematischen Einzelkornkontaktfläche in Normalenrichtung von $A_{kin, n}$ = 0,0367 mm². Die Berechnung des Durchschnittswertes ergibt sich aus 10 Einzelmessungen verschiedener Positionen auf der Schleifscheibe mit einer Standardabweichung von 0,0115 mm². Im Gegensatz dazu beträgt die theoretische Eingriffsfläche (makroskopisch) zwischen Schleifscheibe und Werkstück $A_{ges, topo}$ = 6,27 mm² für den vorliegenden Schleifscheibentopografieausschnitt. Dies entspricht einem Anteil der kinematischen Einzelkornkontaktflächen an dem gesamten Messausschnitt in Normalenrichtung von $R_{kin, n}$ ≈ 0,59 %. In den Arbeiten von

CHOI und MALKIN wurde bereits auf die verhältnismäßig geringen Kontaktflächen zwischen Schleifscheibe und Werkstück hingewiesen [CHOI86, S. 74 ff.; MALK89, S. 213].

Die Zusammenführung der Erkenntnisse über die Schleifkräfte entlang des Kontaktbogens sowie der kinematischen Einzelkornkontaktflächen innerhalb der realen Kontaktzone gibt Aufschluss über die mechanische Belastung auf die Werkstückrandzone während des Schleifens. Die maximale Flächenpressung $p_{n,\,max}$ ist ein Maß für die mechanische Belastung der Werkstückrandzone in Normalenrichtung und kann nach Formel 4.1 berechnet werden:

$$p_{n,max} = \frac{F'_{n,max}}{b_{mess} \cdot R_{kin,n}}$$
Formel 4.1

Unter Berücksichtigung der maximal ermittelten bezogenen Schleifkraft entlang des Kontaktbogens $F'_{n,\,max}$, der Breite des Messadapters b_{mess} und des Anteils an der kinematischen Einzelkornkontaktfläche $R_{kin,\,n}$ kann die maximale Flächenpressung $p_{n,\,max}$ berechnet werden. Somit ergibt sich eine maximale Flächenpressung von $p_{n,\,max} \approx 1634$ MPa für das vorliegende Beispiel der maximalen bezogenen Schleifkraft sowie der kinematischen Einzelkornkontaktfläche in Normalenrichtung. Damit liegt die quantitative Verteilung der Flächenpressung entlang der Kontaktbogens vor und kann als Eingangsgröße für die Modellbildung von Schleifprozessen herangezogen werden. Die mathematische Beschreibung hat gleichermaßen Gültigkeit für die Tangentialrichtung und die resultierende Schleifkraft.

4.3 Vorgehensweise zur Beschreibung der thermischen Werkstückbelastung
Procedure for the Description of the Thermal Workpiece Load

Die mechanische Energie wird während des Schleifens nahezu vollständig in Wärme umgesetzt, vgl. BRINKSMEIER [BRIN82]. Die Wärmeströme von der Kontaktzone in die einzelnen Komponenten Schleifscheibe, Span, Kühlschmierstoff und Werkstück variieren in Abhängigkeit von den Prozessstellgrößen (v_w, v_s, a_e) deutlich voneinander. Entscheidend für die thermische Werkstückbelastung ist der Wärmestrom in die Werkstückrandzone. Das Ziel des vorliegenden Kapitels ist es, aufbauend auf einer geeigneten Vorgehensweise unter Verwendung neuartiger Messmethoden, die Schleiftemperaturhistorie für das Pendel- und Schnellhubschleifen aufgelöst über die Kontaktzone zu ermitteln.

4 Ermittlung des thermomechanischen Belastungskollektives 49

Die vorgeschlagene Vorgehensweise zur Erfassung der thermischen Werkstoffbelastungen ist in Bild 4.9 dargestellt:

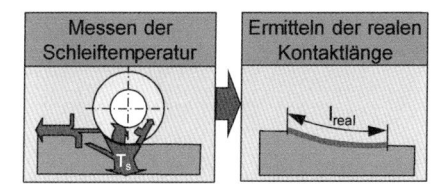

Bild 4.9: Vorgehensweise zur Beschreibung der thermischen Belastung entlang des Kontaktbogens
Procedure for the description of the thermal load along the contact arc

Neben der messtechnischen Erfassung der während des Schleifens auftretenden Schleiftemperaturen ist die genaue Kenntnis der Kontaktfläche zwischen Werkstück und Schleifscheibe von Bedeutung. Dabei ist insbesondere die reale Kontaktlänge erforderlich. Zusätzlich ist für die Beurteilung der thermischen Belastung die Schleiftemperaturhistorie von Bedeutung.

Die Schleiftemperaturhistorie gibt Aufschluss über den zeitlichen Verlauf der Schleiftemperatur und somit einen Hinweis über die Werkstückbeanspruchung innerhalb der Werkstückrandzone. Inwieweit eine Temperaturmessmethode die Schleiftemperaturhistorie beim Schnellhubschleifen bei Tischvorschubgeschwindigkeiten von bis zu v_w = 200 m/min räumlich und zeitlich auflösen kann, ist von verschiedenen Randbedingungen abhängig. Insbesondere muss berücksichtig werden, dass mit steigender Tischvorschubgeschwindigkeit die Zustellung bei konstantem bezogenen Zeitspanungsvolumen abnimmt. Schlussfolgernd nimmt auch die resultierende reale Kontaktlänge ab. Die Kontakteingriffszeiten t_k zwischen Werkstück und Schleifscheibe reduzieren sich bis auf Werte von wenigen Millisekunden.

Im Stand der Forschung wurde das offene Thermoelement bereits als eine mögliche Schleiftemperaturmessmethode vorgestellt. Unter Berücksichtigung des verwendeten Werkstoffes 100Cr6 sowie des Messprinzips (offenes Thermoelement) wurde für die experimentellen Untersuchungen im Rahmen dieser Forschungsarbeit das Thermoelement vom Typ J eingesetzt, welches grundsätzlich aus der Werkstoffpaarung Eisen-Konstantan besteht. Die Schleiftemperaturmessung erfolgte jedoch anhand der Werkstoffpaarung Stahl mit Legierungselementen (100Cr6) und Konstantan (CuNi). Der Einsatz von Werkstoffpaarungen, die vom Standardthermoelement (Typ J) abweichen, erfordert eine Nachkalibrierung des Messaufbaus.

In Bild 4.10 links ist der gewählte Messaufbau für die Temperaturmessung zu sehen. Die mittlere und die rechte Werkstückhälfte waren dabei miteinander verschraubt. Vor dem ersten Eingriff der Schleifscheibe in den Messpunkt zwischen dem mittleren und dem rechten Werkstückteil ist das Thermoelement vom Typ J nicht geschlossen. Es kann kein Messsignal erfasst werden. Erst durch den Schleifscheibeneingriff wird das Konstantan über den Isolator zum Werkstoff geschmiert. Ein Kontakt wird geschlossen. In experimentellen Vorversuchen wurde zur stabilen Kontaktschließung eine Materialstärke der Konstantanfolie von s_{ko} = 50 µm und einer Isolierung mit einer Dicke von d_{gl} = 10 µm ermittelt.

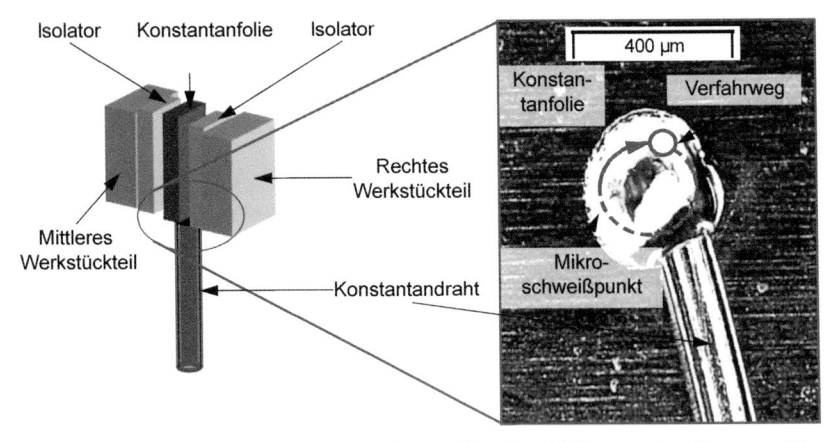

Bild 4.10: Messaufbau des Thermoelementes vom Typ J und Mikroverschweißung von Konstantanfolie und -draht

Measurement test set-up of the thermocouple (Type J) and micro welding of the constantan foil as well as the wire

Für die Isolierung der Konstantanfolie gegen den Werkstoff wurde Glimmer eingesetzt. Glimmer ist ein transparentes Material (Aluminosilikat), beständig gegen fast alle Medien wie z. B. Chemikalien, Öle und Säuren und besitzt einen hohen dielektrischen Widerstand und eine Liquidustemperatur von T_{sch} = 1250 °C. In den Vorversuchen wurde eine Dicke von d_{gl} = 10 µm der Isolierung als zielführend herausgestellt. Diese Dicke gewährleistet eine elektrische Isolierung gegenüber dem Werkstück. Sobald keine ausreichende elektrische Isolierung vorliegt, wird ein Signal erfasst. Der Kontakt ist damit vor dem Schleifen geschlossen und eine Aussage, inwieweit der Kontakt durch das Schleifen an der Werkstückoberfläche geschlossen wurde, ist nicht mehr möglich. Daher ist vor Versuchsbeginn zu prüfen, ob eine ausreichende Isolation vorliegt.

In den Arbeiten von BATAKO wurde die Schleiftemperaturmessung mittels verschiedener Thermoelemente diskutiert, vgl. BATAKO [BATA05]. Es wurde die Abhängigkeit der sicher geschlossenen Kontaktstellen zwischen dem Werkstoff und dem Konstantan von der Anzahl der im Eingriff befindlichen Schleifkörner abgeleitet [BATA05, S. 1236 ff.]. Insbesondere für das Schnellhubschleifen mit theoretischen Schleifkontaktzeiten von t_k < 1 ms stellt dies eine Herausforderung dar. Die Anzahl der momentan im Eingriff befindlichen Schneiden nimmt mit steigender Tischvorschubgeschwindigkeit ab. Damit dennoch ausreichend viele Schneiden an der Zerspanung beteiligt sind, um eine stabile Messung vornehmen zu können, wurde die Folienbreite mit b_{ko} = 18 mm der Schleifscheibeneingriffsbereite b_s = 20 mm nahezu angepasst. Somit konnte eine stabile Schließung der Kontaktstellen weiter unterstützt werden.

4 Ermittlung des thermomechanischen Belastungskollektives

Als Herausforderung während der Fertigung des Messaufbaus stellte sich das Fügen der Konstantanfolie (Materialstärke s_{ko} = 50 µm) und des Konstantandrahtes (Drahtdurchmesser d_{ko} = 125 µm) heraus. Die Verbindung zwischen diesen Komponenten musste den äußeren Bedingungen des Schleifprozesses gerecht werden und mechanischen Belastungen standhalten. Hier konnte das Laserschweißen als geeignetes Fügeverfahren identifiziert werden. In Kooperation mit dem FRAUNHOFER-INSTITUT FÜR LASERTECHNIK (ILT) in Aachen wurde ein neuentwickeltes Laser-Mikroschweißverfahren angewendet, bei dem die Aufbringung des Laserstrahls auf das Schweißgut nicht punktuell, sondern in Form eines Kreises um den Schweißpunkt herum erfolgt. Das ermöglicht eine schnelle und dennoch sehr lokal aufgelöste Einbringung der Wärme in den vom Kreis umschlossenen Bereich des Schweißguts (Bild 4.10 rechts). Hierbei kam ein Laser SPI 200 W mit der Wellenlänge λ_l = 1074 nm und einer maximalen Leistung (c_w) von $P_{l,max}$ = 200 W der Firma SPI zum Einsatz. Die Schweißungen wurden im Fokus mit einer Brennweite von f_l = 80 mm und in Kreisbahnen mit einem Durchmesser d_l = 0,2 mm durchgeführt. Als Schutzgas wurde Argon verwendet.

Nach erfolgreicher Entwicklung und Fertigung des Thermoelements wurde die Temperaturmesseinrichtung, bestehend aus Sensor- und Messeinheit, aufgebaut. Die schematische Darstellung der Temperaturmesseinrichtung ist in Bild 4.11 abgebildet:

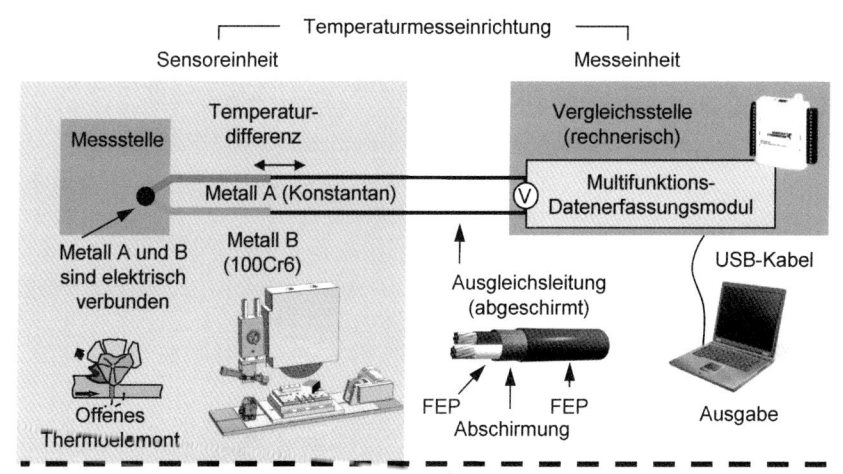

Bild 4.11: Temperaturmesseinrichtung zur Erfassung der Schleiftemperatur
Temperature measurement device for grinding temperature data collection

Die Sensoreinheit umfasste das Thermoelement vom Typ J und war durch eine abgeschirmte und verseilte Ausgleichsleitung mit der Messeinheit verbunden. Die Messeinheit enthielt eine Datenerfassungskarte und einen Standardmessrechner. Während der Messung wurde die Thermospannung der Messstelle aufgezeichnet und mit einer vorher definierten Kaltstelle kompensiert. Anschließend wurde die Thermospannung in einem Bereich zwischen U_{mess} = 0 V und 10 V mit einer maximalen Abtastfrequenz von $f_{ab,\,max}$ = 80 kHz digitalisiert und auf dem Messrechner mittels eines LABVIEW-Programmes aufgezeichnet und angezeigt. Während der gesamten Versuchsdurchführung war der Versuchsaufbau mittels PTFE (Polytetrafluorethylen/TEFLON®) beschichtetem Glasfasergewebe von den Spannmitteln und einem Netztransformator vom Potential der Spannungsversorgung galvanisch getrennt. Dadurch konnten Erdschleifen bzw. Potentialunterschiede vermieden werden. Störeinflüsse infolge von elektromagnetischer Strahlung konnten während der Versuchsdurchführung nicht vollständig ausgeschlossen werden. Diese Signaleinflüsse wurden jedoch durch verschiedene digitale Filter aus dem Rohsignal entfernt. Mit dem vorgestellten Messaufbau wurden die Schleiftemperaturen gemessen. Daraus kann in Abhängigkeit von der Zeit die Schleiftemperaturhistorie ermittelt werden. Nachfolgend wird ein Verlauf der Schleiftemperaturhistorie, siehe Bild 4.12, für das Schnellhubschleifen mit einer Tischvorschubgeschwindigkeit von v_w = 180 m/min, einer Schleifscheibenumfangsgeschwindigkeit von v_s = 200 m/s und einer Zustellung von a_e = 17 µm mittels einer Beispieltemperaturmessung charakterisiert. In dem vorliegenden Beispiel betrug die berechnete kinematische Kontaktlänge l_{kin} = 2,60 mm und die theoretische Kontakteingriffszeit zwischen Werkstück und CBN-Schleifscheibe $t_k \approx$ 0,867 ms. In Bild 4.12 ist die Schleiftemperaturhistorie auf einen Werkstückoberflächenpunkt in Abhängigkeit von der Zeit t dargestellt:

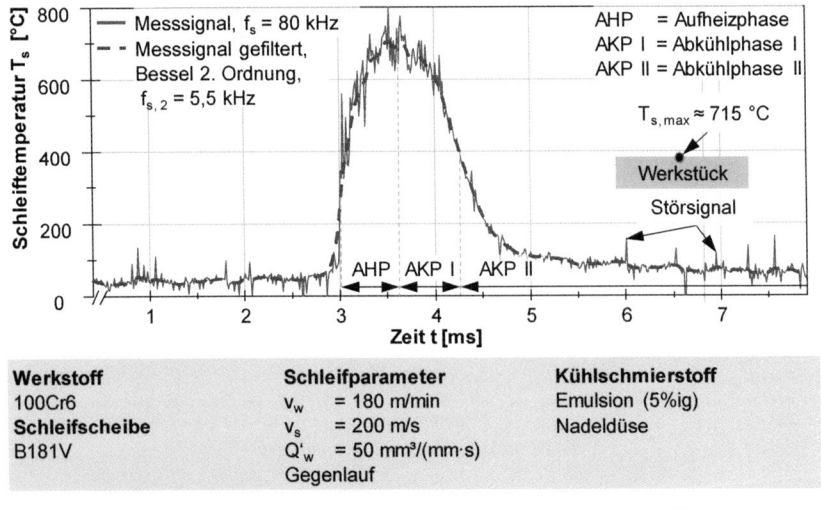

Werkstoff	Schleifparameter	Kühlschmierstoff
100Cr6	v_w = 180 m/min	Emulsion (5%ig)
Schleifscheibe	v_s = 200 m/s	Nadeldüse
B181V	Q'_w = 50 mm³/(mm·s)	
	Gegenlauf	

Bild 4.12: Charakteristika der Schleiftemperaturhistorie während eines Überlaufes beim Schnellhubschleifen

Feature of the grinding temperature history during speed-stroke grinding for one stroke

Die gemessene Temperatur während des Schleifens bezog sich dabei auf die Temperatur an der Werkstückoberfläche entlang des Kontaktbogens. Da das Thermoelement schon durch vorherige Überläufe der Schleifscheibe geschlossen wurde, konnte bereits zu Beginn des gezeigten Verlaufs eine Temperatur gemessen werden. Es wird deutlich, dass bereits vor dem Eingriff der Schleifscheibe ein Temperaturanstieg gemessen werden kann. Dieser ist auf die der Kontaktzone vorlaufende Wärme während des Schleifens zurückzuführen. Anschließend befindet sich die Schleifscheibe mit dem Messpunkt im Eingriff, und die Aufheizphase infolge von Korneingriffen beginnt. Das zerspante Werkstoffvolumen und die Anzahl der Korneingriffe nehmen zu und die Schleiftemperaturen steigen an.

Während der Aufheizphase wurde ein positiver Temperaturgradient mit einer maximalen Aufheizrate von $\dot{T}_{auf} = 1,2 \cdot 10^6$ °C/s sichtbar. Sobald die zu- und abgeführte Wärmemenge im Gleichgewicht standen, wurde die maximale Schleiftemperatur erreicht. Die maximale gemessene Schleiftemperatur betrug $T_{s,\,max} \approx 710$ °C. Im weiteren Verlauf der Schleiftemperaturhistorie fiel die Schleiftemperatur wieder ab. Dieses ist durch die Reduzierung des momentan zerspanten Werkstoffvolumens in der Kontaktzone zu begründen. Gleichzeitig verringert sich die Anzahl der Korneingriffe pro Zeiteinheit.

In Folge der kleineren Anzahl der Korneingriffe wurden die Reibanteile während des Schleifens reduziert. Zusätzlich wurde in der Abkühlphase 1 (AKP I) die Reduktion der zugeführten thermischen Energie durch die Kühlschmierstoffbedingungen im vorliegenden Schleifmodus Gegenlauf begünstigt. Mehr Wärme wurde abgeführt. Die Schleiftemperaturen sanken ab. Die resultierende maximale Abkühlrate 1 in Abkühlphase 1 (AKP I) ist im vorliegenden Beispiel $\dot{T}_{ab} \approx 0,8 \cdot 10^6$ °C/s. Die Schleifscheibe war zu diesem Zeitpunkt immer noch im Eingriff mit dem Messpunkt. Sofern die Schleifscheibe nicht mehr im Eingriff mit dem Messpunkt war, begann die Abkühlphase 2 (AKP II). Zu diesem Zeitpunkt wirkte keine Wärme durch die direkte Interaktion der Körner mit der Werkstückoberfläche an der Messstelle. Der Kühlschmierstoff wurde in dieser Phase im Schleifmodus Gegenlauf direkt der Werkstückoberfläche zugeführt.

Der Vergleich der verschiedenen Schleifmodi Gegen- und Gleichlauf in Bild 4.13 zeigt Unterschiede im Verlauf der Schleiftemperaturhistorie auf. Beim Gegenlauf wird die Spanbildung von dünn nach dick geführt. Im Gegensatz dazu wird die Spanbildung beim Gleichlaufschleifen von dick nach dünn vorgenommen. Der Gleichlauf führte in dem vorliegenden Schleifprozess zu vergleichbaren maximalen Schleiftemperaturen. Darüber hinaus war nach dem Kontakteingriff der Schleifscheibe beim Gleichlauf ein höheres Niveau der Schleiftemperatur zu erkennen. Der durch die Kontaktzone geführte Kühlschmierstoff war bereits erwärmt, bevor dieser auf die geschliffene Werkstückoberfläche geführt wurde. Es konnte weniger Wärme durch den Kühlschmierstoff aufgenommen werden. Das Gesamtniveau der Schleiftemperaturen war für den Gegenlauf niedriger. Aufbauend auf der vorgestellten experimentellen

Untersuchung wurde der Schleifmodus Gegenlauf als günstigste Variante hinsichtlich der thermischen Belastungen ausgewählt.

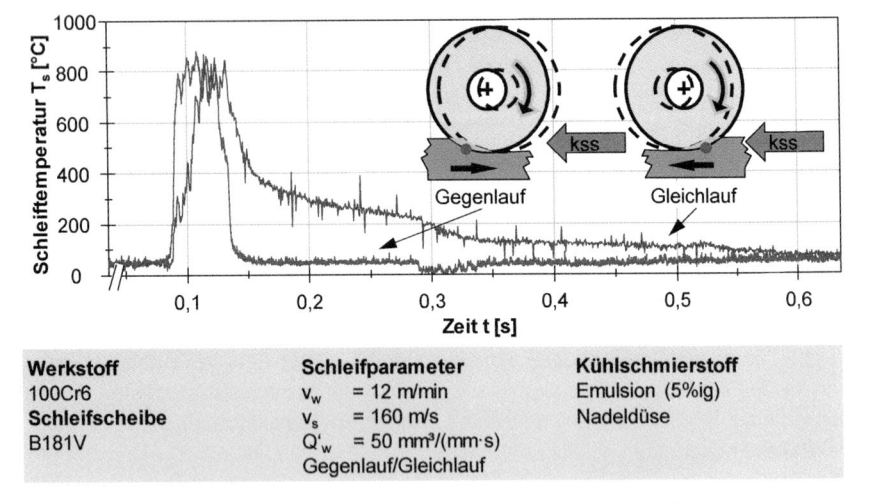

Bild 4.13: Gegenüberstellung der Schleiftemperaturen beim Gleich- und Gegenlauf
Comparison of the grinding temperature in down- and up-grinding

Werkstoff	Schleifparameter	Kühlschmierstoff
100Cr6	v_w = 12 m/min	Emulsion (5%ig)
Schleifscheibe	v_s = 160 m/s	Nadeldüse
B181V	Q'_w = 50 mm³/(mm·s)	
	Gegenlauf/Gleichlauf	

In weiteren Untersuchungen wurde geklärt, inwieweit der gemessene Temperaturverlauf den tatsächlichen Temperaturen an der Messstelle entspricht. Ein Maß dafür ist die Ansprechzeit, welche die Dauer angibt, nach der eine Temperatur infolge einer aufgegeben bekannten Temperatur gemessen werden kann. Insbesondere beim Schleifen treten hohe Aufheizraten auf. Daher soll im Folgenden auf eine numerische Analyse der Ansprechzeit mittels der FEM-Simulation ausgewichen werden. Hierzu wurde zum einen mittels rasterelektronenmikroskopischen Auswertungen an ausgewählten Werkstücken auf die Abmaße der vorliegenden Kontaktstellen geschlossen und zum anderen simulativ die Ansprechzeit des Thermoelementes ermittelt.

Das offene Thermoelement vom Typ J wird durch die Korneingriffe während des Schleifens geschlossen. Die Kontaktstellen zwischen Werkstück und Konstantan bilden einzelne Thermoelemente vom Typ J. Die Anzahl der einzelnen Thermoelemente (Kontaktstellen) ist unter anderem von der Anzahl der Korneingriffe abhängig. Damit die Kontaktstellen detailliert identifiziert werden konnten, wurden ausgewählte Messaufbauten nach dem Schleifen wieder voneinander getrennt. Die einzelnen Komponenten (Werkstücke, Konstantanfolien und Glimmerscheiben) des Temperaturmesssensors lagen somit zur weiteren Analyse vor. Mit Hilfe von rasterelektronenmikroskopischen Auswertungen, wie beispielhaft in Bild 4.14 zu sehen, konnten Rückschlüsse auf die ausgebildeten Kontaktstellen K_i zwischen dem Werkstück und der Konstantanfolie gezogen werden. Hierzu wurden an ausgewählten Werkstücken nach dem Schleifen weitere Untersuchungen durchgeführt. Die örtliche und zeitliche Auflösung eines Thermoelementes ist von seinen Abmaßen abhängig. In den untersuchten Werkstoffproben wurden verschiedene Thermoelemente, wie z. B. K_1, K_2 und K_3, mit unterschiedlichen Abmaßen herausgestellt. Dabei konnten verschiedene Breiten zwischen b_{kont} < 0,1 μm bis 10 μm identifiziert werden.

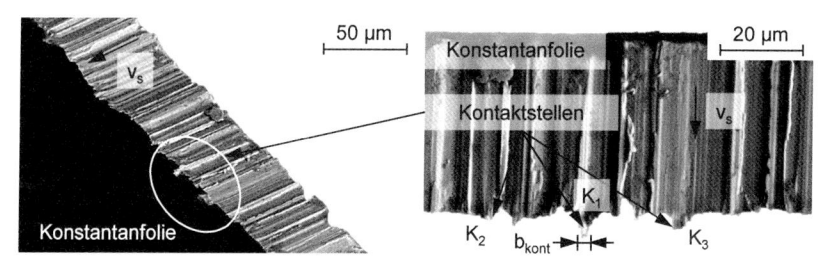

Bild 4.14: Rasterelektronenmikroskopische Auswertung der Kontaktstellen zwischen Werkstück und Konstantanfolie (Thermoelement vom Typ J) [RASI13]
Scanning-electron-microscope for evaluation of the contact between workpiece and constantan foil (Thermocouple Type J)

Zusätzlich ergab die Analyse der in Bild 4.14 nicht sichtbaren Raumrichtungen wesentlich dünnere Schichtdicken. Das Material der Konstantanfolie wurde über die Glimmerscheibe geschmiert. Infolge der geringen Abmaße der ausgebildeten Kontaktstellen im Vergleich zu den Schleifkörnern kann davon ausgegangen werden, dass nur die Kornspitzen am Eingriff beteiligt waren. Dabei befanden sich die Kontaktstellen in Parallelschaltung. Die gemessene Schleiftemperatur ist damit eine Überlagerung der Temperaturspitzen durch einzelne Korneingriffe. Im ungefilterten Messsignal zeichneten sich Temperaturspitzen durch Korneingriffe ab. Im Gegensatz dazu handelte es sich bei den gefilterten Signalen um durchschnittlich gemessene Schleiftemperaturen, welche sich aus den einzelnen Korneingriffen zusammensetzten und hinreichend genau sind.

Zur experimentellen Bestimmung der Ansprechzeit für Thermoelemente ist eine Temperaturquelle mit bekanntem zeitlichen Temperaturverlauf nötig. Dabei muss die Änderungsrate der vorgegebenen Temperaturen größer als die größtmögliche Änderungsrate der Thermoelemente sein, damit die Ansprechzeit ermittelt werden kann. Der Temperaturverlauf wird mit dem Thermoelement gemessen und anschließend der gemessene mit dem vorgegebenen Temperaturverlauf der Temperaturquelle abgeglichen. Eine derartige Temperaturquelle stand nicht zur Verfügung. Daher wurde das Ansprechverhalten simulativ ermittelt. Hierzu wurde ein Thermoelement mit verschiedenen Thermoelementdicken d_{the} mit der Finiten-Elemente-Methode (FEM) abgebildet (Bild 4.15). Das Werkstück aus 100Cr6 und das Thermoelement wurden zu Beginn der Simulation mit einer Umgebungstemperatur von T_u = 25 °C angenommen. Die Temperaturquelle konnte mit verschiedenen thermischen Belastungsprofilen dargestellt werden. Diese wurden über die gesamte Breite des Thermoelementes als konstant angenommen. Somit wurde eine bekannte Kontaktzonentemperatur T_k vorgegeben. Die maximal verwendete Kontaktzonentemperatur betrug T_k = 800 °C. Entlang des Thermoelementes konnte eine durchschnittliche Temperatur T_m ermittelt werden. Die Genauigkeit der Temperaturmessung kann nachfolgend aus dem Verhältnis der vorgegebenen Kontaktzonentemperatur T_k und der durchschnittlichen Temperatur T_m in Abhängigkeit von der Thermoelementschichtdicke d_{the} angegeben werden.

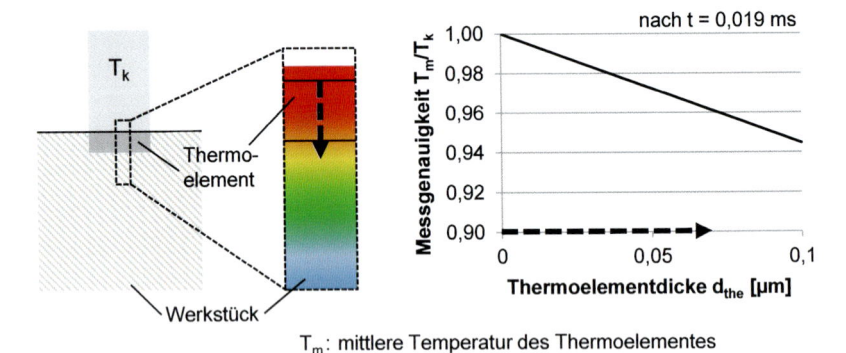

T_m: mittlere Temperatur des Thermoelementes
T_k : Temperatur in der Kontaktzone

Bild 4.15: Simulativ bestimmte Ansprechzeit des Thermoelementes [RASI13]
Determination of the response time by simulation

In Bild 4.15 rechts ist für eine Zeit nach t = 0,019 ms bei einer Thermoelementdicke von bis zu d_{te} = 0,1 µm das Verhältnis beispielhaft dargestellt. Es wird deutlich, dass bereits ab einer Thermoelementdicke von d_{te} = 0,1 µm oder geringer eine Messgenauigkeit von T_m/T_k > 94 % vorliegt. Die Empfindlichkeit nimmt mit kleineren Abmaßen weiter zu. Schlussfolgernd ist das Ansprechverhalten ausreichend. Die Auf- und Abkühlraten in Bild 4.12 können hinreichend genau durch die vorliegende Temperaturmessung erfasst und beschrieben werden.

4.4 Versuchsergebnisse für das Pendel- und Schnellhubschleifen
Experimental Investigation Results of Pendulum and Speed-Stroke Grinding

In den vorherigen Kapiteln wurde die Vorgehensweise zur Messung der thermischen und mechanischen Belastungen entlang der Kontaktzone vorgestellt. Darauf aufbauend wurden experimentelle Untersuchungen zum Pendel- und Schnellhubschleifen mit dem Ziel, das thermomechanische Belastungskollektiv zu identifizieren, durchgeführt. Nachfolgend werden die Versuchsergebnisse vorgestellt und diskutiert.

Von besonderer Bedeutung für die Analyse des thermomechanischen Belastungskollektives ist die reale Kontaktlänge. Die reale Kontaktlänge weicht aufgrund von mechanisch und/oder thermisch induzierten Verformungen von der theoretischen Kontaktlänge ab. Über die reale Kontaktlänge wirken die Belastungen im Kontaktbogen. In Bild 4.16 sind die berechneten kinematischen sowie die gemessenen realen Kontaktlängen in Abhängigkeit von der Tischvorschubgeschwindigkeit für eine Schleifscheibenumfangsgeschwindigkeit von v_s = 160 m/s dargestellt.

4 Ermittlung des thermomechanischen Belastungskollektives

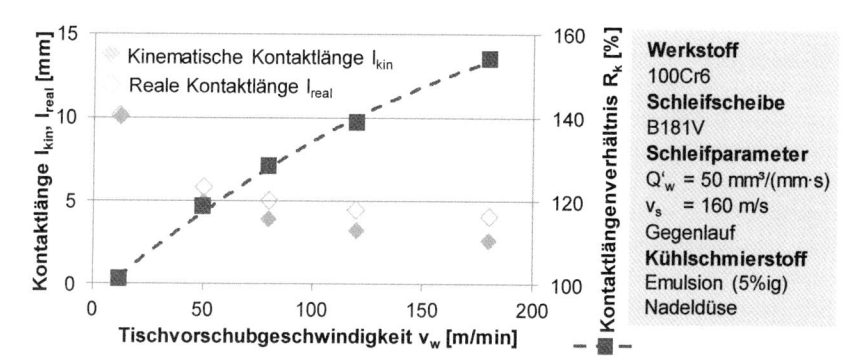

Bild 4.16: Berechnete kinematische und gemessene reale Kontaktlänge in Abhängigkeit von der Tischvorschubgeschwindigkeit

Calculated kinematic and measured real contact length in dependency on the table speed

Die Zustellung nahm bei konstantem bezogenen Zeitspanungsvolumen und zunehmender Tischvorschubgeschwindigkeit ab. Somit musste sich ebenfalls die Kontaktlänge bei konstantem Schleifscheibendurchmesser reduzieren. Die kinematische Kontaktlänge sank in dem untersuchten Bereich von $l_{kin,\,12}$ = 10,01 mm auf ein Minimum von $l_{kin,\,180}$ = 2,63 mm ab. Für die experimentell ermittelten realen Kontaktlängen konnte eine vergleichbare Tendenz herausgestellt werden. Es wurde jedoch deutlich, dass sich die reale von der kinematischen Kontaktlänge unterscheidet. Dabei stiegen die Abweichungen ebenfalls, wie in den Arbeiten von MAO herausgestellt, mit steigender Tischvorschubgeschwindigkeit an [MAO08, S. 130]. Es bleibt jedoch zu berücksichtigen, dass in der vorliegenden Arbeit ein konstantes bezogenes Zeitspanungsvolumen verwendet wurde. Die minimale kinematische Kontaktlänge wies dabei eine maximale Abweichung von mehr als 53 % im Vergleich zu der realen Kontaktlänge von l_{real} = 4,05 mm bei einer maximalen Tischvorschubgeschwindigkeit von v_w = 180 m/min auf. Im Gegensatz zu den Arbeiten von MAO ist die Abweichung nicht auf höhere thermische Belastungen in der Kontaktzone zurückzuführen [MAO08, S. 131]. Es ist davon auszugehen, dass mit steigenden Tischvorschubgeschwindigkeiten die Schleiftemperaturen und Gesamtschleifkräfte abnehmen. Die mechanische Belastungen in der Kontaktzone nehmen jedoch aufgrund der vergleichsweise kleinen Kontaktlängen zu. Infolge der steigenden mechanischen Belastung verformt sich die Schleifscheibe zunehmend und die reale Kontaktlänge nimmt zu. Zusätzlich zeigte der Vergleich der minimalen und maximalen realen Kontaktlänge einen Abfall der absoluten Werte von bis zu 73 %, wobei die Tischvorschubgeschwindigkeiten von v_w = 12 m/min auf 180 m/min anstiegen. Daraus ergeben sich sinkende Kontaktzeiten von ursprünglich t_k = 50 ms auf 1,3 ms.

4.4.1 Thermische Belastungen während des Schleifens

Die zuvor beschriebenen technologischen Zusammenhänge hatten einen direkten Einfluss auf die thermischen Prozessgrößen, die kontaktflächenbezogene Schleifleistung P''_c sowie die flächenbezogene Schleifenergie E''_c, siehe Bild 4.17. Die dargestellten Abhängigkeiten sind Durchschnittswerte für alle Schleifscheibenumfangsgeschwindigkeiten. Mit steigender Tischvorschubgeschwindigkeit sank die flächenbezogene Schleifenergie, wohingegen die kontaktflächenbezogene Schleifleistung anstieg. Infolge der steigenden Tischvorschubgeschwindigkeiten nahmen die Kontaktlängen ab. Dadurch reduzierte sich die kumulierte Eingriffslänge aller Schleifkörner und die Gesamttangentialschleifkräfte wurden gesenkt. Der Einfluss der reduzierten Kontaktlängen dominierte, so dass die kontaktflächenbezogene Schleifleistung P''_c anstieg. Mehr Wärme wurde den werkstückoberflächennahen Randzonenbereichen zugeführt. Auf der anderen Seite konnte die flächenbezogene Schleifenergie aufgrund sinkender Kontaktzeiten reduziert werden. Dabei fielen die Werte der flächenbezogenen Schleifenergie von $E''_{c,\,12} = 5{,}29$ J/mm² auf $E''_{c,\,180} = 0{,}34$ J/mm² ab. Es besteht ein direkter Zusammenhang zur thermischen Belastung der Werkstückrandzone. Ein vergleichbares Bild ergibt sich mit zunehmender Tischvorschubgeschwindigkeit für die spezifische Schleifenergie [DUSC10, S. 199].

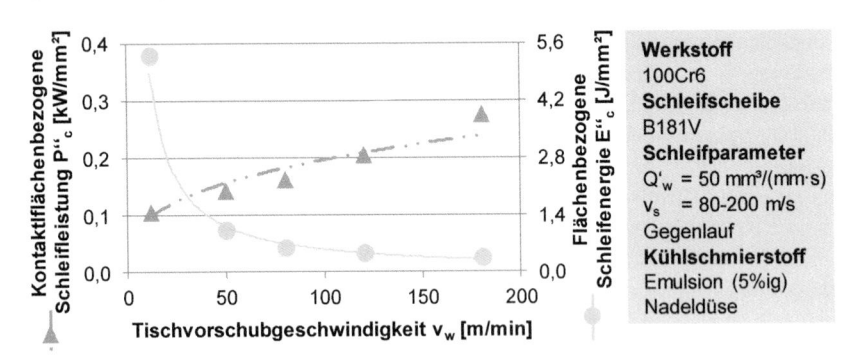

Werkstoff
100Cr6
Schleifscheibe
B181V
Schleifparameter
$Q'_w = 50$ mm³/(mm·s)
$v_s = 80\text{-}200$ m/s
Gegenlauf
Kühlschmierstoff
Emulsion (5%ig)
Nadeldüse

Bild 4.17: Kontaktflächenbezogene Schleifleistung und flächenbezogene Schleifenergie in Abhängigkeit von der Tischvorschubgeschwindigkeit

Area specific grinding power and area specific grinding energy depending on the table speed

Eine vergleichbare Tendenz für die kontaktflächenbezogene Schleifleistung war ebenfalls in Abhängigkeit von der Schleifscheibenumfangsgeschwindigkeit zu beobachten, siehe Bild 11.1 im Anhang. Bei steigenden Schleifscheibenumfangsgeschwindigkeiten und gleichzeitig konstanten Kontaktlängen wird jedoch mehr Wärme zugeführt, da die am Schleifprozess beteiligte Schneidenanzahl erhöht wird. Dieses führt während der Zerspanung zu höheren Reibanteilen. Dementsprechend wurde mehr Wärme in gleicher Zeit in das Werkstück induziert. Im Gegensatz dazu nimmt die flächenbezogene Schleifenergie mit steigenden Schleifscheibenumfangsgeschwindigkeiten vergleichsweise gering zu. Inwieweit sich die diskutierten thermischen Prozessgrößen direkt auf die charakteristischen Merkmale der Schleiftemperaturhistorie und damit auf die thermische Belastung übertragen lassen, wird im Folgenden diskutiert.

Das offene Thermoelement vom Typ J wurde dazu genutzt, die Schleiftemperaturen entlang des Kontaktbogens direkt an der Werkstückoberfläche zu messen. Zu jedem Zeitpunkt während des Schleifens konnte eine Schleiftemperatur erfasst werden. Für jeden Überlauf ergab sich ein charakteristischer Verlauf der Schleiftemperatur mit einer Maximaltemperatur sowie einer maximalen Aufheiz- und Abkühlrate, wie in Kapitel 4.2 vorgestellt. In dem untersuchten Bereich für das Pendel- und Schnellhubschleifen stellte sich nach Bild 4.18 deutlich heraus, dass die maximalen Schleiftemperaturen sowohl mit steigenden Tischvorschubgeschwindigkeiten als auch mit sinkenden Schleifscheibenumfangsgeschwindigkeiten abfallen.

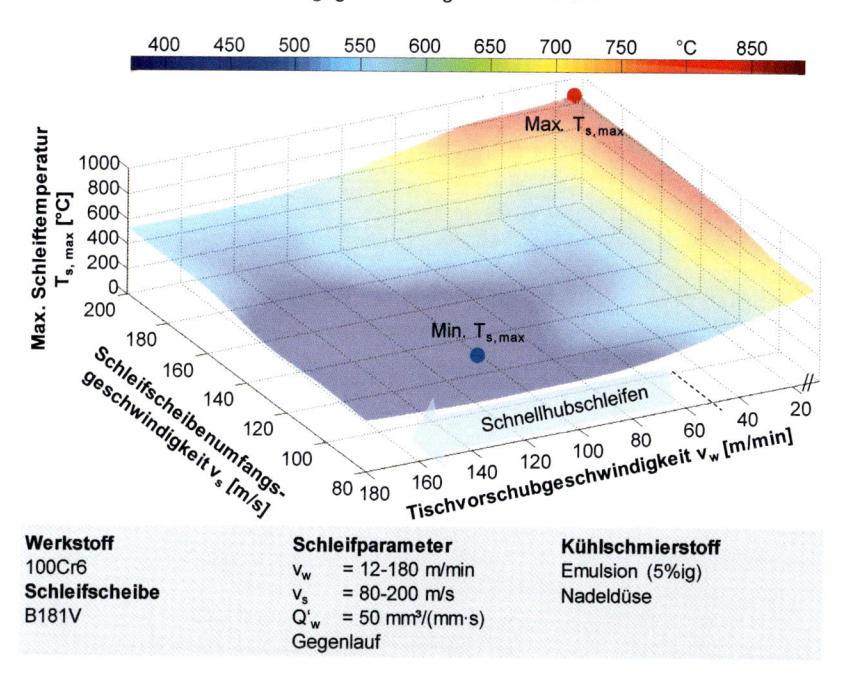

Werkstoff	Schleifparameter	Kühlschmierstoff
100Cr6	v_w = 12-180 m/min	Emulsion (5%ig)
Schleifscheibe	v_s = 80-200 m/s	Nadeldüse
B181V	Q'_w = 50 mm³/(mm·s)	
	Gegenlauf	

Bild 4.18: Maximale Schleiftemperaturen für verschiedene Tischvorschub- und Schleifscheibenumfangsgeschwindigkeiten

Maximum grinding temperatures for different table speeds and grinding wheel velocities

Steigende Tischvorschubgeschwindigkeiten führen zu einer Erhöhung der maximal unverformten Spanungsdicke $h_{cu,max}$. Mit veränderten maximal unverformten Spanungsdicken werden die Zerspanungsmechanismen entscheidend beeinflusst. Die elastischen und elastisch/plastischen Phasen können deutlich reduziert werden, bevor es zur eigentlichen Spanbildung kommt. Für das Schnellhubschleifen mit einer

Tischvorschubgeschwindigkeit von $v_w = 120$ m/min und einer Schleifscheibenumfangsgeschwindigkeit von $v_s = 130$ m/s bei einem konstanten bezogenen Zeitspanungsvolumen von $Q'_w = 50$ mm³/(mm·s) nahm die maximale Schleiftemperatur dabei einen minimalen Wert von $T_{s,\,max} \approx 392$ °C an. Im Gegensatz zu den niedrigen Schleiftemperaturen beim Schnellhubschleifen ergaben sich beispielsweise beim Pendelschleifen mit einer Tischvorschubgeschwindigkeit von $v_w = 12$ m/min und einer Schleifscheibenumfangsgeschwindigkeit von $v_s = 200$ m/s Schleiftemperaturen von $T_{s,\,max} \approx 875$ °C. Die Fließgrenze des Werkstoffes ist abhängig von der vorliegenden Temperatur. Mit zunehmenden Temperaturen wird die Fließgrenze des Werkstoffes herabgesetzt. Dieses wirkt sich durch die Zunahme der Werkstoffverdrängung ungünstig auf die Spanbildung aus. Sofern die auftretenden Schleiftemperaturen vergleichsweise geringe Werte aufweisen, kann die Spanbildung durch die günstige Beeinflussung der Fließgrenze die Phasen der Spanbildung verkürzen, der Span wird schneller gebildet.

Zusätzlich nimmt nach Ansicht verschiedener Autoren die momentan im Eingriff befindliche Anzahl an Schneiden mit steigender Tischvorschubgeschwindigkeit bei konstantem bezogenen Zeitspanungsvolumen ab, vgl. [KASS69, WERN71, ZEPP05]. Weniger Schneiden sind an der Zerspanung beteiligt. Die Reibanteile reduzieren sich in der Kontaktzone, wie auch die thermischen Belastungen. Weiterhin ist darauf hinzuweisen, dass bei steigenden Tischvorschubgeschwindigkeiten weniger Zeit für die Wärme zur Verfügung steht, um in die Werkstückrandzone vorzudringen. Dieser Zusammenhang steht in Korrelation mit den flächenbezogenen Schleifenergien in Bild 4.17 und Bild 11.1 im Anhang. Die Schleiftemperaturen wie auch die flächenbezogenen Schleifenergien folgten einer vergleichbaren Abhängigkeit. Dieser Zusammenhang konnte für die kontaktflächenbezogene Schleifleistung jedoch nicht abgeleitet werden.

Sinkende Schleifscheibenumfangsgeschwindigkeiten führten ebenfalls wie steigende Tischvorschubgeschwindigkeiten zu einer Zunahme der maximal unverformten Spanungsdicken. Die Spanbildung wird positiv beeinflusst. Die Schleiftemperaturen fallen ab. Eine Veränderung der Schleifscheibenumfangsgeschwindigkeit geht jedoch nicht mit einer Reduktion der Kontaktlänge und/oder -zeit einher. Die flächenbezogene Schleifenergie bleibt bei steigenden Schleiftemperaturen nahezu unbeeinflusst. Auf der anderen Seite steigen die kontaktflächenbezogenen Schleifleistungen an, wie auch bei steigenden Tischvorschubgeschwindigkeiten. Eine Korrelation zu den maximal auftretenden Schleiftemperaturen in Abhängigkeit von der Schleifscheibenumfangsgeschwindigkeit kann für die kontaktflächenbezogene Schleifleistung nicht abgeleitet werden. Die kontaktflächenbezogenen Schleifleistung nahm sowohl mit höheren Tischvorschubgeschwindigkeiten als auch höheren Schleifscheibenumfangsgeschwindigkeit zu. Eine Korrelation zur Schleiftemperatur ist damit nicht abzuleiten.

Inwieweit die hohen Schleiftemperaturen in Bild 4.18 bereits eine Gefügeschädigung in der Werkstückrandzone hervorrufen, soll mit Hilfe von Gefügeschliffen in Bild 4.19 für eine Tischvorschubgeschwindigkeit von $v_w = 12$ m/min und für eine Schleifschei-

4 Ermittlung des thermomechanischen Belastungskollektives

benumfangsgeschwindigkeit von v_s = 160 m/s geklärt werden. In Bild 4.19 links wird eine Neuhärtungszone als weiße Schicht im Randzonenbereich sichtbar. Es ist davon auszugehen, dass die A_{c1b}-Temperatur für die Austenitisierung des Werkstoffes 100Cr6 überschritten wurde. Ob die A_{c1e}-Temperatur und damit die vollständige Austenitisierung erreicht wurde, konnte nicht abschließend geklärt werden. Darüber hinaus wurde in dem darunter liegenden Werkstoffbereich eine Anlasszone identifiziert. In den experimentellen Untersuchungen für den Schnellhubschleifversuch in Bild 4.19 rechts konnte eine maximale Schleiftemperatur von $T_{s,\,max}$ ≈ 450 °C ermittelt werden. Infolge dieser thermischen Beanspruchung trat keine Phasenumwandlung auf. Inwieweit eine Phasenumwandlung während des Schleifens auftritt, ist außer von den maximalen Schleiftemperaturen ebenfalls von den Aufheiz- und Abkühlraten abhängig.

Werkstoff	Schleifparameter	Kühlschmierstoff
100Cr6	Q'_w = 50 mm³/(mm·s)	Emulsion (5%ig)
Schleifscheibe	v_s = 160 m/s	Nadeldüse
B181V	Gegenlauf	

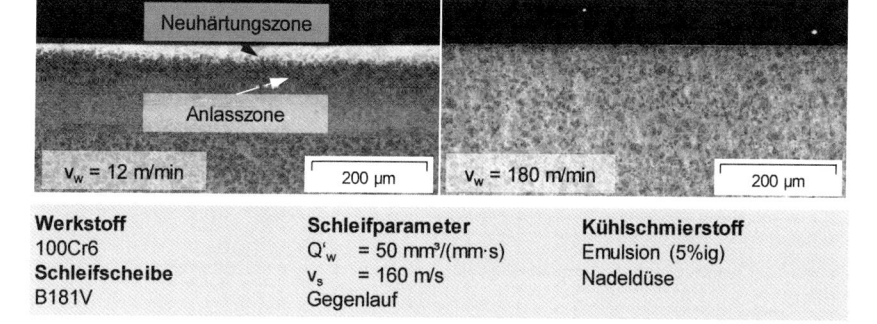

Bild 4.19: Gefügeanalyse der Werkstückrandzone für unterschiedliche Tischvorschubgeschwindigkeiten

Microstructure analysis of the workpiece surface layer for different table speeds

In Bild 4.20 sind die maximal aufgetretenen Aufheiz- und Abkühlraten für den untersuchten Bereich zu sehen. Bei den dargestellten Aufheiz- und Abkühlraten handelt es sich um Mittelwerte der jeweiligen Prozessstellgrößen. Somit kann die Abhängigkeit von einer Prozesseingangsgröße, wie zum Beispiel der Tischvorschubgeschwindigkeit, für verschiedene Schleifscheibenumfangsgeschwindigkeiten bei konstantem bezogenen Zeitspanungsvolumen deutlich herausgestellt werden. Mit steigenden Tischvorschubgeschwindigkeiten nahmen die maximalen Aufheizraten deutlich zu. Dabei variierten die maximalen Aufheizraten zwischen $\dot{T}_{auf,\,max}$ ≈ 15·10⁴ °C/s und 140·10⁴ °C/s erheblich. In der vorliegenden Arbeit wurde bereits der Zusammenhang zwischen der Aufheizrate $\dot{T}_{auf}$ sowie der A_{c1b}- und A_{c1e}-Temperatur diskutiert. Wird die Aufheizrate gesteigert, verschieben sich A_{c1b}- und A_{c1e}-Temperatur zu höheren Temperaturen. Neben der Reduktion der induzierten Wärme in der Werkstückrandzone konnte somit ein weiterer Vorteil des Schnellhubschleifens abgeleitet werden. Durch den Anstieg der A_{c1b}- und A_{c1e}-Temperaturen wird die Auftrittswahrscheinlichkeit der thermisch induzierten Phasenumwandlungen weiter reduziert.

Für die Aufheizraten in Abhängigkeit von der Schleifscheibenumfangsgeschwindigkeit konnte eine vergleichbare Tendenz, wie auch bei veränderten Tischvorschubgeschwindigkeiten, abgeleitet werden (Bild 4.20). So stiegen die Aufheizraten von $\dot{T}_{auf, max} \approx 61{,}5 \cdot 10^4$ °C/s auf $82{,}2 \cdot 10^4$ °C/s an. In Bild 4.17 und Bild 11.1 wurden bereits aufgezeigt, dass die kontaktflächenbezogene Schleifleistung sowohl mit steigenden Tischvorschubgeschwindigkeiten als auch Schleifscheibenumfangsgeschwindigkeiten ebenfalls anstieg. Die Aufheizraten stehen somit in direkter Korrelation zur kontaktflächenbezogenen Schleifleistung, unabhängig davon, welche Kontaktlängen oder -zeiten vorliegen.

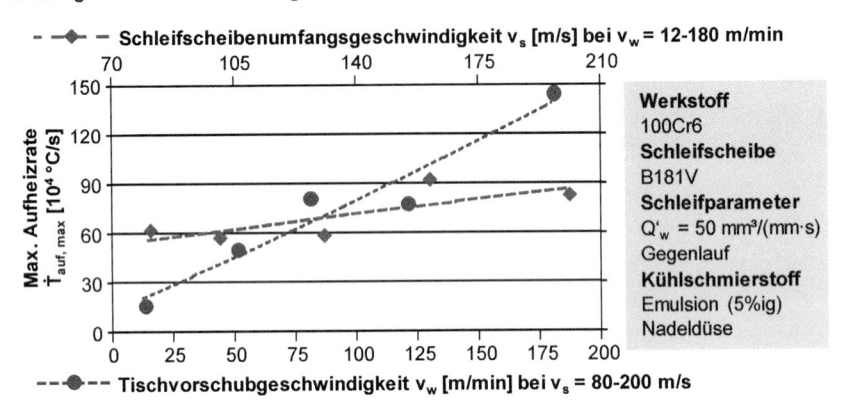

Bild 4.20: Maximale Aufheiz- und Abkühlraten beim Pendel- und Schnellhubschleifen mit verschiedenen Schleifscheibenumfangsgeschwindigkeiten

Maximum heating and cooling rates during pendulum and speed-stroke grinding with different grinding wheel velocities

Zusätzlich konnte festgestellt werden, dass die Abkühlraten mit steigenden Tischvorschub- und Schleifscheibenumfangsgeschwindigkeiten unterschiedlich ansteigen (siehe Bild 11.2 im Anhang). Geringe Schleiftemperaturen bei steigenden Tischvorschubgeschwindigkeiten erhöhen das Potential, Wärme in die Komponenten Schleifscheibe, Kühlschmierstoff, Span und Werkstück abzuführen. Die unterschiedlichen Werkstoffkennwerte sind unter anderem temperaturabhängig. Mit steigenden Schleiftemperaturen steigt die spezifische Wärmekapazität zwar an, wird jedoch durch die zugeführte thermische Energie in der Werkstückrandzone nahezu vollständig ausgeschöpft. Der Werkstoff ist gesättigt und kann keine weitere thermische Energie aufnehmen. Sofern die maximalen Temperaturen gesenkt werden können, wird das Potential, Wärme abzuführen, erhöht. Die Temperaturdifferenz zwischen zwei Werkstoffbereichen im oberen Randschichtbereich und in tieferliegenden Randschichtbereichen ist größer. Mehr Wärme kann in einem vergleichbar kleineren Zeitintervall abfließen. Somit kann frühzeitig Wärme aus der Kontaktzone abgeführt werden. Darüber hinaus verlagert sich der Umkehrpunkt zwischen der Aufheiz- und Abkühlphase mit steigender Tischvorschubgeschwindigkeit in die Richtung des Tischvorschubs.

Der Bereich für die Abkühlung nimmt innerhalb der Kontaktzone zu, die maximale Abkühlrate steigt.

Auf der anderen Seite führen steigende Schleifscheibenumfangsgeschwindigkeiten ebenfalls zu sinkenden Abkühlraten. Dies ist damit zu begründen, dass für steigende Schleiftemperaturen bei unveränderter Kontaktzeit die Wärme der Kontaktzone vorgeschoben wird und die zunehmende Wärmemenge ausreichend Zeit hat, in die tieferliegenden Werkstückrandzonenbereiche vorzudringen. Insofern tiefergelegene Randzonenbereiche höhere Temperaturen erreichen, nimmt die Temperaturdifferenz zur Werkstückoberfläche ab. Die Temperaturdifferenz ist verantwortlich für den Energieaustausch. Schlussfolgernd wird die Wärme langsamer abgeführt und die maximale Abkühlrate sinkt.

4.4.2 Mechanische Belastungen während des Schleifens

Die Vorgehensweise für die Ermittlung der mechanischen Belastung entlang des Kontaktbogens wurde in Kapitel 4.2 ausführlich diskutiert. Darauf aufbauend werden im Folgenden die kinematischen Einzelkornkontaktflächen in Abhängigkeit von den Prozesseinstellgrößen analysiert. Unter Berücksichtigung der experimentell ermittelten Schleifkräfte können abschließend die mechanischen Belastungen abgeleitet werden.

In Bild 4.21 sind die kinematischen Einzelkornkontaktflächen in Abhängigkeit von verschiedenen bezogenen Zerspanungsvolumen bei einem bezogenen Zeitspanungsvolumen $Q'_w = 50$ mm³/(mm·s) zu sehen:

Einzelkornkontaktflächenanteile $R_{kin, n}$ [%]

Bezogenes Zerspanungsvolumen V'_w [mm³/mm]

Werkstoff
100Cr6
Schleifscheibe
B181V
Schleifparameter
$Q'_w = 50$ mm³/(mm·s)
$v_w = 180$ m/min
$v_s = 160$ m/s
Gegenlauf
Kühlschmierstoff
Emulsion (5%ig)
Nadeldüse

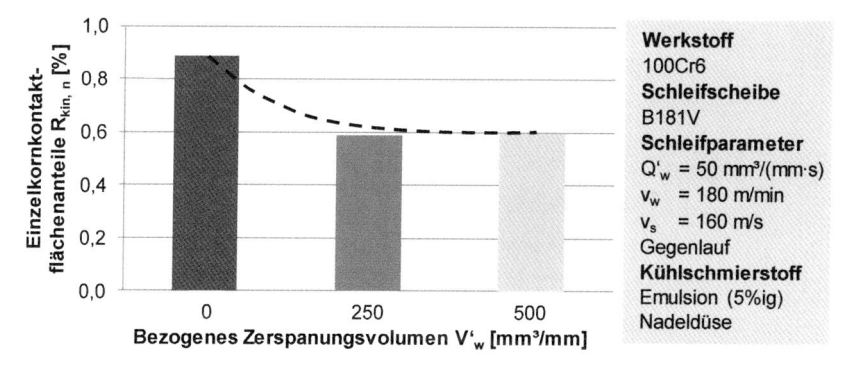

Bild 4.21: Kinematische Einzelkornkontaktflächenanteile in Normalenrichtung in Abhängigkeit von dem bezogenen Zerspanungsvolumen

Kinematic single grit contact area ratios in normal direction in dependency on the specific material removal

Das bezogene Zerspanungsvolumen von $V'_w = 0$ mm³/mm bezieht sich dabei auf die Schleifscheibentopografie unmittelbar nach dem Abrichten und führte zu einem kinematischen Einzelkornkontaktflächenanteil in Normalenrichtung von $R_{kin, n} \approx 0{,}89$ %. Die berechneten kinematischen Einzelkornkontaktflächen waren damit im Vergleich zur theoretischen Eingriffsfläche gering.

Gezielte Untersuchungen der Schleifscheibentopografie zeigten deutlich auf, dass einzelne Schleifkornspitzen nach dem Abrichten aus der Topografie hervorstehen. Diese Schleifkornspitzen mussten bei den ersten Korneingriffen überproportional viel Werkstoff zerspanen. Hohe Einzelkornkräfte führten zum schnellen Verschleiß dieser herausstehenden Kornspitzen infolge von mechanischer Überbelastung. Mit zunehmenden bezogenen Zerspanungsvolumen bis $V'_w = 500$ mm³/mm reduzierte sich der Anteil der kinematischen Einzelkornkontaktflächen auf $R_{kin, n} \approx 0{,}59$ %. Der Anteil verminderte sich damit um fast 34 %. Der degressive Verlauf der Einzelkornkontaktflächenanteile endete in dem untersuchten Bereich mit einem Radialverschleiß von $\Delta r_s = 4{,}7$ µm. Es handelte sich dabei um Mikroverschleiß, der das Abstumpfen der Kornspitzen widerspiegelt. Der geringe Radialverschleiß der Schleifscheibe kann auf die geringen Einzelkornkräfte zurückgeführt werden, die mit hohen Schleifscheibenumfangsgeschwindigkeiten einhergehen [KLOC82, S. 112].

Zusätzlich zu dem Einfluss des bezogenen Zerspanungsvolumens ergibt sich nach Formel 2.3 eine Abhängigkeit von den variierten Prozesseinstellgrößen (Tischvorschubgeschwindigkeit und Schleifscheibenumfangsgeschwindigkeit). Die Auswertung der Schleifscheibentopografie nach einem bezogenen Zerspanungsvolumen von $V'_w = 500$ mm³/mm führt für verschiedene Prozesseinstellgrößen zu den in Bild 4.22 dargestellten Verläufen:

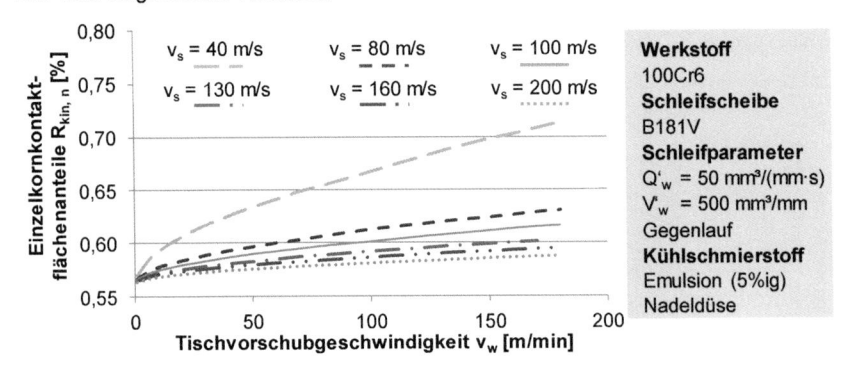

Bild 4.22: Kinematische Einzelkornkontaktflächenanteile in Abhängigkeit von verschiedenen Tischvorschub- und Schleifscheibenumfangsgeschwindigkeiten

Kinematic single grit contact area ratios in dependency on different table speeds and grinding wheel velocities

Mit zunehmenden Tischvorschubgeschwindigkeiten gingen steigende kinematische Einzelkornkontaktflächenanteile einher. Bei einer Variation der Tischvorschubgeschwindigkeit von $v_w = 0{,}6$ m/min auf 180 m/min für eine Schleifscheibenumfangsgeschwindigkeit von $v_s = 40$ m/s ergaben sich kinematische Einzelkornkontaktflächenanteile von beispielsweise $R_{kin, n} \approx 0{,}57$ % und 0,71 %. Dies ist ein relativer Anstieg um 24,5 %. Bei steigender Schleifscheibenumfangsgeschwindigkeit wurde der Einfluss der Tischvorschubgeschwindigkeit deutlich geringer. Nach den vorliegenden analytisch-empirischen Ergebnissen nahmen die Einzelkornkontaktflächen unabhängig von der Kontaktlänge zu. In den Arbeiten von KASSEN und WERNER wird auf die ansteigende Anzahl der kinematischen Schneiden bei zunehmender Tischvorschubgeschwindigkeit hingewiesen, vgl. [KASS69, WERN71]. Schlussfolgernd nehmen unter der Annahme gleicher Kontaktlängen die Einzelkornkontaktflächen zu.

Aufbauend auf den analytisch-empirisch ermittelten kinematischen Einzelkornkontaktflächen wurde mit den experimentell erforschten Schleifkräften in Normalen- und Tangentialrichtung entlang des Kontaktbogens die mechanische Belastung abgeleitet. Hierzu wurden im Folgenden nur die maximal resultierenden Schleifkräfte mittels Formel 2.6 berechnet.

In Bild 4.23 ist die maximale resultierende Flächenpressung beim Pendel- und Schnellhubschleifen nach Formel 4.1 mit verschiedenen Schleifscheibenumfangsgeschwindigkeiten zu sehen:

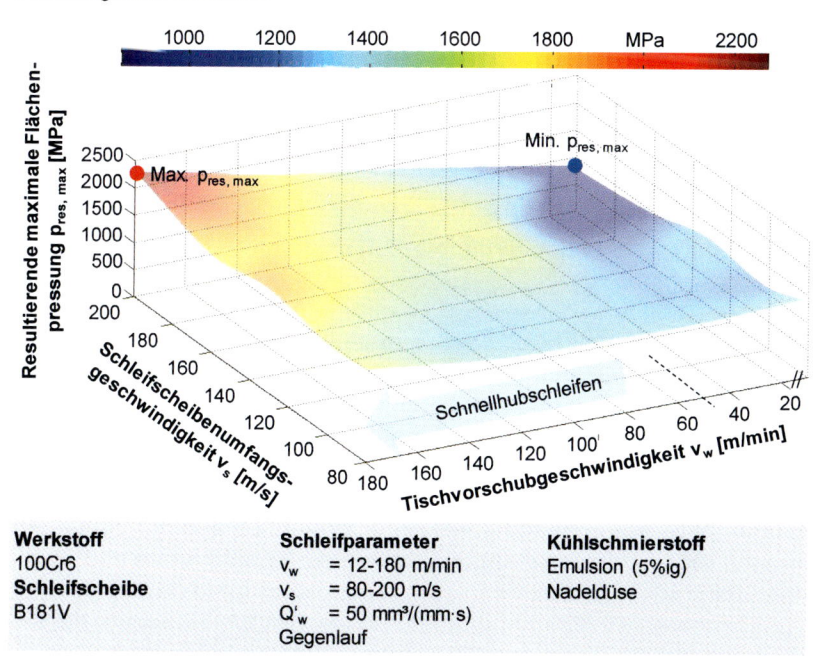

Werkstoff	**Schleifparameter**	**Kühlschmierstoff**
100Cr6	v_w = 12-180 m/min	Emulsion (5%ig)
Schleifscheibe	v_s = 80-200 m/s	Nadeldüse
B181V	Q'_w = 50 mm³/(mm·s)	
	Gegenlauf	

Bild 4.23: Maximal resultierende Flächenpressung in der Kontaktzone beim Pendel- und Schnellhubschleifen mit verschiedenen Schleifscheibenumfangsgeschwindigkeiten

Maximum resulting pressure within the contact zone during pendulum and speed-stroke grinding with different grinding wheel velocities

Der untersuchte Bereich kann ab einer Tischvorschubgeschwindigkeit von $v_w \geq 50$ m/min in das Pendel- und Schnellhubschleifen unterteilt werden. Die Flächenpressung im Bereich des Pendelschleifens nahm unabhängig von der Schleifscheibenumfangsgeschwindigkeit vergleichsweise niedrige Werte zum Schnellhubschleifen an. Es ergab sich ein Minimum für die maximal resultierende Flächenpressung von $p_{res,\,max}$ = 851 MPa für das Pendelschleifen mit einer Tischvorschubgeschwindigkeit von v_w = 12 m/min und einer Schleifscheibenumfangsgeschwindigkeit von v_s = 200 m/s. Sowohl mit höheren Tischvorschubgeschwindigkeiten als auch mit höheren Schleifscheibenumfangsgeschwindigkeiten steigen die maximalen Schleifkräfte in der Kontaktzone an. Schlussfolgernd erhöhen sich die maximalen Flächenpressungen.

In der vorliegenden Arbeit wurde für die Beurteilung der mechanischen Belastung der Werkstückrandzone angenommen, dass infolge der steigenden Tischvorschub- und Schleifscheibenumfangsgeschwindigkeiten die Gesamtschleifkräfte abfallen. Dabei ist bisher die Verteilung der Schleifkräfte entlang des Kontaktbogens unberücksichtigt geblieben. Die Gesamtschleifkräfte als Summe aller Schleifkräfte entlang des Kontaktbogens fielen in den durchgeführten experimentellen Untersuchungen ebenfalls ab, die maximale Schleifkraft in der Kontaktzone nahm hingegen zu. Zusätzlich wurde bisher angenommen, eine erhöhte mechanische Belastung der Schleifkörner aufgrund der reduzierten momentan im Eingriff befindlichen Schneiden vorzufinden. Diese Annahme muss insofern ergänzt werden, als die ansteigenden maximalen Schleifkräfte in der Kontaktzone ebenfalls einen entscheidenden Einfluss auf den Schleifprozess ausüben. Die Verteilung der Schleifkörner sollte in zukünftigen Arbeiten berücksichtigt werden.

4.5 Zwischenfazit zu den experimentellen Untersuchungen
Interim Results of the Experimental Investigation

In der vorliegenden Arbeit wurde herausgestellt, dass die mechanische Belastung einen Einfluss auf die Ausbildung der Eigenschaften der Werkstückrandzone hat. Die Verteilung der mechanischen Belastung zwischen Werkstück und Schleifscheibe konnte zudem als nicht konstant ermittelt werden. Daher wurde eine Vorgehensweise entwickelt, mit der es möglich war, eine detaillierte Aussage über die Verteilung der mechanischen Werkstückbelastungen entlang der realen Kontaktlänge zu geben. Zusätzlich wurde eine Auswertungsmethode entwickelt, um eine quantitative Beschreibung der am Prozess beteiligten kinematischen Einzelkornkontaktflächen abzuleiten. Damit war es möglich, die Einzelkornkontaktflächenanteile in Normalen- und Tangentialrichtung zu bestimmen. Zusammen mit der Kenntnis der Schleifkräfte entlang der realen Kontaktlänge konnten erstmals die mechanischen Werkstoffbelastungen quantitativ ermittelt werden.

Das Pendel- und Schnellhubschleifen führt zu theoretischen Kontaktzeiten zwischen Werkstück und Schleifscheibe von t_k < 1 ms. Die detaillierte Bewertung der thermischen Werkstückbelastungen kann nur mit Kenntnis der Schleiftemperaturhistorie während des Schleifens erfolgen. Hierzu war es notwendig, eine Temperaturmesseinrichtung zu erarbeiten, um die Schleiftemperatur örtlich und zeitlich hochauflösend für das Pendel- und Schnellhubschleifen darzustellen.

Die experimentellen Untersuchungen dienten der systematischen Erforschung des thermomechanischen Belastungskollektives. Infolge der identifizierten realen Kontaktlängen konnten mittels der thermischen Prozesskenngrößen Rückschlüsse auf die thermische Belastung abgeleitet werden. Steigende Tischvorschubgeschwindigkeiten führten zu einer Zunahme der kontaktflächenbezogenen Schleifleistung bzw. zu einem Abfall der flächenbezogenen Schleifenergie. Im Stand der Forschung wurde abgeleitet, dass die kontaktflächenbezogene Schleifleistung in Korrelation mit den Eigenspannungen in der Werkstückrandzone stehen [BRIN91, S. 87]. Im Gegensatz dazu stellte HEUER fest, dass die Eigenspannungen außer von der kontaktflächenbezogenen Schleifleistung von weiteren Einflüssen abhängig sind [HEUE92, S. 98]. Vielmehr muss die Kontaktzonentemperatur bekannt sein, um Rückschlüsse auf die Eigenspannungen ableiten zu können. In den experimentellen Untersuchungen im Rahmen der vorliegenden Dissertation wurde insbesondere festgestellt, dass nur die vollständige Betrachtung der Schleifhistorie zu einer hinreichenden Kenntnis über den thermischen Belastungszustand der Kontaktzone während des Schleifens führt. Sinnvollerweise muss die Kenntnis der kontaktflächenbezogenen Schleifleistung um die flächenbezogene Schleifenergie ergänzt werden. Dabei geben kontaktflächenbezogene Schleifleistungen einen Hinweis auf die Aufheizrate, wobei die flächenbezogenen Schleifenergien in Korrelation mit den maximalen Schleiftemperaturen gesetzt werden können. Die Abkühlraten stehen darüber hinaus in Abhängigkeit von der Kontaktzeit sowie den maximalen Schleiftemperaturen. Die Gefahr der thermischen Überbelastung ist beim Pendelschleifen unabhängig von der Schleifscheibenumfangsgeschwindigkeit größer als beim Schnellhubschleifen (Bild 4.24).

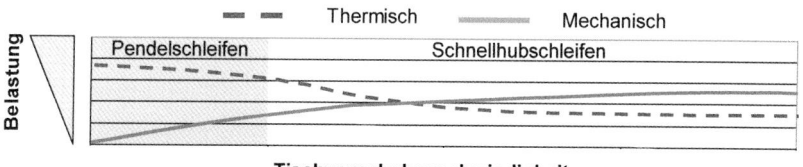

Bild 4.24: Schematische Darstellung der thermischen und mechanischen Belastung während des Pendel- und Schnellhubschleifens

Schematic view of thermal and mechanical load during pendulum and speed-stroke grinding

Insbesondere die hohen maximalen Aufheizraten beim Schnellhubschleifen unterstützen die positiven Wirkmechanismen und sind ein weiterer Vorteil des Schnellhubschleifens im Vergleich zum Pendelschleifen. Die Möglichkeit einer Phasenumwandlung wird weiter vermindert.

Infolge der analytisch-empirischen Analyse der Schleifscheibentopographie konnten erstmals die kinematischen Einzelkornkontaktflächen quantitativ beschrieben werden. Zusätzlich wurden experimentelle Untersuchungen für das Pendel- und Schnellhubschleifen durchgeführt, um die detaillierte Auswertung der mechanischen Belastung entlang des Kontaktbogens vornehmen zu können. Es zeigte sich, dass die mechanische Belastung im Gegensatz zur Schleiftemperatur mit steigenden Tischvorschubgeschwindigkeiten zunimmt (Bild 4.24).

Die detaillierte Beschreibung der mechanischen und thermischen Belastungen entlang des Kontaktbogens für das Pendel- und Schnellhubschleifen wurde erfolgreich abgeschlossen. Die erfolgreiche Neu- und Weiterentwicklung von Messmethoden ermöglichte es, die ungleich verteilten Schleifkräfte und -temperaturen entlang des Kontaktbogens quantitativ aufzulösen, detailliert zu analysieren und zu beschreiben. Somit konnte Teilhypothese 1 bewiesen werden.

Anschließend konnten die beim Schleifprozess auftretenden mechanischen Belastungen durch die Kenntnis der realen Kontaktlänge, der kinematischen Einzelkornkontaktflächen in Normalen- und Tangentialrichtung, der im Eingriff befindlichen aktiven Schneiden sowie der Normal- und Tangentialkraft entlang des Kontaktbogens identifiziert und beschrieben werden. Somit wurde der Nachweis für Teilhypothese 2 ebenfalls erbracht.

5 Beschreibung des thermomechanischen Werkstoffverhaltens von 100Cr6

Description of the Thermo-Mechanical Material Behaviour of 100Cr6

In dem vorherigen Kapitel wurden die thermischen und mechanischen Belastungen während des Pendel- und Schnellhubschleifens quantifiziert. Damit aus den Belastungen die wirkenden Beanspruchungen in der Werkstückrandzone abgeleitet werden können, muss das thermomechanische Werkstoffverhalten hinreichend genau erforscht werden. Hierzu werden in einem ersten Schritt die thermomechanisch induzierten Verformungen in der Werkstückrandzone mittels Gefügeschliffen und Rasterelektronenmikroskopieaufnahmen (REM-Aufnahmen) bewertet. In einem zweiten Schritt werden experimentelle Zugversuche durchgeführt, um die Fließkurven in Abhängigkeit von verschiedenen Zustandsgrößen (Dehnungen ε, Dehnungsgeschwindigkeit $\dot{\varepsilon}$ und Temperatur T) für den vergüteten Stahlwerkstoff 100Cr6 zu ermitteln. Darauf aufbauend kann in einem letzten Schritt die Beschreibung des thermomechanischen Werkstoffverhaltens vorgenommen werden.

5.1 Identifikation der Werkstückrandzonenbeeinflussung infolge von mechanisch induzierten Verformungen

Determination of the Influence on the Workpiece Surface Layer Due to Mechanically Induced Deformation

Das aus den Korneingriffen beim Schleifen resultierende thermomechanische Gesamtbelastungskollektiv kann als Superposition der thermomechanischen Einzelbelastungskollektive angenommen werden. Diese Belastungen wirken in der Werkstückrandzone als Beanspruchung und haben einen direkten Einfluss auf die Verformung im oberflächennahen Randzonenbereich. Dabei ist davon auszugehen, dass die Dehnungen ε und die Dehnungsgeschwindigkeiten $\dot{\varepsilon}$ an der Werkstückoberfläche von den kinematischen Eingriffsbedingungen der Schleifkörner direkt abhängig sind.

Eine erste Abschätzung der auftretenden Dehnungsgeschwindigkeiten während des Schleifens kann nach Formel 5.1 vorgenommen werden [BULL13, S. 53; DENK11, S. 34 ff.]:

$$\dot{\varepsilon} \approx \frac{\dot{\gamma}_{sch}}{\sqrt{3}} = \frac{\gamma_{sch}}{\sqrt{3} \cdot \Delta t} = \frac{v_s}{\sqrt{3} \cdot h_{cu,eq}} \qquad \text{Formel 5.1}$$

mit $\dot{\gamma}_{sch}$:   Scherdehnungsgeschwindigkeit

γ_{sch} :   Scherung

Δt :   Zeitintervall für die Verformung

v_s :   Schleifscheibenumfangsgeschwindigkeit

$h_{cu,eq}$:   Äquivalente Spanungsdicke

In den durchgeführten experimentellen Untersuchungen wurden maximale Schleifscheibenumfangsgeschwindigkeiten von v_s = 200 m/s erreicht. Als Vereinfachung wird die Geschwindigkeit nur im zweidimensionalen Raum betrachtet und kann somit als skalare Größe angenommen werden, welche in der Kontaktzone parallel zur Werkstückoberfläche wirkt. Unter Berücksichtigung des verwendeten bezogenen Zeitspanungsvolumens von Q'_w = 50 mm³/(mm·s) ergab sich eine minimale äquivalente Spanungsdicke von $h_{cu,eq}$ = 0,25 µm. Die maximal erreichte Dehnungsgeschwindigkeit betrug somit $\dot{\varepsilon}_{max,ber}$ > 10^8 s^{-1}. Dabei handelte es sich jedoch nur um die maximal mögliche Dehnungsgeschwindigkeit in einem verformten Span infolge eines Kornspitzeneingriffes.

Diese Annahmen können nur für einen infinitesimal kleinen Werkstoffbereich an der Werkstückoberfläche getroffen werden. Mit zunehmender Werkstofftiefe ist die Werkstückrandzone nur noch von der Superposition einzelner Belastungskollektive geprägt. Somit sind nicht mehr alleine die Schleifscheibenumfangsgeschwindigkeit und die Spanungsdicke, sondern auch das Werkstoffverhalten für die auftretenden Dehnungsgeschwindigkeiten verantwortlich. Im Folgenden wurde die Analyse am Beispiel von zwei experimentell durchgeführten Schleifuntersuchungen vorgenommen (Bild 5.1). Dabei variierten die Tischvorschubgeschwindigkeiten zwischen v_w = 12 m/min und 180 m/min bei einer konstanten Schleifscheibenumfangsgeschwindigkeit von v_s = 160 m/s.

In Kapitel 4 wurden bereits die Einflüsse der thermomechanischen Belastungskollektive für verschiedene Tischvorschubgeschwindigkeiten auf den Gefügezustand in der Werkstückrandzone diskutiert (Bild 5.1 oben). Für die langsame Tischvorschubgeschwindigkeit von v_w = 12 m/min wurde infolge hoher thermischer Werkstückbeanspruchungen eine Neuhärtungszone (weiße Schicht) identifiziert. Im Gegensatz dazu zeigte sich kein dominanter thermischer Einfluss für die hohe Tischvorschubgeschwindigkeit von v_w = 180 m/min.

In Bild 5.1 unten sind REM-Aufnahmen für eine detaillierte Analyse der beeinflussten Werkstückrandzone zu sehen. Sofern die thermische Beanspruchung zu einer Gefügeveränderung in Form von einer Neuhärtungszone führt, zeigt sich ebenfalls eine starke Verformung der Werkstückrandzone. Infolge der hohen thermischen Werkstückbeanspruchung senkt sich die Fließspannung σ_f. Der Werkstoff kann einfacher verformt werden. Inwieweit ein direkter Einfluss der mechanisch induzierten Verformung auf die Phasenumwandlung besteht und insbesondere eine Reduktion der A_{c1b}-Temperatur sowie eine Veränderung der Umwandlungskinetik hervorruft, wird in Kapitel 7 detailliert diskutiert.

5 Beschreibung des thermomechanischen Werkstoffverhaltens

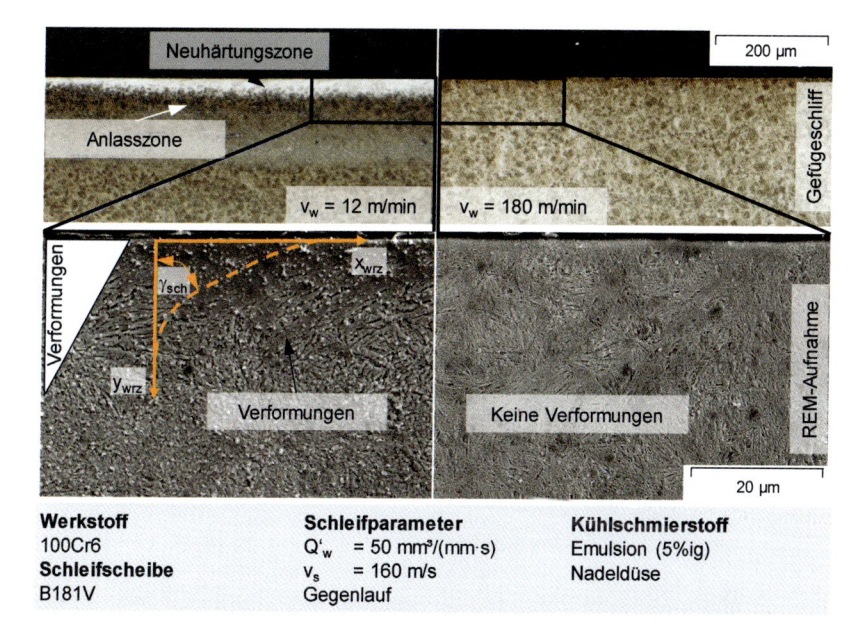

Bild 5.1: Verformungen in der Werkstückrandzone infolge der thermischen und mechanischen Beanspruchungen
Deformation within the surface layer due to thermal and mechanical stresses

Damit die Verformungen der Werkstückrandzone quantifiziert werden konnten, wurde eine Verformungslinie eingezeichnet, die im unteren Teil von Bild 5.1 links zu sehen ist. Diese folgt den Verformungen der Werkstückrandzone. Mittels der variierenden Steigung der Verformungslinie mit zunehmender Werkstückrandzonentiefe y_{wrz} konnten unterschiedliche Scherungsanteile γ_{sch} nachgewiesen werden. Unter Berücksichtigung der vorliegenden Schleifscheibenumfangsgeschwindigkeit von $v_s = 160$ m/s und der Strecke des verformten Bereiches der Werkstückrandzone an der Werkstückoberfläche in x-Richtung von Δx_{wrz} wird weiter angenommen, dass die Verformung in der Zeit erzeugt wurde, die ein Korn auf der Werkstückoberfläche benötigt, um die Wegstrecke Δx_{wrz} zurückzulegen. Somit konnte herausgestellt werden, dass sich mit zunehmender Werkstückrandzonentiefe eine Reduktion der Dehnungen ε und der Dehnungsgeschwindigkeiten $\dot{\varepsilon}$ ergibt (Bild 5.2).

Aufgrund des nahezu strukturlosen Gefüges in der Werkstückrandzone bis $y_{wrz} < 2,5$ µm konnte in diesem Bereich keine genaue Analyse der mechanisch induzierten Verformung durchgeführt werden. Ab einer Werkstückrandzonentiefe von $y_{wrz} > 2,5$ µm ergaben sich maximale Dehnungen von $\varepsilon_{max} \approx 3$. Gleichzeitig konnten in der Werkstückrandzone maximale Dehnungsgeschwindigkeiten von $\dot{\varepsilon}_{max} \approx 1,5 \cdot 10^7$ s^{-1} identifiziert werden (Bild 5.2). Für den vorliegenden Schleifversuch lag die berechnete maximale Dehnungsgeschwindigkeit an der Werkstückrandzonenoberfläche bei $\dot{\varepsilon}_{max, ber} \approx 5 \cdot 10^8$ s^{-1}. Somit ist davon auszugehen, dass auch die

Dehnungen einen weitaus höheren Betrag für den nichtuntersuchten Bereich an der oberflächennahen Werkstückrandzone annehmen als in Bild 5.2 dargestellt:

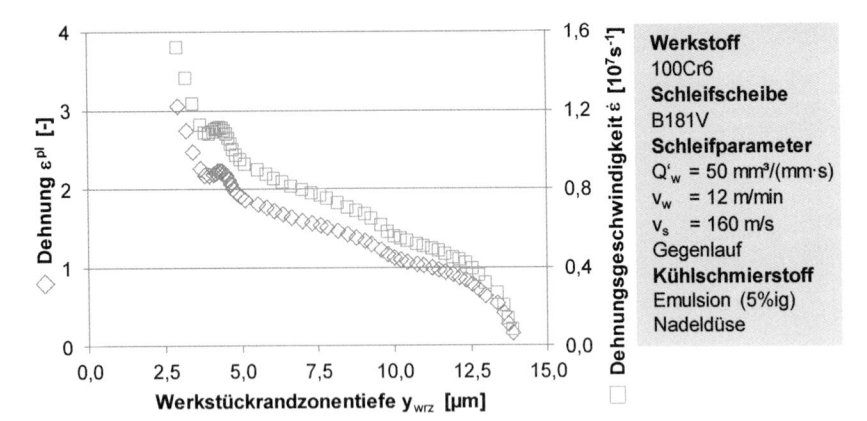

Werkstoff
100Cr6
Schleifscheibe
B181V
Schleifparameter
Q'_w = 50 mm³/(mm·s)
v_w = 12 m/min
v_s = 160 m/s
Gegenlauf
Kühlschmierstoff
Emulsion (5%ig)
Nadeldüse

Bild 5.2: Dehnungen und Dehnungsgeschwindigkeiten entlang der Werkstückrandzonentiefe infolge thermischer und mechanischer Beanspruchungen
Strains and strain rates along the workpiece surface layer depth due to thermal und mechanical stresses

Die Dehnungen und die Dehnungsgeschwindigkeiten nehmen mit zunehmender Werkstückrandzonentiefe ab. Dieses ist auf verschiedene Ursachen zurückzuführen. Im obersten Bereich der Werkstückrandzone wurde eine Neuhärtungszone identifiziert. Während des Schleifens trat dementsprechend eine Phasenumwandlung auf. Sofern im Prozess γ-Eisen vorliegt, reduziert sich die Fließgrenze im Vergleich zum α-Eisen (Martensit) erheblich (Bild 11.4). Durch die hohen Aufheizraten bedingt, kann der Gleichgewichtszustand der verschiedenen Phasen nahezu nicht erreicht werden. Weiterhin ergaben sich höhere thermische Beanspruchungen in den oberflächennahen Werkstückrandzonenbereichen als dies in den tieferliegenden Werkstückbereichen vorlag. Die Streckgrenze sinkt unabhängig von der vorliegenden Phase durch die thermische Beanspruchung. Zum anderen ist davon auszugehen, dass die Spannungsspitzen aufgrund einzelner Korneingriffe auf der Werkstückoberfläche schnell abnehmen. In den tieferliegenden Randzonenbereichen wirkt sich die Vielzahl der Korneingriffe ausschließlich als eine überlagerte mechanische Beanspruchung aus. Schlussfolgernd kann die mechanische Beanspruchung makroskopisch angenommen werden.

Für das Schnellhubschleifen konnte keine Verformung des oberflächennahen Werkstückrandzonenbereiches festgestellt werden (Bild 5.1 unten rechts). Die Grundstruktur des Werkstoffes 100Cr6 unterlag keiner Veränderung und zeigte keine Verformungen. Dieses führte zu der Schlussfolgerung, dass die hohen auftretenden Dehnungen und Dehnungsgeschwindigkeiten für das Schnellhubschleifen nur in einem vernachlässigbaren geringen Bereich der Werkstückrandzone erfolgen. Für die Modellierung des mechanischen Werkstoffverhaltens können somit geringe Dehnungen und Dehnungsgeschwindigkeiten über einen makroskopischen Bereich angenommen werden, dessen mechanische Beanspruchung eine Überlagerung der Spannungsspitzen der Korneingriffe ist.

5.2 Aufbau und Durchführung der Zugversuche
Set-Up and Conduction of the Tensile Tests

Auf die Werkstückrandzone wirken infolge der Schleifscheibe-Werkstück-Interaktion mechanische und thermische Belastungen. In der Werkstückrandzone ergeben sich durch die resultierenden Dehnungs- und Spannungsfelder Werkstoffbeanspruchungen. Damit die Werkstoffbeanspruchungen modelliert werden können, muss das thermomechanische Werkstoffverhalten in Abhängigkeit von den Dehnungen ε, Dehnungsgeschwindigkeiten $\dot{\varepsilon}$ und Temperaturen T für den vorliegenden Werkstoff 100Cr6 bekannt sein. Hierzu war es notwendig, in experimentellen Zugversuchen die Fließkurven des vorliegenden Werkstoffes in dem entsprechenden Vergütungszustandes zu bestimmen. Daraus konnte anschließend eine Beschreibung des thermomechanischen Werkstoffverhaltens abgeleitet werden.

Der Zugversuch diente der Ermittlung der Fließspannung σ_f, die im einachsigen Spannungszustand für eine Plastifizierung aufgewendet werden muss. Im einfachsten Fall ergibt sich die Fließspannung aus dem Quotienten der gemessenen Kraft F_{gem} und dem Probenquerschnitt A_{pro}. Für die Auswertung der wahren Spannung σ_{wahr} ist die Kenntnis über den momentanen Probenquerschnitt $A_{pro,i}$ während der experimentellen Untersuchungen erforderlich. Es kann angenommen werden, dass für den Werkstoff 100Cr6 eine Volumenkonstanz bis zur Grenze der Gleichmaßdehnung vorliegt. Somit kann der momentane Probenquerschnitt $A_{pro,i}$ zu jedem Zeitpunkt mittels der bekannten momentanen Längenveränderung der Zugprobe Δl_i berechnet werden. Mit zunehmender Dehnung ε verändert sich die wahre Spannung und folgt einer Fließkurve k_f, bis es zu einem Bruch kommt.

Für die experimentelle Ermittlung des thermomechanischen Werkstoffverhaltens wurden Hochgeschwindigkeitszugversuche in Zusammenarbeit mit dem KARLSRUHER INSTITUT FÜR TECHNOLOGIE (KIT) vorgenommen. Hierzu wurde die Material-Prüfmaschine AMSLER HTM 5020 der Firma ZWICK GMBH & CO. KG verwendet, siehe Bild 5.3. Mit der Prüfmaschine lassen sich Dehnungsgeschwindigkeiten zwischen $\dot{\varepsilon}_{min} = 0{,}005$ s^{-1} und $\dot{\varepsilon}_{max} = 1000$ s^{-1} realisieren. Dabei kann eine maximal zulässige Prüfkraft von $F_{n,zug} = 80$ kN durch den Hochgeschwindigkeits-Prüfzylinder mit integriertem Wegmesssystem erreicht werden. Der Druckbehälter wird mit $p_{beh} = 265$ bar aufgeladen und nach dem Erreichen der erforderlichen Wegstrecke in Abhängigkeit von der jeweiligen Dehnungsgeschwindigkeit schlagartig entspannt. Die Kolbenstange bewegt dabei die Probenaufnahme sowie den Kraftaufnehmer, wobei ein maximaler Kolbenhub von $h_{kol,max} = 250$ mm genutzt werden kann.

Für die Hochgeschwindigkeitsversuche wurden die Zugproben in einen speziellen Probenhalter am Kopfflansch (M10 x 1) eingeschraubt. Mittels der Induktionsspule konnten die unterschiedlichen Temperaturen eingestellt werden. Während der Zugversuche wurde jeweils ein Messwert für eine Längenveränderung der Zugproben von $\Delta l = 25$ µm aufgenommen. Die eingesetzten Zugproben sind im Anhang in Bild 11.3 dargestellt. Der Werkstoff der Zugproben stammte aus der gleichen Charge und unterlag dem gleichen Wärmebehandlungsverfahren, wie auch die Versuchswerkstücke in den experimentellen Schleifuntersuchungen aus Kapitel 4.

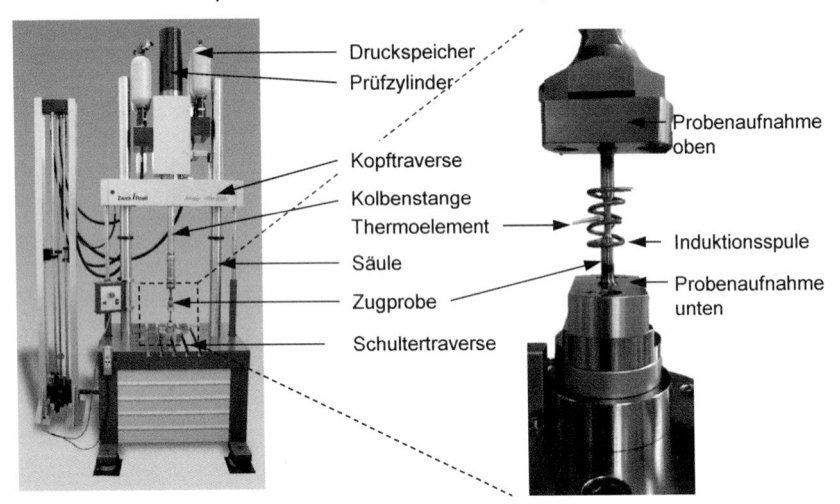

Bild 5.3: Hochgeschwindigkeitszugprüfmaschine AMSLER HTM 5020 und Versuchsaufbau
High speed tensile test machine AMSLER HTM 5020 and test set-up

In den Zugversuchen wurden verschiedene Fließkurven in Abhängigkeit von den unterschiedlichen Versuchsparametern in Tabelle 5.1 ermittelt. Die Versuchsdurchführung erfolgte mit jeweils zwei Wiederholungen.

Tabelle 5.1: Versuchsparameter für die Zugversuche
Process parameters for tensile material tests

Versuchswerkstoff	100Cr6 (60 ± 1 HRC)
Temperatur T	20 °C; 400 °C; 700 °C
Dehnungsgeschwindigkeit $\dot{\varepsilon}$	5 s^{-1}; 50 s^{-1}; 100 s^{-1}

5.3 Modellierung des thermomechanischen Werkstoffverhaltens
Modelling of the Thermo-Mechanical Material Behaviour

Aus den Zugversuchen lagen die digitalisierten Fließkurven in Abhängigkeit von den verschiedenen Zustandsgrößen Dehnungen ε, Dehnungsgeschwindigkeiten $\dot{\varepsilon}$ und Temperaturen T vor. Die experimentell ermittelten Fließkurven sind Bild 5.4 zu entnehmen:

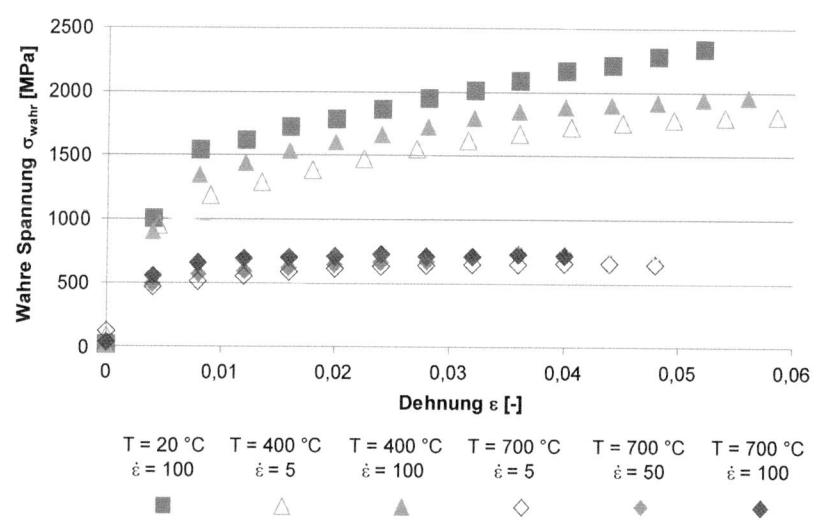

Bild 5.4: Ermittelte Fließkurven in Abhängigkeit von verschiedenen Dehnungen ε, Dehnungsgeschwindigkeiten $\dot{\varepsilon}$ und Temperaturen T

Identified flow curves in dependency of different strains ε, strain rates $\dot{\varepsilon}$ and temperatures T

Mit zunehmender Dehnung ε stieg die wahre Spannung σ_{wahr} für nahezu alle ermittelten Fließkurven an. Der Widerstand gegen plastische Verformung stieg aufgrund einer Kaltverfestigung an. Eine Steigerung der wahren Spannung bei unterschiedlichen Dehnungsgeschwindigkeiten zeigte ebenfalls eine Zunahme des Widerstandes gegen die plastische Verformung, wobei dieser Einfluss durch unterschiedliche Temperaturen überlagert wird.

Die Modellierung des thermomechanischen Werkstoffverhaltens erfolgte durch einen mathematischen Zusammenhang, welcher die wahren Spannungen σ_{wahr} mit den Zustandsgrößen (Dehnungen, Dehnungsgeschwindigkeiten und/oder Temperaturen) in Beziehung setzt.

Hierzu wurde das Werkstoffmodell nach JOHNSON und COOK verwendet und um eine Konstante für die Entfestigung k_t erweitert (Formel 5.2) [JOHN83, S. 542]:

$$\sigma_f(\varepsilon_{pl}, \dot{\varepsilon}, T) = [A_j + B_j \cdot (\varepsilon_{pl})^{n_j}][1 + C_j \cdot \ln\left(\frac{\dot{\varepsilon}}{\dot{\varepsilon}_0}\right)][1 - k_t \cdot \left(\frac{T - T_r}{T_{sch} - T_r}\right)^{m_j}]$$

Formel 5.2

mit σ_f :   Fließspannung für den Werkstoff 100Cr6

$\dot{\varepsilon}_0$:   Bezugsgeschwindigkeit (1s^{-1})

$A_j, B_j, C_j, k_t, n_j, m_j$: Werkstoffabhängige Konstante

T_r :   Bezugstemperatur/Raumtemperatur

T_{sch} :   Liquidustemperatur des Werkstoffes

Dieses Werkstoffmodell setzt sich aus drei Multiplikatoren zusammen. Der erste Term beschreibt den Einfluss der Dehnung, der zweite Term berücksichtigt die Verfestigung aufgrund der Dehnungsgeschwindigkeit und der dritte Term gibt Rückschluss auf die Entfestigung infolge der Temperatur. Die in dieser Beziehung enthaltenen werkstoffabhängigen Konstanten wurden mit der Methode der kleinsten Fehlerquadrate an die Versuchsergebnisse angepasst. Dabei trat in dem untersuchten Bereich ein maximaler Fehler von ca. 7 % auf. Die ermittelten werkstoffabhängigen Konstanten für die modifizierte konstitutive Beziehung nach JOHNSON und COOK sind in Tabelle 5.2 dargestellt:

Tabelle 5.2: Parameter für das modifizierte JOHNSON-COOK Werkstoffmodell

Parameters for the modified JOHNSON-COOK material model

A_j	B_j	C_j	m_j	n_j	k_t
[MPa]	[MPa]	[-]	[-]	[-]	[-]
1200	2695	0,051	3,05	0,45	6,15

Das vorliegende modifizierte JOHNSON-COOK-Modell konnte genutzt werden, um die wahre Spannung in Abhängigkeit von den Zustandsgrößen rechnerisch zu ermitteln. Nach DOEGE ET AL. ist eine Vergleichbarkeit des ermittelten plastischen Werkstoffverhaltens aufgrund von Druck- und Zugversuchen im Bereich kleiner Verformungen möglich [DOEG07, S. 32]. Eine Übertragbarkeit auf das makroskopische Beanspruchungsszenario während des Schleifens ist damit zulässig. In Bild 5.5 ist der Vergleich der experimentell und simulativ ermittelten Fließkurven abgebildet. Es zeigte sich eine gute Korrelation mit den experimentell ermittelten Fließkurven. Das modifizierte JOHNSON-COOK-Modell konnte damit als Werkstoffmodell verifiziert werden.

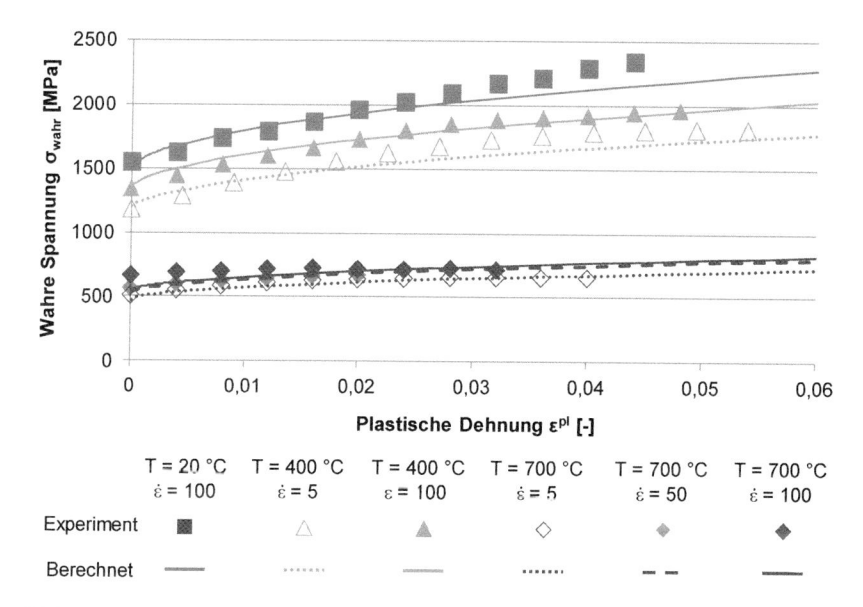

Bild 5.5: Vergleich der experimentell und rechnerisch ermittelten dynamischen Fließkurven
Comparison between experimental and calculated identified dynamic flow curves

5.4 Zwischenfazit zur Beschreibung des thermomechanischen Werkstoffverhaltens für 100Cr6

Interim Results of the Description of the Thermo-Mechanical Material Behaviour of 100Cr6

An der unmittelbaren Werkstückoberfläche sind die mechanisch induzierten Dehnungen ε und Dehnungsgeschwindigkeiten $\dot{\varepsilon}$ direkt abhängig von den Schleifkorneingriffen. Diese Verformungen konnten für das Pendelschleifen mit hohen thermischen Beanspruchungen in dem obersten Werkstückrandzonenbereich nachgewiesen werden. Starke Verformungen zeichneten sich insbesondere im Bereich der Neuhärtungszone (weiße Schicht) ab. Inwieweit die Verformungen eine Auswirkung auf die Phasenumwandlung und eine mögliche Reduktion der Austenitisierungstemperaturen und Umwandlungskinetiken haben, kann aus den bisherigen Analysen nicht eindeutig geklärt werden und wird Forschungsgegenstand in den metallurgischen Untersuchungen in Kapitel 7 sein. Ein direkter Einfluss der mechanischen Belastungen konnte für das Schnellhubschleifen nicht nachgewiesen werden.

Weiterhin kann die Annahme getroffen werden, dass nur die oberflächennahen Werkstückrandzonenbereiche durch die Einzelkorneingriffe beeinflusst werden. Tieferliegende Bereiche sind durch eine Superposition der Belastungskollektive beansprucht. Um Eigenspannungen über einen großen Bereich der Werkstückrandzone beschreiben zu können, wird für die Modellbildung ein makroskopischer Ansatz der

Belastungsprofile angenommen. Darüber hinaus ist für die Modellierung des Schleifprozesses zur Simulation des Eigenspannungszustandes eine konstitutive Beschreibung des Werkstoffverhaltens Grundvoraussetzung. Diese Beschreibung wurde aufbauend auf experimentellen Zugversuchen mit dem verwendeten Werkstoff 100Cr6 und einem modifizierten JOHNSON-COOK-Modell vorgenommen.

6 Numerische Modellierung der thermomechanischen Beanspruchungsprofile

Numerical Modelling of the Effective Thermo-Mechanical Stress Profiles

In den experimentellen Untersuchungen zum Pendel- und Schnellhubschleifen wurden die mechanischen und thermischen Belastungen entlang des Kontaktbogens ermittelt, siehe Kapitel 4. Infolge des thermomechanischen Belastungskollektives wirken in der Werkstückrandzone Beanspruchungen auf das Werkstoffgefüge. Während des Schleifens wird die zuvor beanspruchte Werkstückrandzone zerspant. Somit verbleibt nur ein Teil der ursprünglich beanspruchten Werkstückrandzone zurück. Die sich in der resultierenden Werkstückrandzone einstellende Beanspruchungshistorie ist ausschlaggebend für die Randzoneneigenschaften und bisher nicht bekannt. Im Folgenden werden die tatsächlich wirksamen Beanspruchungen daher numerisch modelliert. Die Modellierung wird in zwei Schritten vorgenommen. Die Vorgehensweise ist Bild 6.1 zu entnehmen:

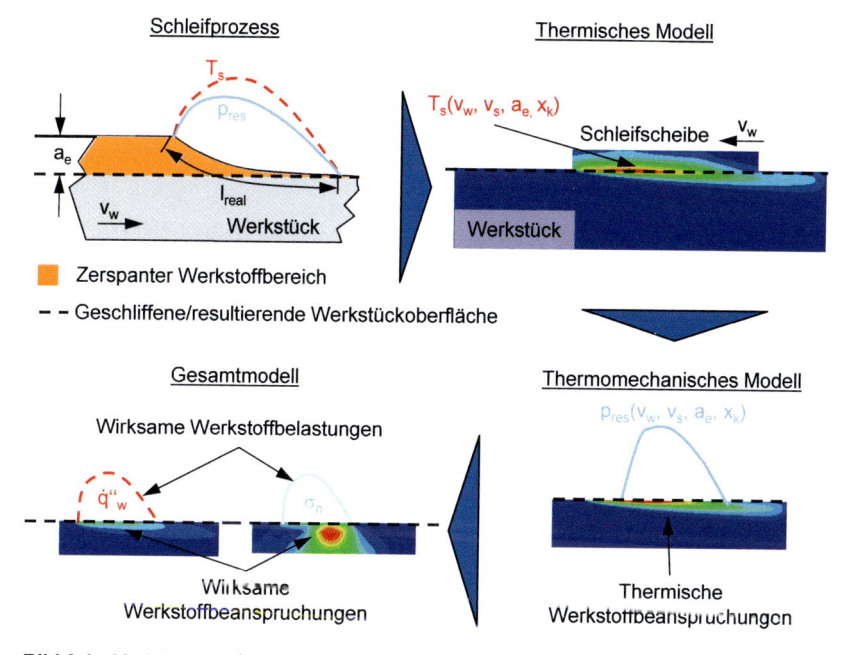

Bild 6.1: Modellierung der wirksamen Werkstoffbeanspruchungen nach dem Schleifen

Modelling of the effective workpiece stresses after grinding

Im ersten Schritt wurden nur die thermischen Belastungen in Abhängigkeit von den Prozesseinstellgrößen berücksichtigt, damit die resultierenden Wärmestromdichten und Temperaturfelder in der Werkstückrandzone während des Schleifens ermittelt werden können. Als Ausgangsgröße des thermischen Modelles liegen die thermischen Werkstückbeanspruchungen vor. Im zweiten Schritt werden diese Kenntnisse genutzt, um die mechanischen Beanspruchungen in der Werkstückrandzone herauszustellen. Die thermischen Beanspruchungen wurden dazu als Eingangsgröße aus dem ersten Schritt berücksichtigt. Unter Nutzung der analytisch-empirisch ermittelten Flächenpressungen wurde das Beanspruchungsszenario abgebildet. Darauf aufbauend ist es möglich, die auf die geschliffene Werkstückoberfläche wirkenden thermomechanischen Belastungsprofile abzuleiten.

6.1 Numerische Modellierung der wirksamen thermischen Beanspruchungsprofile
Numerical Modelling of the Effective Thermal Stress Profiles

Die Modellierung und Simulation des thermischen Belastungskollektives wurde mit der Software ABAQUS in der Version 6.12-1 durchgeführt. Die Modellierung des Pendel- und Schnellhubschleifens wurde mittels eines zweidimensionalen makroskopischen Ansatzes vorgenommen. Die schematische Abbildung des Modellierungsansatzes und der angenommenen Randbedingungen für das Werkstück sind Bild 6.2 zu entnehmen. Die Tischvorschubgeschwindigkeit des Werkstückes konnte entsprechend von v_w = 12 m/min bis 180 m/min variiert werden.

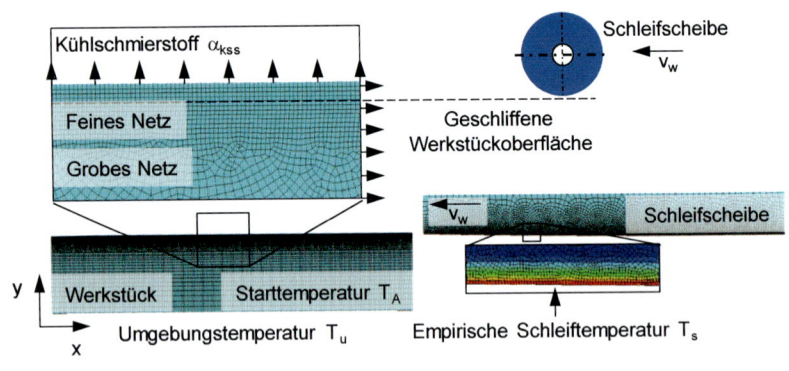

Bild 6.2: Randbedingungen für das thermische Modell
Boundary conditions of the thermal model

Das modellierte Werkstück wurde mit vierseitigen Kontinuumselementen vom Typ CPE4T mit 4 Knoten sowie vom Typ CPE3T mit 3 Knoten für eine gekoppelte Temperatur-Verschiebungsanalyse vernetzt. Dabei wurde das Werkstück in der oberflächennahen Randzone im Gegensatz zu den tiefergelegenen Bereichen feiner vernetzt, um die örtliche Auflösung der thermischen Werkstückbeanspruchungen bei gleichzeitig vertretbarer Rechenzeit zu gewährleisten. Die feinste Vernetzung hatte eine Länge von n_l = 10 µm. Daraus ergab sich eine Gesamtknotenanzahl von 40786.

Die Schleifscheibe-Werkstück-Interaktion wurde in ABAQUS mit einem *surface-to-surface contact* modelliert. Dabei ermöglicht diese Interaktion das Überschneiden verschiedener Flächen mit Hilfe der *penalty contact method*. Die Modellierung ist

6 Numerische Modellierung der thermomechanischen Beanspruchungsprofile

vereinfacht in Bild 6.3 links zu sehen. Dazu wurden die in Kapitel 4.4 für das Pendel- und Schnellhubschleifen empirisch ermittelten Schleiftemperaturen mathematisch beschrieben und als Polynom höherer Ordnung entlang der realen Kontaktlänge l_{real} in Abhängigkeit von der Längenposition x_k angenähert. Hierzu wurden die Polynome in *analytical fields* hinterlegt und als Randbedingung für die Schleifscheibe vergeben. In der modellierten Wärmequelle sind somit alle Einflüsse des Schleifprozesses für die unterschiedlichen Prozesseinstellgrößen enthalten. Für die Modellierung der thermischen Belastung wurde das Modell in Master- und Slave-Knoten unterteilt, siehe Bild 6.3 rechts. Bei einer Master-Slave-Beziehung liegt eine Interaktion zwischen Flächen und Knoten vor, bei der Knoten durch andere Knoten beeinflusst werden können. In den Master-Knoten wurden die Schleiftemperaturen an der jeweiligen Längenposition im Kontaktbogen x_k hinterlegt.

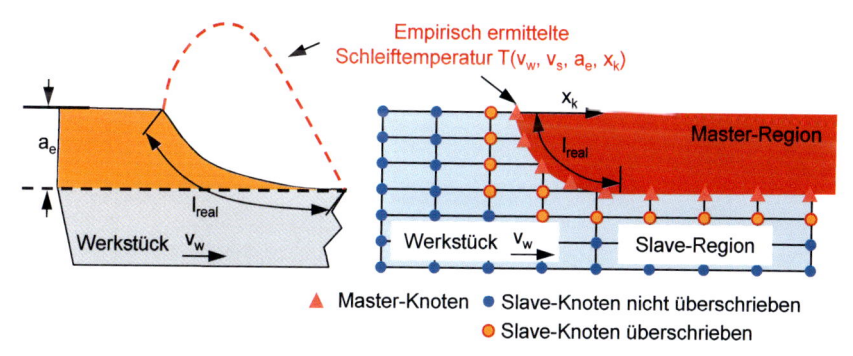

Bild 6.3: Master-Slave-Beziehung zwischen der Kontaktzone und der Wärmequelle

Master-Slave relation between the contact zone and the heat source

Inwieweit Wärme an die Slave-Region übergeben wurde, war von dem definierten Abstandswert abhängig. In der Modellbildung wurde die halbe Mindestvernetzungsweite von 5 μm zu Grunde gelegt. Der Wärmeübergang zwischen Schleifscheibe und Werkstück wurde als unendlich groß angenommen, wobei die Wärmeausbreitung innerhalb des Werkstückes (Slave-Region) von den temperaturabhängigen Werkstoffkennwerten (siehe Bild 11.7 im Anhang) abhängig war. Dabei war die örtliche und zeitliche Auflösung des Temperaturverlaufes im Werkstück abhängig von der Vernetzung. Sobald ein Slave-Knoten und die Wärmequelle sich überlagerten, wurde der jeweilige Slave-Knoten deaktiviert. Einmal deaktivierte Knoten konnten keinen weiteren Einfluss auf die Simulationsergebnisse nehmen.

Als thermische Randbedingung wurden die temperaturabhängigen thermischen Werkstoffkennwerte für 100Cr6 nach Bild 11.6 und Bild 11.7 im Anhang berücksichtigt. Die Werkstückunterseite wurde wie die Anfangstemperatur des Werkstückes T_A mit der Umgebungstemperatur T_u = 25 °C angenommen. Die Temperaturen im Werkstück wurden darüber hinaus durch die Kühlschmierstoffkonvektion an der Werkstückoberfläche und durch die modellierten Schleiftemperaturen entlang der Kontaktzone bestimmt. Der Kühlschmierstoff führt während des Schleifens außerhalb der Kontaktzone Wärme mit sich. Dieser phänomenologische Ansatz konnte nach Formel 6.1 mit der konvektiven Wärmeübertragung hinreichend genau beschrieben werden [KNEE11, S. 48]:

$$\dot{q}_{kss} = \alpha_{kss}(T_{kss} - T_w)$$ Formel 6.1

mit α_{kss} : Wärmeübergangskoeffizient für den Kühlschmierstoff

T_{kss} : Temperatur des Kühlschmierstoffes

T_w : Temperatur an der Werkstückoberfläche

In Anlehnung an die Arbeiten von MAIER wurde der Wärmeübergangskoeffizient für den Kühlschmierstoff (Emulsion) mit α_{kss} = 250000 W/(m²·K) angenommen [MAIE08, S. 64].

In Bild 6.4 ist die Verteilung der simulierten Temperaturen innerhalb der Werkstückrandzone am Beispiel des Pendelschleifversuches mit einer Tischvorschubgeschwindigkeit von v_w = 50 m/min bei einer Schleifscheibenumfangsgeschwindigkeit von v_s = 80 m/s für mehrere Zeitschritte zu sehen.

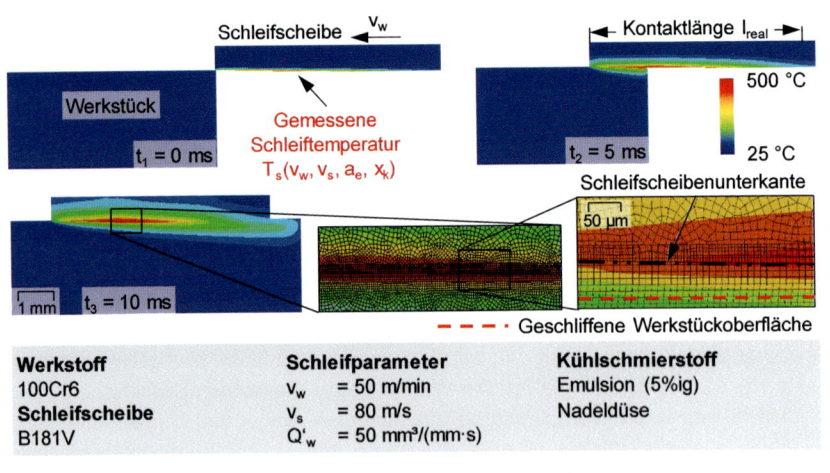

Bild 6.4: Simulierte Temperaturen innerhalb der Werkstückrandzone

Simulated temperatures within the surface layer

Vor dem ersten Eingriff der Schleifscheibe in das Werkstück wurde die gemessene Schleiftemperaturbelastung aus den experimentellen Untersuchungen innerhalb des Kontaktbogens appliziert (t_1). Der Kontaktbogen mit der Kontaktlänge l_{real} wurde in der Modellierung durch den tatsächlichen Schleifscheibendurchmesser von $d_s \approx$ 400 mm berücksichtigt. Nach einer Simulationszeit von t_2 = 2 ms überschnitt sich die Schleifscheibe bereits teilweise mit dem Werkstück. Die aufgebrachte Temperaturbelastung auf der Schleifscheibe wirkte als Wärmequelle in der Werkstückrandzone. Die simulierten Temperaturen stiegen an und breiteten sich über die Werkstückrandzone aus. Bei einer Simulationszeit von t_3 = 10 ms befindet sich die Schleifscheibe bereits in voller Überschneidung mit dem Werkstück um den Betrag der Zustellung a_e. Aus Bild 6.4 (unten rechts) wird eine Differenz aus der simulierten Schleifscheibentemperatur der Schleifscheibenunterkante sowie der simulierten Temperatur der geschliffenen Werkstückoberfläche deutlich. Die Temperatur der geschliffenen Werkstückoberfläche präsentiert die tatsächlich wirkende Beanspruchung innerhalb der Werkstückrandzone während des Schleifens. Nach Abschluss der Simulation wurden die thermischen Beanspruchungen an der geschliffenen Werkstückoberfläche analysiert.

In Bild 6.5 ist beispielhaft der Verlauf der gemessenen Schleiftemperatur und der simulierten Temperatur in Abhängigkeit von der Längenposition im Kontaktbogen dargestellt:

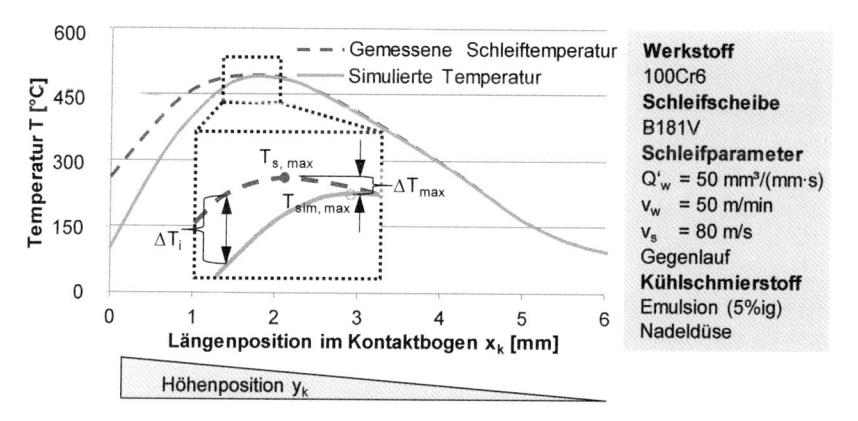

Bild 6.5: Gemessene Schleiftemperaturen und simulierte Temperaturen für verschiedene Längenpositionen im Kontaktbogen

Measured grinding temperatures and simulated temperatures for different positions along the contact arc

Am Beginn des Kontaktbogens zeigten sich vergleichsweise große Temperaturunterschiede ΔT_i. An dieser Längenposition x_k tritt die maximal mögliche Höhenposition y_k des Kontaktbogens auf. Damit geht die größtmögliche örtliche Differenz zwischen dem Kontaktbogens während des Schleifens sowie der tatsächlich geschliffenen Werkstückoberfläche einher. Diese ist mit der vorliegenden Zustellung von $a_e = 60$ µm gleichzusetzen. Mit zunehmender Längenposition im Kontaktbogen x_k reduziert sich der Temperaturunterschied auf ein Minimum. Von besonderer Bedeutung sind die Differenzen zwischen den maximal auftretenden Temperaturen sowohl den gemessenen Schleiftemperaturen als auch den simulierten Temperaturen. Die Temperaturdifferenz zwischen den höchsten gemessenen Werten entlang des Kontaktbogens $T_{s,max}$ während des Schleifens und den höchsten simulativ ermittelten Werten $T_{sim,max}$ an der geschliffenen Werkstückoberfläche betrug für diese Untersuchung $\Delta T_{max} \approx 9\ °C$. Unter Berücksichtigung der Ergebnisse in Bild 6.5 konnten die auftretenden Temperaturdifferenzen für die verschiedenen Tischvorschubgeschwindigkeiten sowie Schleifscheibenumfangsgeschwindigkeiten quantifiziert werden.

Die angegebenen Temperaturdifferenzen in Bild 6.6 sind Durchschnittswerte der Versuche mit den Schleifscheibenumfangsgeschwindigkeiten von $v_s = 80$ m/s und 160 m/s bei veränderten Tischvorschubgeschwindigkeiten:

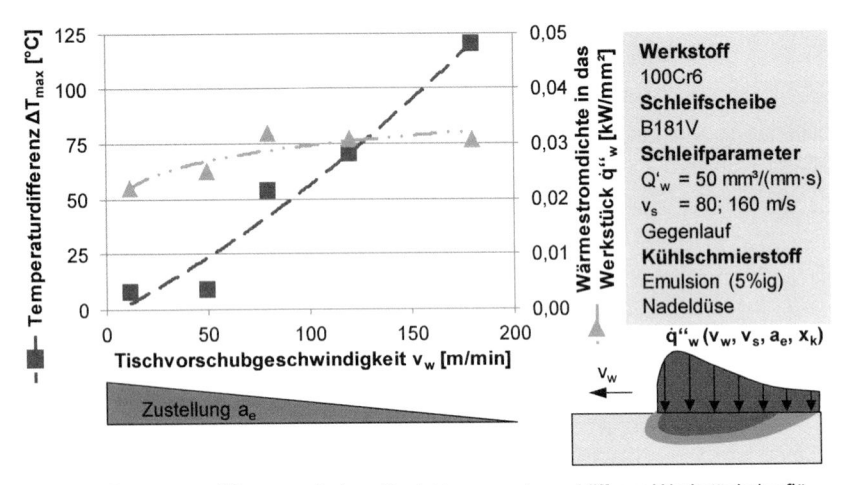

Bild 6.6: Temperaturdifferenz zwischen Kontaktzone und geschliffener Werkstückoberfläche sowie Wärmestromdichte in das Werkstück

Temperature difference between contact zone and ground workpiece surface as well as heat flux in the workpiece

In den experimentellen Schleifuntersuchungen wurde bereits festgestellt, dass die Schleiftemperaturen mit sinkenden Tischvorschubgeschwindigkeiten und zunehmenden Schleifscheibenumfangsgeschwindigkeiten anstiegen. Darüber hinaus nahmen die Kontaktzeiten mit niedriger Tischvorschubgeschwindigkeit zu. Die thermische Belastung konnte aufgrund der hohen thermischen Beanspruchungen und geringen Kontaktzeiten der Kontaktzone vorlaufen und in tiefergelegene Werkstückrandzonenbereiche vordringen. Obwohl die maximale Höhenposition im Kontaktbogen $y_{k,\,max}$ mit steigenden Zustellungen a_e zwischen der geschliffenen Werkstückoberfläche und der Kontaktzone zunahm, wurde die maximale Temperaturdifferenz gesenkt. Dementsprechend wurden die Temperaturdifferenzen beim Schnellhubschleifen mit kleinen Kontaktzeiten und geringen maximalen Schleiftemperaturen wesentlich größer. Folglich wirkt sich die ansteigende Temperaturdifferenz während des Schnellhubschleifens durch die reduzierten thermischen Belastungen günstig auf die geschliffene Werkstückoberfläche aus.

6 Numerische Modellierung der thermomechanischen Beanspruchungsprofile

Die thermischen Belastungen im Kontaktbogen wurden in diesem Modell durch die gemessenen Schleiftemperaturen als Eingangsgröße genutzt. Daraus ergaben sich neben den simulierten Temperaturen die Wärmestromdichten in das Werkstück $\dot{q}''_w$. Für die Auswertung eines Werkstückpunktes an der geschliffenen Werkstückoberfläche zu unterschiedlichen Zeitpunkten konnte die thermische Beanspruchung (Wärmequelle) in Abhängigkeit von den Prozesseinstellgrößen direkt abgeleitet werden (Bild 6.7).

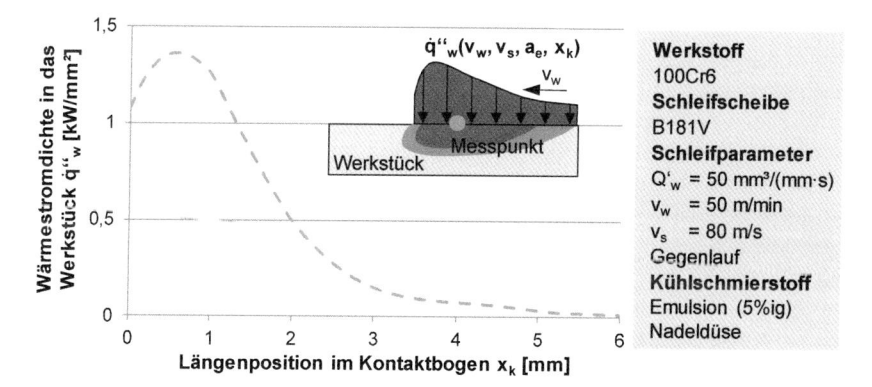

Werkstoff
100Cr6
Schleifscheibe
B181V
Schleifparameter
Q'_w = 50 mm³/(mm·s)
v_w = 50 m/min
v_s = 80 m/s
Gegenlauf
Kühlschmierstoff
Emulsion (5%ig)
Nadeldüse

Bild 6.7: Wärmestromdichte entlang der geschliffenen Werkstückoberfläche
Heat flux along the ground workpiece surface

Der Verlauf kann durch geeignete Regressionsanalysen abgebildet werden. Somit wurden für die Modellierung der thermischen Beanspruchungen im weiteren Verlauf der Arbeiten keine zusätzlichen Annahmen notwendig. Die Form und der Betrag der Wärmequelle lagen direkt vor. Der Flächeninhalt der Wärmestromdichte (Bild 6.7) führte auf die Wärmestromdichte in das Werkstück. Diese ist für die Tischvorschubgeschwindigkeiten zwischen v_w = 12 m/min und 180 m/min in Bild 6.6 dargestellt. Dabei variieren nach Bild 6.6 die Wärmestromdichten in das Werkstück für die schematisch dargestellte Wärmequelle zwischen $\dot{q}''_{w,12}$ = 0,022 kW/mm² und $\dot{q}''_{w,180}$ = 0,0307 kW/mm². Somit fallen die Anteile an der Gesamtwärmestromdichte $\dot{q}''_t$ bzw. P_c'', welche aus den experimentellen Untersuchungen bekannt sind, von ca. 20 % auf 13 % in dem untersuchten Bereich ab. Dieses stimmt mit bisherigen Erkenntnissen der Schleifuntersuchungen mit CBN-Schleifscheiben überein [MALK07, S. 761; DUSC10a, S. 146]. Der Anteil des Wärmeflusses in das Werkstück sank für das Schnellhubschleifen weiter ab. Damit ist für das Schnellhubschleifen ein vergleichbarer Wärmeeintrag zu erwarten.

Nach Abschluss der simulativen Untersuchungen zu den thermischen Beanspruchungen in der Werkstückrandzone lagen neben den Wärmestromdichten in das Werkstück $\dot{q}''_w$ und den simulierten Temperaturen an der Werkstückoberfläche die Temperaturfelder in der Werkstückrandzone vor. Die berechneten Temperaturfelder dienen als Eingangsgröße, um die wirksamen mechanischen Beanspruchungskollektive zu ermitteln.

6.2 Numerische Modellierung der wirksamen mechanischen Beanspruchungsprofile
Numerical Modelling of the Effective Mechanical Stress Profiles

In Kapitel 4 wurden die thermischen und mechanischen Belastungen separat voneinander betrachtet. Aufbauend auf den berechneten Temperaturfeldern in der Werkstückrandzone werden im Folgenden die Belastungen superponiert, um das wirksame mechanische Belastungsprofil abzuleiten.

Die Schleiftemperaturen weichen am Beginn des Kontaktbogens von der Umgebungstemperatur ab (Bild 6.8). Im Gegensatz dazu wurde mit dem Beginn des Kontaktbogens eine Schleifkraft gemessen, welche mit zunehmender Längenposition im Kontaktbogen vergleichbar mit der ansteigenden Schleiftemperatur war. Schlussfolgernd nahmen auch die resultierenden Flächenpressungen zu. In den experimentellen Schleifuntersuchungen wurde herausgestellt, dass innerhalb der Kontaktzone die maximale Schleiftemperatur $T_{s,max}$ und die maximale resultierende Flächenpressung $p_{res,max}$ nahezu an der gleichen Position vorliegen, siehe Bild 6.8. Es kann angenommen werden, dass an dieser Position die Reibanteile aufgrund von Korneingriffen am stärksten ausgeprägt sind. Anschließend nahmen die Belastungen mit einer vergleichbaren relativen Steigung ab. Eine Korrelation zwischen der thermischen und der mechanischen Belastung wurde bereits durch verschiedene Wissenschaftler herausgestellt, vgl. [SCHN99, NOYE08, FOEC09]. Unabhängig davon konnte infolge der in Kapitel 4.2 und 4.2 entwickelten Methoden erstmals der direkte experimentelle Nachweis geführt werden, dass die thermische und mechanische Belastung in direkter Korrelation zueinander stehen. Inwieweit diese auf die geschliffene Werkstückoberfläche übertragbar ist, muss im Weiteren geklärt werden.

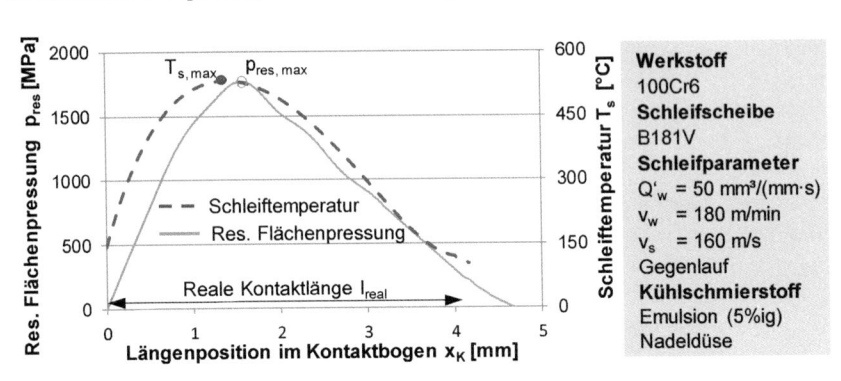

Bild 6.8: Thermische und mechanische Belastungen entlang des Kontaktbogens

Thermal and mechanical load along the contact arc

Das Modell für die thermischen Belastungen aus Kapitel 6.1 wurde für die weiteren Untersuchungen modifiziert, siehe Bild 6.9. Dabei kamen die gleichen Elementtypen CPE4T zum Einsatz, wie auch in der zuvor vorgestellten thermischen Modellierung.

6 Numerische Modellierung der thermomechanischen Beanspruchungsprofile

Abweichend davon wurde das feine Netz in der Kontaktzone in Abhängigkeit von den verschiedenen Zustellungen in den Modellen angepasst. Insbesondere für die Untersuchungen zum Schnellhubschleifen mit einer Zustellung von a_e = 17 µm und einer damit einhergehenden schnell abnehmenden Höhenposition y_k war es notwendig, ein feines Gitter mit einer minimalen Elementlänge von n_l = 2 µm zu verwenden. Damit ergab sich eine Gesamtknotenanzahl von 134770.

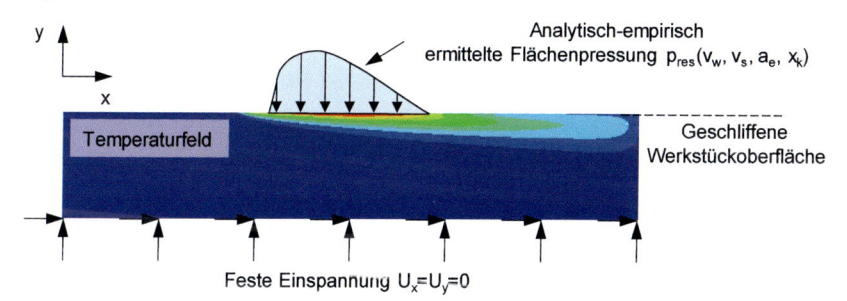

Bild 6.9: Modifizierte Randbedingungen für das thermomechanische Modell

Modified boundary conditions of the thermo-mechanical model

Infolge der während des Schleifens auftretenden thermischen Beanspruchungen in der Werkstückrandzone werden die mechanischen Eigenschaften des Werkstoffes 100Cr6 beeinflusst. Damit diese berücksichtigt werden konnten, mussten die Temperaturfelder in die Beschreibung der mechanisch wirksamen Beanspruchungsprofile einbezogen werden. Die verschiedenen Temperaturfelder sind aus dem vorherigen Kapitel bekannt und wurden im ersten Rechenschritt in der Werkstückrandzone hinterlegt. Hierzu wurden in ABAQUS *analytical fields* benutzt. Am Beispiel des Schnellhubschleifprozesses mit einer Tischvorschubgeschwindigkeit von v_w = 120 m/min ist in Bild 6.10 die simulierte Beanspruchung an der geschliffenen Werkstückoberfläche entlang der Längenposition im Kontaktbogen zu sehen. Infolge der rein thermischen Beanspruchungen traten während des ersten Rechenschrittes nahezu keine Spannungen in y-Richtung auf. Der nachfolgende Rechenschritt führte die eigentliche mechanische Beanspruchung im Kontaktbogen aus.

In den Untersuchungen in Kapitel 5 wurde der Nachweis geführt, dass die tiefergelegenen Werkstückrandzonenbereiche ausschließlich durch eine Superposition der auftretenden Belastungskollektive geprägt waren. Die mechanische Beanspruchung in der Werkstückrandzone konnte daher in der Modellbildung makroskopisch angenommen werden. Im zweiten Rechenschritt wurden die mechanischen Belastungen aus den experimentellen Untersuchungen berücksichtigt. Unter Verwendung der unterschiedlichen, analytisch-empirisch ermittelten resultierenden Flächenpressungen wurde die mechanische Belastung im Kontaktbogen makroskopisch abgebildet. Die mechanischen Belastungen wurden durch Polynome höherer Ordnung mathematisch beschrieben und in den *analytical fields* hinterlegt. Somit steht die Flächenpressung in Abhängigkeit von der Längenposition im Kontaktbogen dem Modell zur Verfügung. Die Belastung wurde in Normalenrichtung am jeweiligen Oberflächenpunkt im Kontaktbogen aufgebracht. Der Kontaktbogen wurde auf der Werkstückoberfläche durch den tatsächlichen Schleifscheibendurchmesser abgebildet. Das modellierte Werkstück konnte als fixiert auf dem Maschinentisch angenommen werden. Abweichend zu den Untersuchungen der thermischen Beanspruchungen wurde keine Werkstückbewegung simuliert. Die mechanische Belastung erfolgte entlang des Kontaktbogens kurzzeitig als statischer Belastungsfall. Damit die in Normalenrichtung wirkenden Spannungen infolge von plastischen Dehnungen berechnet werden konnten, wurde das thermomechanische Werkstoffverhalten nach Kapitel 5 verwendet. Weitere in der Modellbildung verwendete, temperatur- und phasenabhängige mechanische Werkstückeigenschaften sind in Bild 11.4 und Bild 11.5 im Anhang zu sehen. Nach Bild 6.10 konnte für den vorliegenden Fall an der geschliffenen Werkstückoberfläche eine simulierte Maximalspannung in Normalenrichtung von $\sigma_{n,\,max}$ = 1633 MPa identifiziert werden. Darüber hinaus lag nach der Simulation das mechanische Beanspruchungsprofil vor.

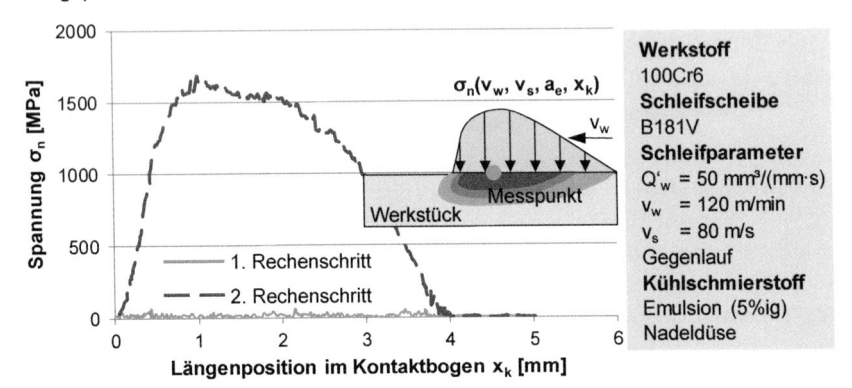

Bild 6.10: Simulierte Spannungen in Normalenrichtung nach dem ersten und zweiten Rechenschritt

Simulated stress in normal direction after first and second step of simulation

In Bild 6.11 sind die auftretenden Differenzen zwischen den mechanischen Belastungen (analytisch-empirisch ermittelte Flächenpressungen) entlang der Kontaktzone und den mechanischen Beanspruchungen (simulierte Spannungen) auf der geschliffenen Werkstückoberfläche in Normalenrichtung dargestellt. Dabei wurde die gleiche Vorgehensweise für die Auswertung gewählt, wie bereits im Unterkapitel zuvor beschrieben. Es wird deutlich, dass die Differenz zwischen der mechanischen Belastung in der Kontaktzone und der simulierten mechanischen Beanspruchung in der geschliffenen Werkstückrandzone nach dem Schleifen mit zunehmender Tischvorschubgeschwindigkeit anstieg. Dies ist vorwiegend mit den steigenden thermischen Beanspruchungen für vergleichsweise geringe Tischvorschubgeschwindigkeiten zu erklären. Mit zunehmender thermischer Beanspruchung sanken die Fließspannungen σ_f, welche in der Modellbildung durch das in Kapitel 5 parametrisierte JOHNSON-COOK-Modell berücksichtigt wurden, für den Werkstoff 100Cr6 deutlich ab. Der

6 Numerische Modellierung der thermomechanischen Beanspruchungsprofile

Werkstoff wurde durch die auftretenden Flächenpressungen bei geringerer Festigkeit verformt. Es traten plastische Verformungen auf, welche, im Gegensatz zu einem Schleifprozess mit geringen thermischen Beanspruchungen, zu keinem deutlichen Anstieg der Fließspannung führten. Insofern hohe thermische Beanspruchungen einen Einfluss auf das unmittelbar umliegende Werkstoffgefüge haben, werden die auftretenden Flächenpressungen direkt in die Werkstückoberfläche induziert.

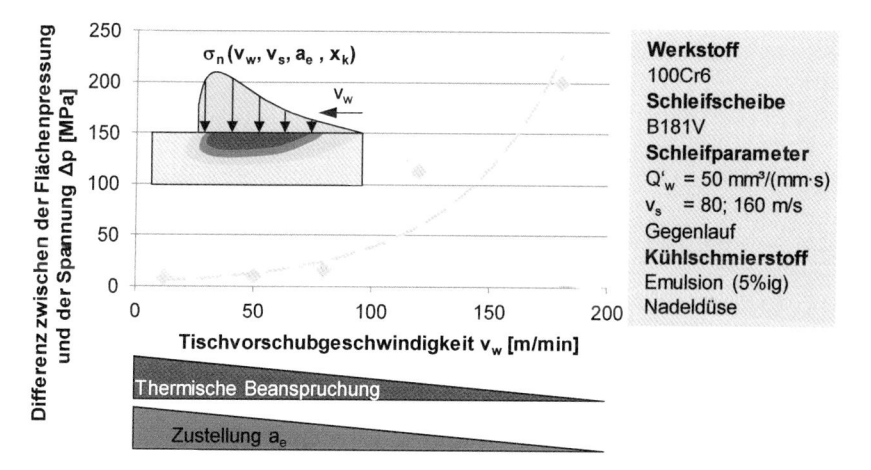

Bild 6.11: Differenzen zwischen den maximal resultierenden Flächenpressungen und den maximalen Spannungen in Normalenrichtung

Differences between the maximal resulting contact pressure and the maximal stresses in normal direction

6.3 Zwischenfazit zur numerischen Modellierung und Simulation der wirksamen thermomechanischen Beanspruchungsprofile

Interim Results of Numerical Modelling and Simulation of the Effective Thermo-Mechanical Stress Profiles

In den experimentellen Schleifuntersuchungen wurden die mechanischen und thermischen Belastungen entlang des Kontaktbogens messtechnisch ermittelt. Das Belastungskollektiv bestimmte die auftretenden Beanspruchungen in der Werkstückrandzone während des Schleifens und nach dem Schleifen. Auf Basis der ermittelten mechanischen und thermischen Belastungen kann jedoch nicht auf die wirksamen Beanspruchungen in der Werkstückrandzone, welche zum eigentlichen Eigenspannungszustand führen, geschlossen werden.

Hierzu wurde der Schleifprozess in der Software ABAQUS modelliert und die direkten thermischen und mechanischen Beanspruchungen auf die Werkstückrandzone simuliert. Als Eingangsgröße dienten die gemessenen mechanischen und thermischen Belastungen während des Pendel- und Schnellhubschleifens. Es stellte sich heraus, dass die wirkenden Beanspruchungen für das Pendelschleifen mit v_w = 12 m/min bei unterschiedlichen Schleifscheibenumfangsgeschwindigkeiten mit den gemessenen Belastungen übereinstimmen. Mit zunehmenden Tischvorschubgeschwindigkeiten bis v_w = 180 m/min wichen die Belastungen in der Kontaktzone von den simulierten Beanspruchungen an der geschliffenen Werkstückoberfläche ab. Eine direkte Übertragbarkeit der Messungen ist für das Schnellhubschleifen daher nicht zulässig.

Abschließend ist aus den Simulationen das auf die geschliffene Werkstückoberfläche wirkende thermomechanische Beanspruchungskollektiv bekannt und konnte für die weiteren Untersuchungen verwendet werden. Damit ist die Teilhypothese 3 verifiziert.

7 Untersuchungen der metallurgischen Vorgänge während des Schleifens
Investigation of the Metallurgical Processes during Grinding

Die Modellierung und Simulation der wirksamen thermischen und mechanischen Belastungsprofile diente dem Zweck, die tatsächlichen Beanspruchungen auf die Werkstückrandzone herauszustellen. Darauf aufbauend wird im folgenden Kapitel die Beeinflussung auf den metallurgischen Zustand im Werkstoff abgeleitet. Dieser wiederum hat einen entscheidenden Einfluss auf die entstehenden Spannungen. Hierzu werden verschiedene experimentelle Dilatometerversuche sowohl ohne als auch mit mechanischer Beanspruchung der Werkstücke durchgeführt, mit denen neben der Umwandlungskinetik die A_{c1b}- und die A_{c1e}-Temperatur sowie die M_s-Temperatur für den vorliegenden Werkstoff 100Cr6 erforscht wurde. Im Folgenden wird der grundsätzliche Versuchsaufbau, die Vorgehensweise zur Versuchsdurchführung und -auswertung vorgestellt. Abschließend werden aus den Ergebnissen Rückschlüsse auf das Verhalten des Werkstoffes für das Schleifen herausgestellt.

7.1 Aufbau, Durchführung und Auswertung der Untersuchungen
Set-Up, Conduction and Evaluation of the Experimental Investigations

Die Erwärmung einer Werkstoffprobe geht mit einer Längenveränderung einher. Sobald die Werkstoffprobe eine kritische Temperatur überschreitet, wie z. B. die A_{c1b}-Temperatur bei Stahlwerkstoffen, kommt es zu einer charakteristischen Längenveränderung infolge einer Phasenumwandlung. Diese verschiedenen Längenveränderungen können mit einem Dilatometer hochauflösend erfasst werden, sodass die metallurgischen Veränderungen des Werkstoffes 100Cr6 in Abhängigkeit von unterschiedlichen Eingangsparametern beschrieben werden können. Von besonderem Interesse für den Einfluss der Eingangsparameter auf die Phasenumwandlung ist neben den Aufheizraten die mechanische Verformung der Werkstückprobe. Die herkömmliche Messung der Längenveränderung mittels Dilatometer war aufgrund der mechanischen Belastungen während der Versuchsdurchführung nicht möglich. Die Längenmesseinheit des Dilatometers detektiert eine einzelne Verschiebung unabhängig davon, ob sich die Dehnung durch eine Temperaturerhöhung oder eine Phasenumwandlung ergibt. Sofern eine mechanische Verformung der Werkstoffprobe eingebracht wird, kann die gemessene Längenveränderung nicht eindeutig zugeordnet werden. Diesbezüglich wird unter Verwendung eines modifizierten Dilatometers die In-Situ Messung eingesetzt [STAR11], um die Austenitisierung von α-Eisen zu γ-Eisen sowie die Rückumwandlung von γ-Eisen zu α-Eisen während der Versuchsdurchführung röntgenografisch zu erfassen. Die durchgeführten experimentellen Untersuchungen wurden an zwei Standorten vorgenommen.

In allen experimentellen Untersuchungen wurde ein BÄHR UMFORM-DILATOMETER 805 A/D von der Firma BÄHR THERMOANALYSE GMBH unter Vakuum zur Identifikation des metallurgischen Zustands verwendet. Die Dilatometeruntersuchungen am IWM (INSTITUT FÜR WERKSTOFFANWENDUNGEN IM MASCHINENBAU DER RWTH AACHEN) wurden durchgeführt, um die Phasenumwandlung infolge thermischer Einflüsse herauszustellen. Ziel war die mathematische Beschreibung der Abhängigkeiten von der Aufheizrate auf die Austenitumwandlung. Im Gegensatz dazu wurden die experimentellen Untersuchungen an der vom HZG (HELMHOLTZ-ZENTRUM GEESTHACHT) betriebenen HEMS (HIGH ENERGY MATERIALS SCIENCE) Beamline am DESY (DEUTSCHES ELEKTRONEN-SYNCHROTRON) in Hamburg mit dem Ziel vorgenommen, die Phasenumwandlung infolge des thermomechanischen Einflusses zu beschreiben. Das am DESY verwendete Dilatometer wurde für die Arbeiten modifiziert und für die Aufheiz- und Abkühlvorgänge sowie für die mechanischen Verformungen genutzt.

Die Werkstoffproben wurden mit verschiedenen Temperaturprofilen und mechanischen Belastungsprofilen beaufschlagt. In Bild 7.1 sind beispielhaft ein Temperaturverlauf T und ein Verlauf der Druckbelastung p_{dila} für die experimentellen Untersuchungen zur Austenitumwandlung zu sehen:

Aufheizrate I	$\dot{T}_{auf, I}$	[°C/min]	Abkühlrate	$\dot{T}_{ab}$	[°C/min]
Aufheizrate II	$\dot{T}_{auf, II}$	[°C/min]	Dehnungsgeschwindigkeit	$\dot{\varepsilon}$	[s^{-1}]
Haltetemperatur	T_{halt}	[°C]	Dehnung	ε	[-]
Endtemperatur	T_{end}	[°C]	Druckbelastung (Dilatometer)	p_{dila}	[MPa]

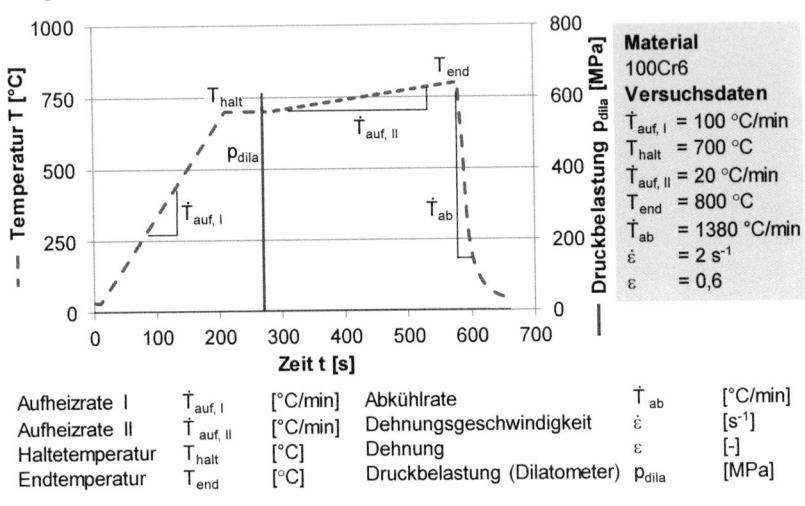

Bild 7.1: Thermische und mechanische Belastungsprofile
Thermal and mechanical load profiles

Der Temperaturverlauf konnte dabei in mehrere Bereiche unterteilt werden. Diese Bereiche teilten sich nach den vorliegenden thermischen Belastungen auf. Der Temperaturverlauf begann mit einer Aufheizphase. Dementsprechend wurde das Werkstück mit der ersten Aufheizrate $\dot{T}_{auf, I}$ bis auf Haltetemperatur T_{halt} erwärmt. Nach dem Erreichen der Haltetemperatur wurde eine kurze Druckbelastung aufgebracht. Dabei wurden in Abhängigkeit von der Versuchsdurchführung kurzzeitig unterschiedliche Dehnungen ε und Dehnungsgeschwindigkeiten $\dot{\varepsilon}$ appliziert und entspannt. Anschließend wurde die Werkstückprobe mit der zweiten Aufheizrate $\dot{T}_{auf, II}$ weiter erwärmt, um die Austenitstarttemperatur (A_{c1b}) und Austenitfinishtemperatur (A_{c1e}) zu ermitteln. Die Erwärmung endete mit dem Erreichen der Endtemperatur T_{end}. Abschließend wurde mit der Abkühlrate $\dot{T}_{ab}$ wieder auf Umgebungstemperatur abgekühlt. Die verwendeten Eingangsparameter für die experimentellen Untersuchungen sind der Tabelle 7.1 zu entnehmen:

Tabelle 7.1: Verwendete Eingangsparameter für die Austenitisierungsuntersuchungen
Used input parameters for the austenitization investigations

Aufheizrate I $\dot{T}_{auf, I}$	10-10000	°C/min
Aufheizrate II $\dot{T}_{auf, II}$	20	°C/min
Dehnung ε	0-0,6	-
Dehnungsgeschwindigkeit $\dot{\varepsilon}$	0-5	s^{-1}
Endtemperatur T_{end}	800-900	°C
Haltetemperatur T_{halt}	700	°C
Druckbelastung p_{dila}	0-600	MPa

Während der experimentellen Untersuchungen wurden die Temperaturen mit einem geschlossenen Thermoelement vom Typ S überwacht. Das Abschrecken bzw. das Abkühlen des Werkstoffes wurde durch das Anblasen der Werkstoffproben mit wassergekühltem Helium (He) vorgenommen. Um eine Oxidation der Werkstückproben zu vermeiden, wurden alle experimentellen Untersuchungen unter Helium-Schutzatmosphäre durchgeführt. Über die Umformeinheit des Dilatometers wurden unterschiedliche mechanische Belastungsprofile aufgebracht. Zusätzlich dazu konnten verschiedene Dehnungen sowie Dehnungsgeschwindigkeiten nach einem vorgegebenen Belastungsprofil appliziert werden.

Die auftretende Formänderung infolge einer Zug- oder Druckbelastung kann in eine positive und eine negative Dehnung unterteilt werden [DENK11, S. 31]. Darüber hinaus wird zwischen einer wahren Dehnung φ und einer technischen Dehnung ε unterschieden - unabhängig davon, durch welche Belastung diese hervorgerufen wurde. Durch die Integration der Teildehnungen Δφ$_i$ kann die wahre Dehnung φ ermittelt werden (Formel 7 1) [ROES12, S. 64]:

$$\varphi = \int_{l_0}^{l_1} \frac{dl}{l} = \ln(1 + \frac{\Delta l}{l_0}) = \ln(1 + \varepsilon)$$ **Formel 7.1**

mit l_0 :   Anfangslänge

  l_1 :   Endlänge

  Δl :   Längendifferenz (l_0-l_1)

  ε :   Technische Dehnung

In den experimentellen Untersuchungen lag zu jedem Zeitpunkt die momentane Länge der Werkstückprobe vor. Somit konnte eine integrale Betrachtung der Dehnung während der Versuche vorgenommen werden. Ferner wurde die Annahme getroffen, dass unter der Bedingung $\varepsilon \ll 1$ die wahre Dehnung gleich der technischen Dehnung ist [ROES12, S. 66]. Im Folgenden wird daher nur noch der Begriff Dehnung ε als einheitliche Beschreibung für die Verformungsänderung genutzt. Mittels der Differenzierung nach der Zeit t ergibt sich die Dehnungsgeschwindigkeit $\dot{\varepsilon}$. Während der Dilatometerversuche mit mechanischer Belastung dienten die Dehnung ε sowie die Dehnungsgeschwindigkeit $\dot{\varepsilon}$ als Einstellgrößen [Tabelle 7.1].

Bei der verwendeten Versuchsanlage zur Untersuchung des Einflusses des thermomechanischen Belastungskollektives auf den metallurgischen Zustand des Werkstoffes am DESY in Hamburg handelte es sich um eine Synchrotronstrahlungsquelle der dritten Generation (PETRA III). Ursprünglich wurde diese Anlage in der ersten Generation für die Teilchenphysik entwickelt und betrieben. Mit einem Ringumfang von 2304 m sowie 14 Beamlines galt sie zum Zeitpunkt der Versuchsdurchführung als weltweit bester Speicherring für Röntgenstrahlen. In diesem Ring werden die Elektronen beschleunigt. Die dabei tangential zur Bewegungsrichtung geladenen Teilchen werden emittiert und als Synchrostrahlung bezeichnet. Diese Strahlung kann einzelnen Beamlines nach Bedarf zugeführt werden (Bild 7.2).

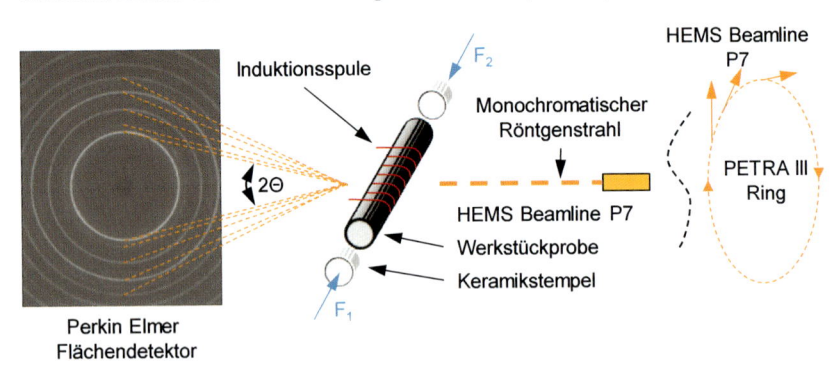

Bild 7.2: Schematische Darstellung des Versuchsaufbaus für die Ermittlung der metallurgischen Werkstoffbeanspruchungen
Schematic view of the test set-up for the identification of the metallurgical workpiece stresses

Aus dem Synchrontonlicht wurde für den Versuch eine monochromatische Röntgenstrahlung mit einer konstanten Photonenenergie von $E_{Ph} = 100$ keV herausgefiltert. Diese wurde in den Dilatometerversuchen genutzt, um die zylindrische Werkstückprobe mit einem Durchmesser von $d_{pro} = 5$ mm sowie einer Länge von $l_{pro} = 10$ mm während der verschiedenen experimentellen Untersuchungen zu durchstrahlen. Dabei handelte es sich um eine In-Situ Röntgenbeugungsanalyse der Werkstoffphasen.

7 Untersuchungen der metallurgischen Vorgänge während des Schleifens

Somit konnten gleichzeitig mechanische Belastungsprofile aufgebracht und die Phasenumwandlungsprozesse detektiert werden.

Auf einem PERKIN ELMER XRD 1622 Flächendetektor Flat Panel wurden die gebeugten Röntgenstrahlen detektiert. Dabei bildeten sich DEBYE–SCHERRER-Beugungsringe in Abhängigkeit von den vorhandenen Phasenanteilen (α- und γ-Eisen) ab, welche anschließend digitalisiert wurden.

Die Gitterebenenabstände d_g konnten nach Formel 7.2 (BRAGG'sche-Gleichung) indirekt bestimmt werden:

$$n \cdot \lambda = 2 \cdot d_g \cdot \sin(\theta) \qquad \textbf{Formel 7.2}$$

Die BRAGG'sche-Gleichung gibt den mathematischen Zusammenhang zwischen dem Vielfachen einer bestimmten Wellenlänge sowie dem Gitterebenenabstand und dem Beugungswinkel θ wieder. Unter der Vorgabe einer konstanten Wellenlänge von $\lambda = 0{,}0124$ nm durch die Beamline und dem gemessenen Beugungswinkel 2θ konnte der resultierende Gitterebenenabstand bestimmt werden. Damit waren zu jedem Zeitpunkt der Messung die vorhandenen Gitterebenenabstände des vorliegenden Werkstoffes bekannt. Diese stehen in direktem Zusammenhang mit den vorliegenden Phasenanteilen. Im Gegensatz zum Ferrit (α-Eisen) handelt es sich bei Martensit durch den Zwangseinbau von C-Atomen um ein tetragonal verzerrtes α-Eisen.

Im Rahmen der vorliegenden Arbeit wurde zur Vereinfachung der Ausdruck α-Eisen ebenfalls für den Martensit verwendet, da sowohl das Grundgefüge des Werkstoffes 100Cr6 als auch das Gefüge nach den experimentellen Untersuchungen aus Martensit bestand. In Tabelle 7.2 ist die Zuordnung der Phasen (α- und γ-Eisen) zu den jeweiligen Beugungswinkeln 2θ aus der Software POWDER CELL nach KRAUS und NOLZE angegeben [KRAU95]. Thermische Einflüsse haben Auswirkungen auf die Beugungswinkel der Phasen. Das Volumen der Elementarzellen des Werkstoffgefüges nimmt mit ansteigenden Temperaturen zu. Die zu berücksichtigende Auswirkung auf den Beugungswinkel 2θ bei Temperaturen von T > 700 °C lag unter 1 % und konnte daher vernachlässigt werden.

Tabelle 7.2: Millersche Indizes für die Beugungswinkel der verschiedenen Phasen [POWDER CELL]

Miller indices for diffraction angles of the different phases

α-Eisen		γ-Eisen	
hkl [-]	2θ [°]	hkl [ ]	2θ [°]
101	3,499	111	3,394
110	3,520	200	3,920
002	4,920	220	5,544
200	4,979	311	6,502
112	6,051		
211	6,087		

Während der gesamten Versuchsdurchführung wurden in definierten zeitlichen Abständen Bildaufnahmen mit dem Perkin Elmer XRD 1622 Flächendetektor erstellt (Bild 7.3, links oben). Die Bildaufnahmefrequenz konnte in einen langsamen und in einen schnellen Modus geschaltet werden. Bei dem schnellen Bildaufnahmemodus war es möglich, bis zu 10 Bilder pro Sekunde ($t_{bild} \approx 0,1$ s) aufzunehmen. Anschließend wurden die einzelnen Bilder ausgewertet, um entlang der Messlinie dem jeweiligen Beugungswinkel 2θ zu einem definierten Zeitpunkt eine Intensität zuzuordnen. Für die Auswertung der Intensitäten auf den Bildaufnahmen wurde das Programm FIT2D von der EUROPEAN SYNCHROTRON RADIATION FACILITY (ESRF) genutzt, um die Bilddateien in eine ASCII-Datei zu konvertieren. Auswertungen wurden anschließend in dem Programm DIADEM der Firma NATIONAL INSTRUMENTS mit eigens entwickelten Subroutinen weiterbearbeitet. Die Ausprägung der Graustufen in den Bilddateien wurde einer Intensität zugeordnet, welche sich auf charakteristischen DEBYE–SCHERRER-Beugungsringen befanden. Infolge der Kenntnis über die zeitliche Abfolge der Bilddateien war es weiterhin möglich, die Intensitäten auf die Versuchszeit zu beziehen. Zusätzlich wurde die Versuchstemperatur mit der Intensität synchronisiert. Schlussfolgernd konnten die verschiedenen Intensitäten mit der Versuchszeit und der Versuchstemperatur einer entsprechenden Phase zugeordnet werden. In Bild 7.3 sind exemplarisch die Intensitäten in Abhängigkeit von den verschiedenen Phasen und den entsprechenden Beugungswinkeln zu sehen:

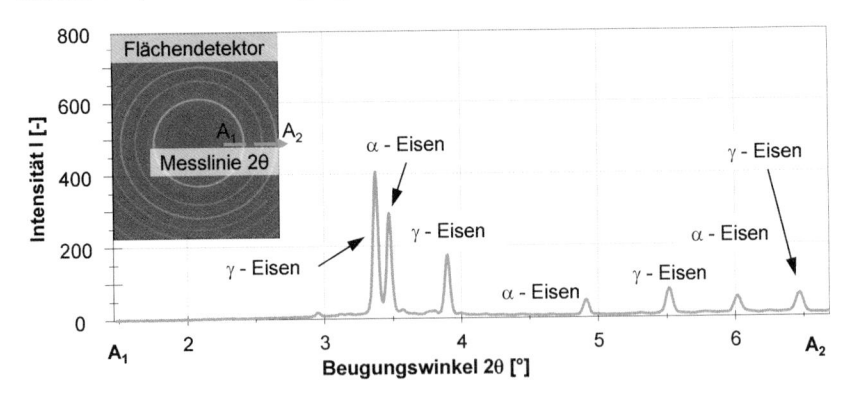

Bild 7.3: Intensitäten für verschiedene Beugungswinkel
Intensities of different diffraction angles

Unter der zusätzlichen Berücksichtigung der Temperatur konnte die Intensität zu jedem Zeitpunkt einer Bildaufnahme zugeordnet werden, wie in Bild 7.4 exemplarisch dargestellt. Bei Beginn der Dilatometerversuche lag das Ausgangsgefüge des Werkstoffes 100Cr6 als Martensit (60 ± 1 HRC) vor. Es bestand bis auf einen geringfügigen Anteil an Chromkarbiden und Zementit zu fast 100 % aus α-Eisen, welches sich beim Erreichen der A_{c1b}-Temperatur zunehmend in γ-Eisen umwandelte. Mit steigender Temperatur nahm die Intensität I des γ-Eisens bei gleichzeitiger Abnahme der

7 Untersuchungen der metallurgischen Vorgänge während des Schleifens

Intensitäten des α-Eisens zu. Dieser Vorgang wird mit dem Erreichen der A_{c1e}-Temperatur abgeschlossen.

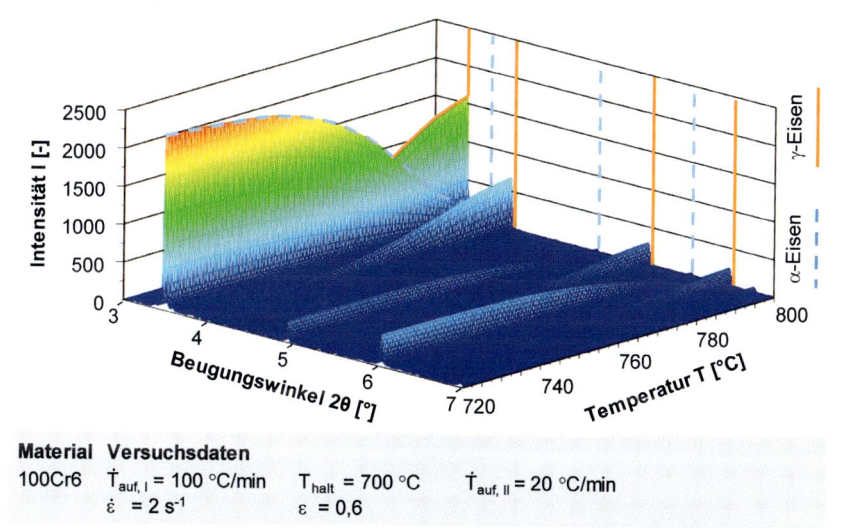

Material   Versuchsdaten
100Cr6 $\dot{T}_{auf, I}$ = 100 °C/min T_{halt} = 700 °C $\dot{T}_{auf, II}$ = 20 °C/min
         $\dot{\varepsilon}$ = 2 s^{-1} ε = 0,6

Bild 7.4: Phasenanteile (α- und γ-Eisen) bei verschiedenen Temperaturen
Phase fraction (α- und γ-iron) at different temperatures

Der zeitliche Verlauf der Phasenumwandlung lässt Rückschlüsse auf die Umwandlungskinetik zu. Daraus wurden nach Formel 7.3 die verschiedenen Phasenanteile bestimmt. Nach FANINGER und HARTMANN kann der Volumenanteil der jeweiligen Phasen $f_{\alpha, \gamma}$ (α- und γ-Eisen) am Gesamtvolumen mittels der vorliegenden Intensitäten ermittelt werden [FANI72, S. 235]:

$$f_\gamma = \left[\frac{\sum I_\alpha}{\sum I_\gamma} \cdot K_{\alpha,\gamma} + 1 \right]^{-1}$$

Formel 7.3

mit f_γ :   Austenitphasenanteil

$I_{\alpha, \gamma}$:   Intensität der Phasenanteile (α- und γ-Eisen)

$$K_{\alpha,\gamma} = \left[\frac{R_\alpha}{R_\gamma} \frac{\mu_\gamma}{\mu_\alpha} \right]$$

Formel 7.4

mit $R_{\alpha, \gamma}$:   Korrekturfaktoren der jeweiligen Phasen

$\mu_{\alpha, \gamma}$:   Schwächungskoeffizient der Phasen

Für die vorliegende Martensit-Austenit Phasenmischung wurden die Schwächungskoeffizienten $\mu_{\alpha, \gamma}$ mit Röntgenstrahlung einer konstanten Lichtwellenlänge als gleich angenommen. Die in den Berechnungen verwendeten Korrekturfaktoren $R_{\alpha, \gamma}$ der jeweiligen Phasen sind der Tabelle 7.3 zu entnehmen. Nach Formel 7.3 und

Formel 7.4 konnten die jeweiligen Phasenanteile für α- und γ-Eisen berechnet werden:

Tabelle 7.3: Korrekturfaktoren der jeweiligen Phasen [POWDER CELL]
Correction factors for the certain phases

α-Eisen		γ-Eisen	
hkl [-]	R_α [-]	hkl [-]	R_γ [-]
002	25,64	220	44,91
200	25,32	311	36,32
112	20,09		
211	19,93		

Im Gegensatz zu den experimentellen Untersuchungen zur Identifikation der Austenitisierungstemperatur und -kinetik wurde für die Martensitumwandlung (γ-Eisen zu α-Eisen) nach der ersten Aufheizphase nur eine Haltezeit zum Austenitisieren ohne weitere Aufheizphase eingesetzt. Die Haltezeit betrug t_{halt} = 10 min bei einer Haltetemperatur von T_{halt} = 850 °C. Für die Angaben der Abkühlbedingungen wurde der Abkühlparameter λ_{ab} verwendet. Der Abkühlparameter gibt an, wie viele Hektosekunden benötigt werden, um von T = 800 °C auf 500 °C abzukühlen. In Bild 7.5 wurde beispielhaft ein Abkühlparameter von λ_{ab} = 0,01 genutzt:

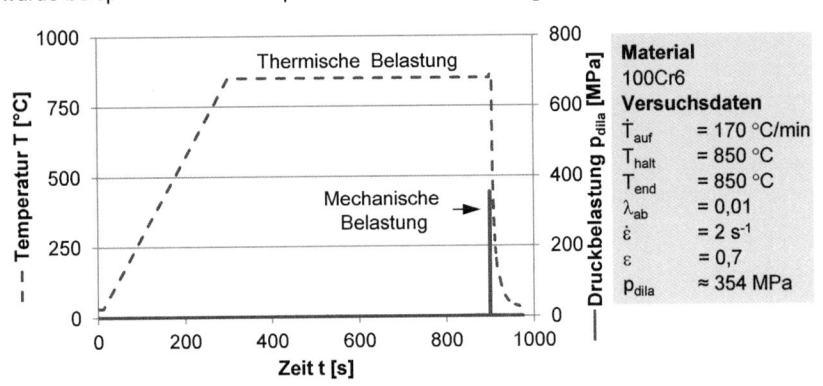

Material
100Cr6
Versuchsdaten
$\dot{T}_{auf}$ = 170 °C/min
T_{halt} = 850 °C
T_{end} = 850 °C
λ_{ab} = 0,01
$\dot{\varepsilon}$ = 2 s^{-1}
ε = 0,7
p_{dila} ≈ 354 MPa

Bild 7.5: Thermische und mechanische Belastung während der experimentellen Untersuchungen zur Ermittlung der M_s-Temperatur und Umwandlungskinetik
Thermal and mechanical load during experimental investigation to identify the M_s-temperature and transformation kinetic

7 Untersuchungen der metallurgischen Vorgänge während des Schleifens

Somit wurde eine Sekunde zur Abkühlung von T = 800 °C auf 500 °C benötigt. Die mechanische Belastung wurde während des Abkühlvorganges aufgebracht, bevor die Martensitumwandlung eingesetzt hatte. Alle Eingangsparameter für die Untersuchungen sind der Tabelle 7.4 zu entnehmen:

Tabelle 7.4: Verwendete Eingangsparameter für Martensitumwandlungsuntersuchungen
Used input parameters for the martensite phase transformation investigations

Aufheizrate $\dot{T}_{auf}$	170	°C/min
Dehnung ε	0-0,7	-
Dehnungsgeschwindigkeit $\dot{\varepsilon}$	2	s^{-1}
Endtemperatur T_{end}	850	°C
Haltetemperatur T_{halt}	850	°C
Abkühlparameter λ_{ab}	0,01-0,20	-
Druckbelastung p_{dila}	0-600	MPa

7.2 Ergebnisse zu den Untersuchungen der metallurgischen Vorgänge während des Schleifens
Results of the Investigation of the Metallurgical Processes during Grinding

Das Ziel des vorliegenden Kapitels ist es, die Einflüsse der unterschiedlichen Aufheizraten sowie mechanischen Beanspruchungen auf die Phasenumwandlungen herauszustellen. Nachfolgend werden die Versuchsergebnisse für die infolge von thermischer und mechanischer Belastung veränderten Austenit- und Martensitumwandlungen vorgestellt. Diese dienen als Grundlage für die Modellbildung des Schleifprozesses und zur Simulation des Eigenspannungszustandes nach dem Schleifen.

7.2.1 Austenitisierungstemperatur in Abhängigkeit von der Aufheizrate
Austenitization Temperature in Dependency on the Heating Rate

In der vorliegenden Arbeit wurde bereits darauf hingewiesen, dass die derzeit bestehenden Zusammenhänge zwischen den Aufheizraten und den Austenitisierungstemperaturen (A_{c1b}- und A_{c1e}-Temperatur) nicht hinreichend genau für den Werkstoff 100Cr6 im martensitischen Gefügezustand vorliegen. In der Literatur wurde bisher der Werkstoff 100Cr6 im weichgeglühten Zustand untersucht. Somit war es notwendig, das ZTA-Schaubild für den martensitischen Werkstoff zu erforschen. Dementsprechend wurden Dilatometerversuche für verschiedene Aufheizraten durchgeführt. In Bild 7.6 sind die Austenitisierungstemperaturen im Vergleich zur aktuellen Forschung in Abhängigkeit von der Aufheizrate dargestellt.

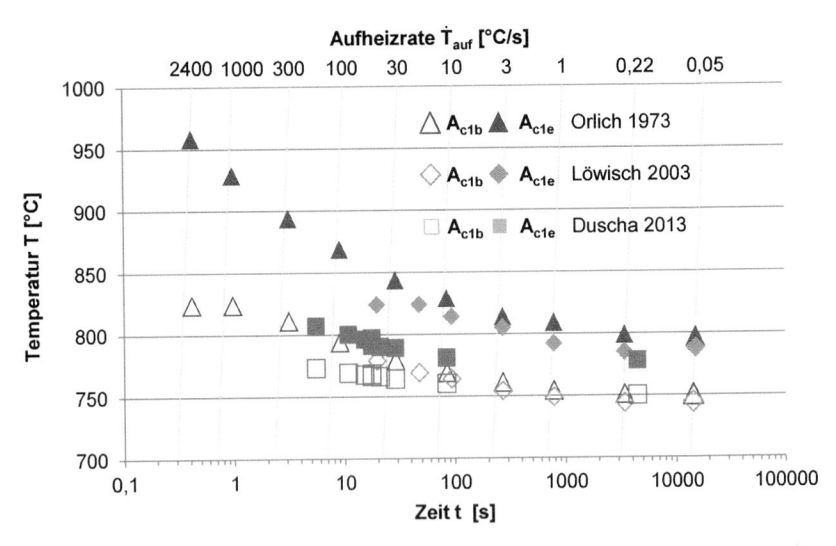

Bild 7.6: Austenitisierungstemperaturen für den Werkstoff 100Cr6 in Abhängigkeit von der Aufheizrate im Vergleich mit der aktuellen Forschung, vgl. [ORLI73, LOEW03]

Austenitization temperatures for the workpiece 100Cr6 in dependency on the heating rate in comparison with the current state of the research

Eine höhere Aufheizrate führte zu steigenden A_{c1b}- und A_{c1e}-Temperaturen. Die Austenitumwandlung ist ein diffusionsgesteuerter Umwandlungsprozess und benötigt Zeit für diesen Vorgang. Die mit steigender Aufheizrate zunehmend fehlende Zeit für die Diffusion der Kohlenstoff- und Eisenatome konnte nur durch einen höheren thermischen Energieeintrag kompensiert werden. Für kleine Aufheizraten stimmten die Austenitisierungstemperaturen mit der Literatur überein. Mit zunehmender Aufheizrate zeigten die aktuellen Untersuchungen (DUSCHA 2013) deutliche Unterschiede zu ORLICH und LÖWISCH. Insbesondere für die resultierenden A_{c1e}-Temperaturen ergab sich eine große Differenz zur aktuellen Forschung. Die vollständige Austenitumwandlung wurde in den aktuellen Untersuchungen wesentlich früher abgeschlossen. Bezugnehmend auf die Ergebnisse musste angenommen werden, dass zum einen die Austenitumwandlung beim Schleifen früher auftritt als bisher angenommen und zum anderen aufgrund der vergleichsweise tiefen A_{c1e}-Temperaturen das Austenitumwandlungsende früher erreicht wird. Schlussfolgernd stellt sich schon bei niedrigeren Schleiftemperaturen als bisher angenommen eine erhöhte Martensitumwandlung (Bildung der Neuhärtungszone/weiße Schicht) beim Schleifen des Werkstoffes 100Cr6 ein.

7.2.2 Einfluss von Dehnungen und Spannungen auf die Austenitumwandlung
Influence of Strains and Stresses on the Austenite Transformation

In dem vorherigen Kapitel wurden nur die Einflüsse der Aufheizrate auf die A_{c1b}- und A_{c1e}-Temperaturen untersucht. Nahezu unerforscht war dagegen der Einfluss von

7 Untersuchungen der metallurgischen Vorgänge während des Schleifens

den Dehnungen und Spannungen auf die Austenitumwandlung. Für die Berücksichtigung der Phasenumwandlung bei der Berechnung von Eigenspannungen ist die Kenntnis über die Einflüsse von Dehnungen und Spannungen auf die Austenitumwandlung jedoch Grundvoraussetzung. Um dieses Forschungsdefizit auflösen zu können, wurden in einem ersten Schritt Werkstoffproben (100Cr6) kaltverformt. Somit wurde geprüft, inwieweit plastische Verformungen einen Einfluss auf die Phasenumwandlung haben. In einem zweiten Schritt wurden Werkstoffproben während einer thermischen Beanspruchung verformt. Dabei wurden gezielt unterschiedliche Dehnungen und Dehngeschwindigkeiten eingesetzt, um die Auswirkungen auf die Phasenumwandlung zu quantifizieren.

Die Kaltverformung der gehärteten Werkstoffproben erfolgte mit einer hydraulischen Presse der Firma HOCHSTEIN mit einer maximalen Kraft von F_p = 2000 kN am WZL DER RWTH AACHEN. Hierbei wurde die Vorgehensweise zur Auswertung nach Kapitel 7.1 am IWM angewendet. Abweichend zu dieser Beschreibung wurden die Verformungen vor dem Erwärmen der Werkstoffprobe vorgenommen. Die Dehnungen variierten zwischen $\varepsilon \approx 0$ bis 0,38 bei einer Dehngeschwindigkeit von $\dot{\varepsilon}$ = 0,01 s^{-1}. Anschließend wurden die unterschiedlich verformten Werkstoffproben mit der Aufheizrate I von $\dot{T}_{auf, I}$ = 100 °C/min bis auf eine Haltetemperatur von T_{halt} = 700 °C erwärmt. Die Aufwärmphase wurde mit der Aufheizrate II von $\dot{T}_{auf, II}$ = 20 °C/min bis auf die Endtemperatur von T_{end} = 800 °C abgeschlossen.

In Bild 7.7 sind die resultierenden Austenitisierungstemperaturen zu sehen, welche über die Längenänderung der Werkstoffproben analysiert wurden. Für die A_{c1b}-Temperaturen zeichnete sich eine Reduzierung ab. Dabei fiel die A_{c1b}-Temperatur von 764 °C ohne Dehnung auf eine A_{c1b}-Temperatur von 725 °C bei einer Dehnung von $\varepsilon \approx 0,38$.

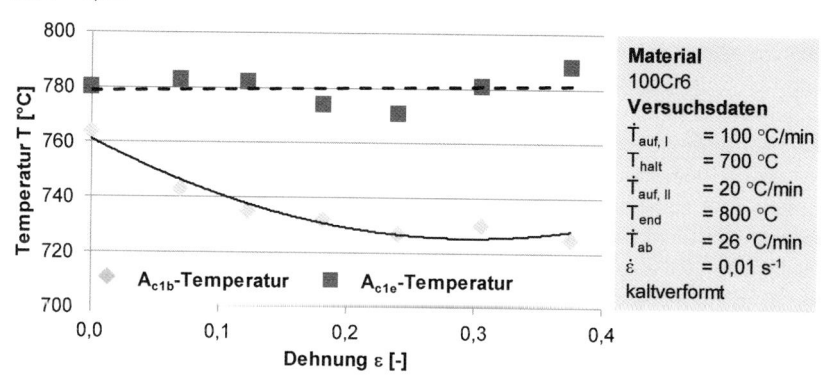

Bild 7.7: Austenitisierungstemperaturen in Abhängigkeit von der plastischen Stauchung infolge einer Kaltverformung

Austenitization temperatures for different plastic strains due to cold forming

Die reduzierten A_{c1b}-Temperaturen können wie folgt erklärt werden. Die eingebrachten Dehnungen führen zu einer Erhöhung der Versetzungsdichte im plastisch verformten Werkstoffbereich (Bild 7.8).

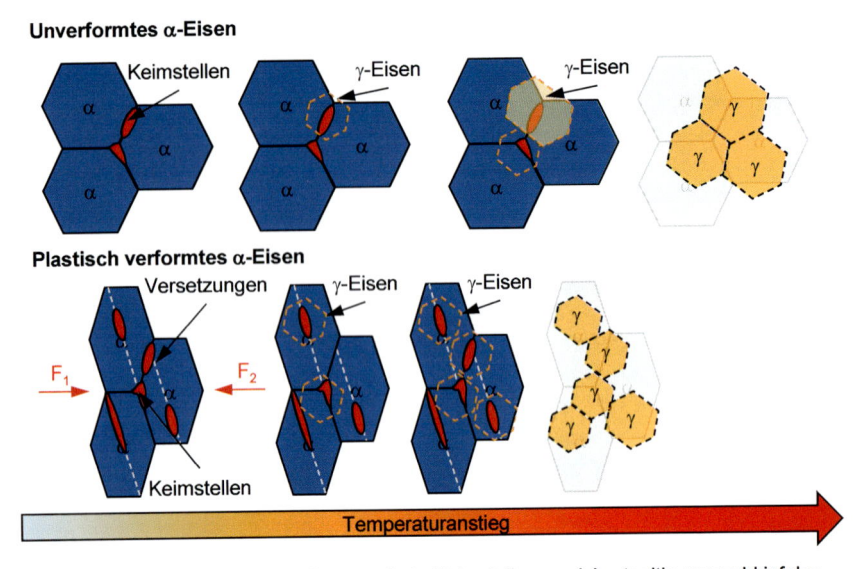

Bild 7.8: Erklärungsmodell für die veränderte Keimstellen- und Austenitkornanzahl infolge plastischer Verformung

Explanatory model of changed number of inclusions and austenite grains due to plastic deformation

Die plastische Verformung infolge der aufgebrachten Kräfte begünstigte Gitterfehler in Form von Stufen- sowie Schraubenversetzungen. Bei diesen Fehlern handelt es sich um eindimensionale Gitterfehler. Die Diffusionsströme aller Atome werden entlang von Stufenversetzungen erleichtert. Weiterhin nehmen die zweidimensionalen Gitterfehler in Form von Kleinwinkelkorngrenzen zu. Es bilden sich vermehrt mögliche Keimstellen für die Austenitumwandlung aus. Die Anzahl der Korngrenzen steigt an. Diese Bereicherung von Austenitkeimzellen unter Einflussnahme thermischer Energie führt zu einer Begünstigung der Austenitumwandlung. Obwohl die Dehnungen während einer Kaltverformung induziert wurden, bleibt die erhöhte Versetzungsdichte in der Aufheizphase im Werkstoff weitestgehend vorhanden. Die Aufheizphase und die damit eingebrachte thermische Energie führen zu keiner wesentlichen Erholung des Werkstoffes, weil dafür zu wenig Zeit zur Verfügung steht. Die Anzahl der eingebrachten Gitterfehler aufgrund von plastischer Arbeit kann somit verringert werden. Insbesondere für den vorliegenden Gefügezustand muss angemerkt werden, dass dieser einen fein dispersen Karbidanteil im Werkstoffgefüge besaß, welcher im Härteprozess nicht aufgelöst wurde. Diese Karbide behindern den Abbau der Gitterfehler durch Rekristallisation. In den Arbeiten von BESWICK wurde ebenfalls gezeigt, dass eine Kaltverformung einen Einfluss auf die Austenitisierungstemperaturen mit sich bringt, vgl. [BESW84]. Im Gegensatz zu den A_{c1b}-Temperaturen war für die A_{c1e}-Temperaturen in den vorliegenden Ergebnissen kein deutlicher Einfluss der plastischen Verformungen abzuleiten.

In weiteren Untersuchungen wurde der Einfluss plastischer Dehnungen ε auf den Austenitphasenanteil f_γ während des Warmverformens ermittelt (Bild 7.9). Bei den verbleibenden restlichen Anteilen handelt es sich um das α-Eisen. Der Beginn und das Ende der jeweiligen Phasenumwandlung wurden durch die Abweichung zum horizontalen Verlauf der gemessen Verläufe festgestellt. Die unterschiedlichen mechanischen Belastungen wurden während der Haltezeit aufgebracht, daher kann auch von einer Warmumformung gesprochen werden. Dabei wurde die experimentelle Versuchsdurchführung, wie in (Bild 7.1) zu sehen, vorgenommen. Die Dehnungen wurden zwischen $\varepsilon \approx 0$ bis 0,6 bei einer konstanten Dehngeschwindigkeit von $\dot{\varepsilon} = 2 \ s^{-1}$ variiert. Anschließend wurde mit einer Aufheizrate von $\dot{T}_{auf,II} = 20 \ °C/min$ die Temperatur kontinuierlich bis auf eine maximale Endtemperatur von $T_{end} = 800 \ °C$ erhöht. Sobald die A_{c1b}-Temperatur erreicht wird, beginnt die Phasenumwandlung. Der Austenitphasenanteil f_γ steigt mit zunehmender Temperatur kontinuierlich an, bis die Phasenumwandlung bei der A_{c1e}-Temperatur vollständig abgeschlossen ist (Bild 7.9). Mit zunehmender Dehnung verändern sich neben den Austenitisierungstemperaturen die Umwandlungskinetiken. Damit können Rückschlüsse über den Verlauf der Phasenumwandlung in Abhängigkeit von Zeit und Temperatur gezogen werden. In Bild 7.9 unterscheidet sich der Verlauf ohne Dehnungsbeeinflussung von den Verläufen mit verschiedenen Dehnungen. Die veränderte Umwandlungskinetik kann, wie in Kapitel 2.3 vorgestellt, durch die materialabhängigen Parameter τ_i und n_i beschrieben werden. Insbesondere ist eine Abhängigkeit von der Temperatur sowie der Dehnung zu berücksichtigen.

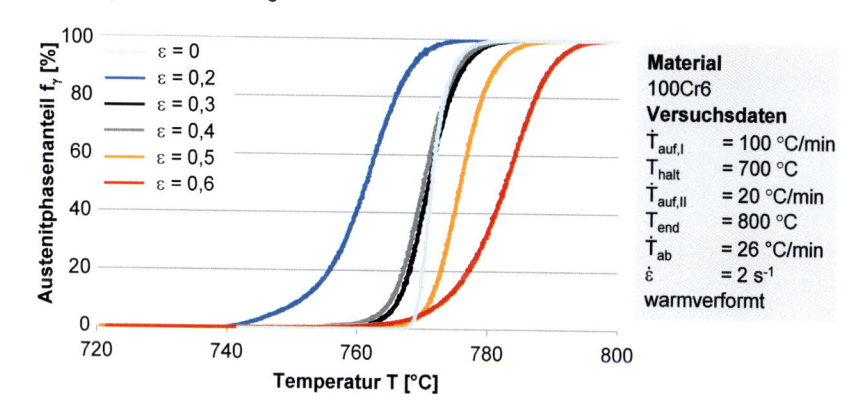

Bild 7.9: Austenitphasenanteil in Abhängigkeit von Temperaturen und Dehnungen
Austenite phase fraction in dependency on temperatures and strains

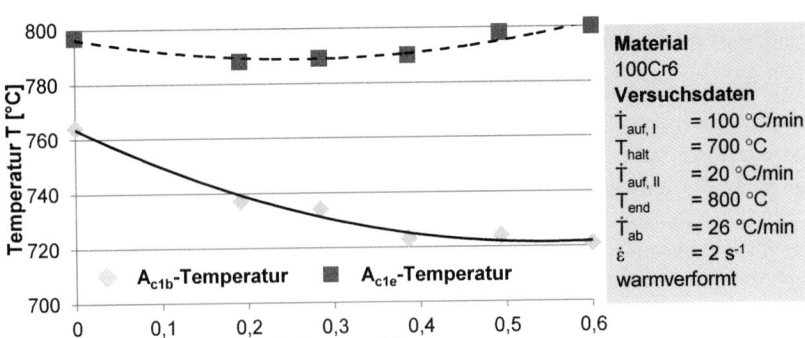

Aufbauend auf Bild 7.9 sind die A_{c1b}- und A_{c1e}-Temperaturen in Bild 7.10 dargestellt:

Material
100Cr6
Versuchsdaten
$\dot{T}_{auf, I}$ = 100 °C/min
T_{halt} = 700 °C
$\dot{T}_{auf, II}$ = 20 °C/min
T_{end} = 800 °C
$\dot{T}_{ab}$ = 26 °C/min
$\dot{\varepsilon}$ = 2 s^{-1}
warmverformt

Bild 7.10: Austenitisierungstemperaturen in Abhängigkeit von der plastischen Stauchung
Austenite temperatures in dependency on the plastic strain

Die A_{c1b}-Temperaturen sanken mit steigender Dehnung. Im Weiteren wurden die erzielten Ergebnisse auf das Schleifen übertragen. Während des Schleifens wurden durch die Schleifscheibe-Werkstück-Interaktion mechanische Belastungen auf die Werkstückrandzone ausgeübt und es kam zu Verformungen, die als Dehnung ausgedrückt werden können. Beim Schleifen wurden die A_{c1b}-Temperaturen infolge der wirkenden mechanischen Belastungen dementsprechend gesenkt. Die Phasenumwandlung wurde aufgrund der Dehnungen begünstigt. Im Gegensatz dazu konnten für die A_{c1e}-Temperaturen keine dominanten Einflüsse der Dehnungen geschlussfolgert werden. Der Abstand zwischen der Austenitstarttemperatur und der Austenitfinishtemperatur nahm mit höheren Dehnungen zu. Damit zeigte sich noch einmal deutlich die verformungsinduzierte Verzögerung während der Phasenumwandlung. Die Austenitumwandlung beginnt früher, es wird jedoch mehr Zeit und/oder thermische Energie für die vollständige Umwandlung benötigt.

Als entscheidende Einflüsse auf die veränderte Austenitstarttemperatur sind neben der begünstigten Volumenabnahme durch die Phasenumwandlung die initiierten Versetzungen aufgrund plastischer Verformungen zu nennen. Diese beeinflussen die Werkstoffeigenschaften nachhaltig. Im Werkstoff werden durch die hohen Verformungsgrade Versetzungen gebildet, die je nach Anzahl eine Vielzahl von Keimstellen in das Gefüge einbringen. Infolge der Vielzahl von vorhandenen Keimstellen wird die Austenitkorngröße reduziert. Um eine Korrelation zwischen der Austenitkorngröße und Austenitumwandlung herzuleiten, wurden ausgewählte Proben mit dem Anätzverfahren nach BECHET-BEAUJARD bearbeitet. Mit diesem Anätzverfahren lassen sich die Austenitkorngrößen nach dem Abschrecken oder Anlassen im Gefügeschliff nachweisen. Die tatsächlichen Austenitkorngrößen wurden nach dem Linienschnittverfahren ausgewertet.

7 Untersuchungen der metallurgischen Vorgänge während des Schleifens

In Bild 7.11 sind die durchschnittlichen Austenitkorngrößen für Dehnungen zwischen $\varepsilon = 0$ bis $0{,}6$ zu sehen:

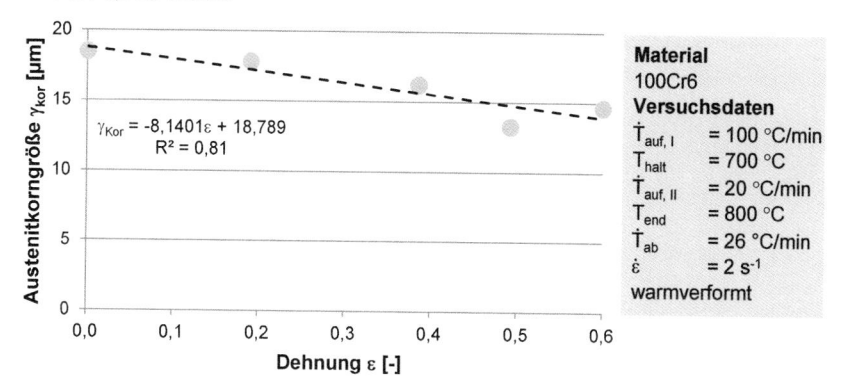

$\gamma_{Kor} = -8{,}1401\varepsilon + 18{,}789$
$R^2 = 0{,}81$

Material
100Cr6
Versuchsdaten
$\dot{T}_{auf,\,I}$ = 100 °C/min
T_{halt} = 700 °C
$\dot{T}_{auf,\,II}$ = 20 °C/min
T_{end} = 800 °C
$\dot{T}_{ab}$ = 26 °C/min
$\dot{\varepsilon}$ = 2 s^{-1}
warmverformt

Bild 7.11: Austenitkorngröße in Abhängigkeit von der Dehnung
Austenite grain size in dependency on the strain

Ohne eine plastische Verformung bildete sich eine mittlere Austenitkorngröße $\gamma_{kor} = 18{,}46$ µm aus, die Austenitkorngröße für eine Dehnung von $\varepsilon = 0{,}6$ betrug $\gamma_{kor} = 14{,}62$ µm. Für das Schleifen muss darüber hinaus berücksichtigt werden, dass sich während der kompletten Abkühlphase weitere plastische Verformungen des Werkstücks aufgrund der Schleifscheibe-Werkstück-Interaktion ergeben. Aufgrund der hohen Anzahl von ein- und zweidimensionalen eingebrachten Gitterfehlern kommt es zu einer feinstrukturierten Ausbildung der Martensitumwandlung. Durch den hohen Restaustenitgehalt kann die Werkstückrandzone in diesem Bereich nur schwer angeätzt werden. Es kann angenommen werden, dass sich damit die Neuhärtungszone ausbildet, die sich im Gefügeschliff weiß darstellt. Weiterhin verweist LEE auf den Einfluss der veränderten Austenitkorngröße auf die Martensitstarttemperatur bei einem niedrig legierten Stahl [LEE04, S. 3170 ff.]. Mit abnehmender Austenitkorngröße steigt die Martensitstarttemperatur an. Somit senkt sich der Anteil von Restaustenit weiter ab. Bei Variation der Dehngeschwindigkeiten zwischen $\dot{\varepsilon} = 0$ bis 5 s^{-1} bei einer konstanten Dehnung von $\varepsilon = 0{,}6$ zeigte sich kein kontinuierlicher Einfluss von der Dehngeschwindigkeit auf die Phasenumwandlung (Bild 7.12). Stattdessen konnte ein diskontinuierlicher Verlauf festgestellt werden. In dem untersuchten Bereich wurde ein Sprung zwischen der Dehngeschwindigkeit von $\dot{\varepsilon} = 1$ s^{-1} und 2 s^{-1} festgestellt. Dabei wurde die A_{c1b}-Temperatur um ca. 40 °C gesenkt.

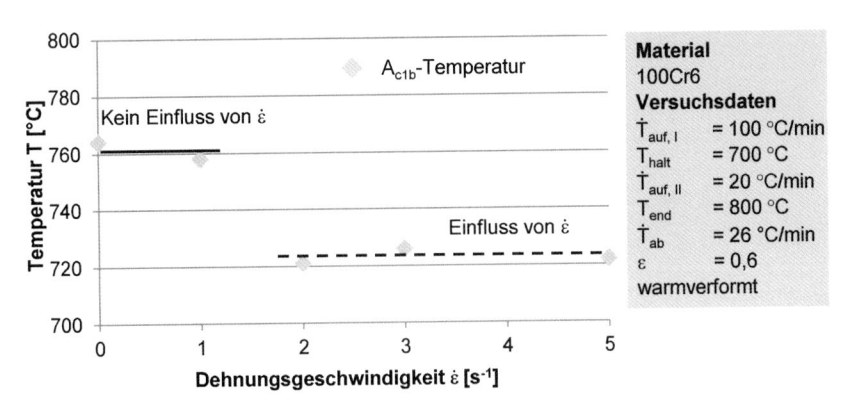

Bild 7.12: A_{c1b}-Temperaturen in Abhängigkeit von den Dehnungsgeschwindigkeiten

A_{c1b}-temperatures in dependency on the strain rates

Somit muss beim Schleifen eine kritische Dehngeschwindigkeit überschritten werden, damit der Einfluss der Dehnungen auf die Keimbildung zum Tragen kommt. Bei Verformungen während hoher thermischer Belastungen verhindert die Rekristallisation die kontinuierliche Zunahme von Versetzungen. Die eingebrachten Versetzungen lösen sich unmittelbar wieder auf. Es liegt ein Gleichgewichtszustand vor. Schlussfolgernd führen geringe Dehngeschwindigkeiten zu keiner ausreichenden Versetzungsdichte, um einen Einfluss auf die A_{c1b}-Temperatur auszuüben. Im Gegensatz reduziert sich die A_{c1b}-Temperatur um $\Delta A_s \approx 38\ °C$ mit weiterer Zunahme der Dehngeschwindigkeit $\dot{\varepsilon} \geq 2\ s^{-1}$.

In Abhängigkeit von den untersuchten Dehnungen und Dehngeschwindigkeiten ergaben sich verschiedene Belastungen auf die Querschnittsflächen der zylindrischen Werkstoffprobe. Für die experimentellen Untersuchungen wurde die Kraft, mit der die Werkstoffprobe belastet wurde, kontinuierlich überwacht, um die vorgegebenen Dehnungen und Dehngeschwindigkeiten zu gewährleisten.

Die Druckbelastungen p_{dila} sind für die verschiedenen Dehnungen bis $\varepsilon \approx 0{,}6$ in Bild 7.13 dargestellt. Es wird deutlich, dass erst ab dem Erreichen der Fließgrenze bei $p_{dila} > 450\ MPa$ eine Absenkung der A_{c1b}-Temperatur auftritt, die sich in Abhängigkeit von der jeweiligen Dehnung ergibt. Die steigende Druckbelastung p_{dila} und die damit einhergehende plastische Verformung während der Dilatometerversuche führte zu einer Reduzierung der A_{c1b}-Temperatur. Darüber hinaus sind in Bild 7.13 die mathematischen Zusammenhänge für den untersuchten Bereich angegeben. Die Güte der Funktionen lässt sich mit dem Bestimmtheitsmaß R^2 beschreiben. In dem untersuchten Bereich konnten die A_{c1b}- und die A_{c1e}-Temperaturen ($R^2 \approx 99\ \%$ und $R^2 \approx 84\ \%$) in guter Annäherung durch einen quadratischen Funktionsansatz beschrieben werden.

7 Untersuchungen der metallurgischen Vorgänge während des Schleifens

$A_{c1e} = 0{,}0002\, p_{dila}^2 - 0{,}1029\, p_{dila} + 797{,}04$
$R^2 = 0{,}84$

$A_{c1b} = -10^{-4}\, p_{dila}^2 - 0{,}0131\, p_{dila} + 764{,}03$
$R^2 = 0{,}99$

Material
100Cr6
Versuchsdaten
$\dot{T}_{auf,\,I}$ = 100 °C/min
T_{halt} = 700 °C
$\dot{T}_{auf,\,II}$ = 20 °C/min
T_{end} = 800 °C
$\dot{T}_{ab}$ = 26 °C/min
$\dot{\varepsilon}$ = 2 s^{-1}
ε = 0–0,6
warmverformt

A_{c1b}-Temperatur A_{c1e}-Temperatur

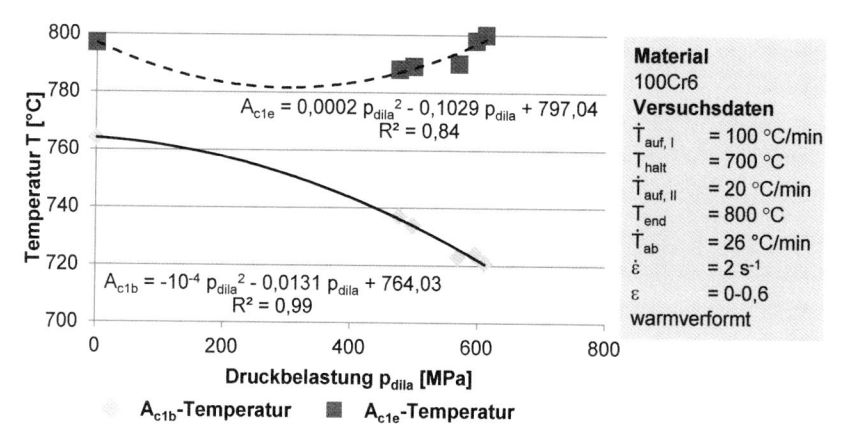

Bild 7.13: Einfluss der Druckbelastungen auf die Austenitisierungstemperaturen
Influence of the pressure loads on the austenitization temperatures

Aufbauend auf den Arbeiten von INOUE ET AL. [INOU85] wurde der Ansatz nach Formel 7.5 zur Beschreibung der Einflüsse aufgrund von Spannungen gewählt:

$$\Delta A_{c1b} = A_\gamma \sigma_m^2 + B_\gamma J_2^2 + C_\gamma \sigma_m + D_\gamma J_2 + E_\gamma \qquad \text{Formel 7.5}$$

mit ΔA_{c1b} :   Differenz der A_{c1b}-Austenitisierungstemperatur

σ_m :   Mittlere Spannung

J_2 :   Zweite Invariante des Spannungsdeviators

$A_\gamma, B_\gamma, C_\gamma, D_\gamma, E_\gamma$:   Materialabhängige Konstanten

Analog zu diesem Ansatz konnte der Einfluss auf die A_{c1e}-Temperatur berücksichtigt werden. Dabei blieb zu unterscheiden, inwieweit die Spannung die Phasenumwandlung begünstigt. Schlussfolgernd musste die Differenz der Austenitisierungstemperatur addiert oder subtrahiert werden.

Bei der Umwandlung des α-Eisens zu einem γ-Eisens (Austenit) mit einem nicht verzerrten kfz-Gitter geht eine Volumenabnahme einher. Die Austenitphase liegt in einer dichteren Packungsdichte P_{kfz} = 74 % im Gegensatz zum α-Eisens mit P_{krz} = 68 % vor [BROE10, S. 121 f.]. In der vorliegenden Arbeit wurde der Einfluss der Volumenabnahme oder -zunahme durch die CLAUSIUS-CLAPYERON-Gleichung (Formel 2.16) beschrieben. In den vorliegenden Untersuchungen wurde dieser Einfluss nicht untersucht. Es ist jedoch davon auszugehen, dass hydrostatische Drücke die Volumenabnahme während der Austenitumwandlung weiter begünstigen.

7.2.3 Einfluss von Dehnungen und Spannungen auf die Martensitumwandlung
Influence of Strains and Stresses on the Martensite Transformation

Martensit bildet sich aus, wenn der Werkstoff aus der Austenitphase hinreichend schnell abgekühlt wird und die M_s-Temperatur erreicht. In dem vorherigen Kapitel wurde die Bedeutung der mechanischen Belastung auf die Austenitumwandlung während des Schleifens herausgestellt. Wissenschaftliche Erkenntnisse, inwieweit eine solche Beeinflussung eine Auswirkung auf die Martensitumwandlung beim Schleifen hat, liegen bisher nicht vor. Daher werden im Folgenden die Auswirkungen aufgrund mechanischer Belastungen auf die Martensitumwandlung experimentell untersucht.

In den experimentellen Untersuchungen zur Martensitumwandlung wurde bei einer Haltetemperatur von T_{halt} = 850 °C eine Druckbelastung auf die Werkstoffprobe aufgebracht. Dabei wurde die jeweilige Druckbelastung konstant gehalten. Durch verschiedene Druckbelastungen während der Dilatometerversuche zwischen p_{dila} = 0 MPa bis 600 MPa wird der gezielte Einfluss sowohl auf die M_s-Temperatur als auch auf die Umwandlungskinetik herausgestellt. In Bild 7.14 sind die verschiedenen Verläufe der Martensitumwandlung in Abhängigkeit von den unterschiedlichen Druckbelastungen zu sehen:

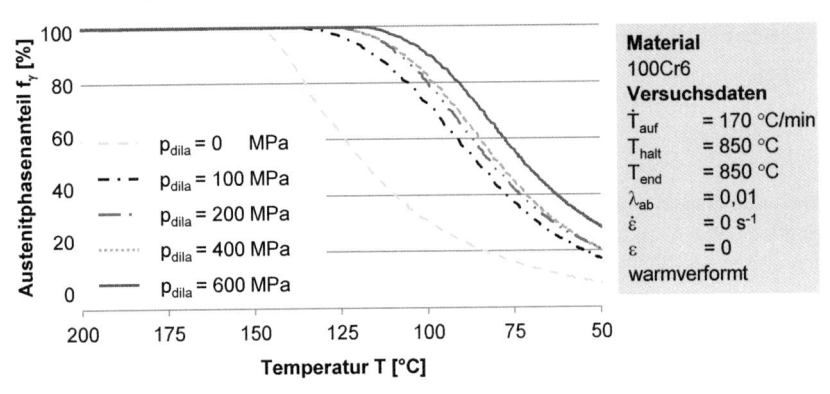

Bild 7.14: Martensitumwandlungskinetik in Abhängigkeit von der Druckbelastung
Martensitic transformation kinetic in dependency on the pressure load

Mit abnehmendem Austenitphasenanteil f_γ steigt der Martensitphasenanteil f_α an. Die Summe der Phasenanteile ($f_\gamma + f_\alpha$) ergibt dabei stets 100 %. Es zeigte sich, dass die M_s-Temperatur mit zunehmender Druckbelastung abnimmt.

7 Untersuchungen der metallurgischen Vorgänge während des Schleifens

Darauf aufbauend ist in Bild 7.15 die M_s-Temperatur in Abhängigkeit von der Druckbelastung p_{dila} zu sehen:

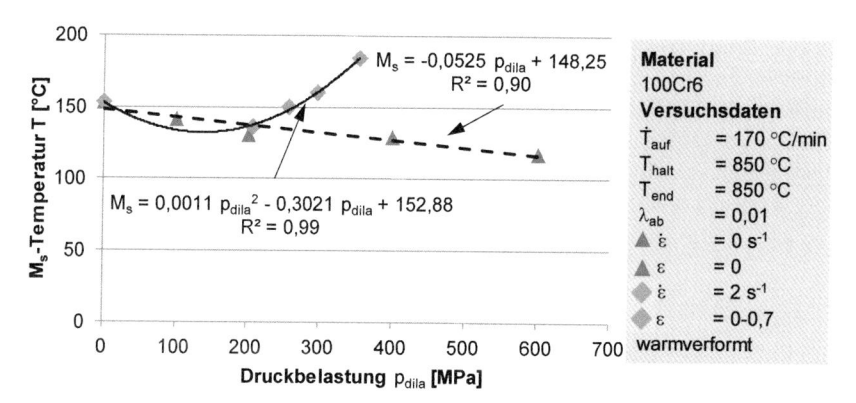

$$M_s = -0,0525\ p_{dila} + 148,25$$
$$R^2 = 0,90$$

$$M_s = 0,0011\ p_{dila}^2 - 0,3021\ p_{dila} + 152,88$$
$$R^2 = 0,99$$

Material
100Cr6
Versuchsdaten
$\dot{T}_{auf}$ = 170 °C/min
T_{halt} = 850 °C
T_{end} = 850 °C
λ_{ab} = 0,01
▲ $\dot{\varepsilon}$ = 0 s^{-1}
▲ ε = 0
◆ $\dot{\varepsilon}$ = 2 s^{-1}
◆ ε = 0-0,7
warmverformt

Bild 7.15: M_s-Temperatur in Abhängigkeit von der Druckbelastung
M_s-temperature in dependency on the pressure load

Infolge plastischer Verformungen ließen sich für die Dehnungsgeschwindigkeit von $\dot{\varepsilon} = 2\ s^{-1}$ mit Dehnungen von $\varepsilon = 0,05$ bis $0,7$ unterschiedliche Druckbelastungen erreichen. Der Verlauf der M_s-Temperaturen für während der Versuchsdurchführung unterschiedliche konstante Druckbelastungen des Werkstoffes zwischen p_{dila} = 100 MPa und 600 MPa fielen mit zunehmender Spannung ab. Dieser Abfall ließ sich mit der mathematischen Beziehung nach CLAUSIUS-CLAPYERON treffend erklären. Der Druck auf den Werkstoff behinderte die Volumenzunahme während der Martensitumwandlung erheblich. Die kritische Temperaturdifferenz musste entsprechend erhöht werden, um eine Martensitbildung (γ- zu α-Eisen) zu initiieren, die mit der Martensitstarttemperatur begann. Die Martensitstarttemperatur wurde von M_s = 142 °C bei p_{dila} = 100 MPa auf M_s = 118 °C bei p_{dila} = 600 MPa reduziert. Hierbei war ein durchschnittlicher Gradient der M_s-Temperatur bezogen auf die mechanische Belastung von $\Delta M_s/\Delta p_{dila}$ = -0,05 °C/MPa zu verzeichnen. Im Gegensatz zu den Belastungen aufgrund konstanter Spannungen führten die definierten Verformungen im Werkstoff zu einem gegenläufigen Effekt. Mit zunehmender Druckbelastung stieg die Martensitstarttemperatur bei einer konstanten Dehnungsgeschwindigkeit von $\dot{\varepsilon} = 2\ s^{-1}$ an. Dabei variierten die Martensitstarttemperaturen von M_s = 136 °C bei einer Druckbelastung von p_{dila} = 205 MPa auf M_s = 184 °C bei einer Druckbelastung von p_{dila} = 354 MPa. Daraus ergab sich eine durchschnittliche Steigung der Martensitstarttemperatur von $\Delta M_s/\Delta p_{dila}$ = 0,3 °C/MPa. Dieser Effekt konnte nicht mit den Annahmen nach der CLAUSIUS-CLAPYERON-Gleichung erklärt werden. Vielmehr zeigte sich eine Abhängigkeit von dem hohen plastischen Verformungsanteil während der Versuchsdurchführung.

Die Martensitumwandlung während der Abkühlphase ist bei Unterschreitung der kritischen Abkühlgeschwindigkeit aus der Austenitphase bereits von KOISTINEN-MARBURGER beschrieben werden [KOIS59]. Darauf aufbauend wurden in der vorliegenden Arbeit weitere Ansätze vorgestellt, die den Einfluss der Spannungen im Werkstoff berücksichtigen. Die Ergebnisse der experimentellen Untersuchungen, siehe Bild 7.15, zeigten abweichend von dem vorgeschlagenen Lösungsansatz nach DENIS und INOUE einen quadratischen Zusammenhang zwischen den Spannungen im Werkstoff und den M_s-Temperaturen. Es wurde abweichend zu dem Lösungsansatz nach INOUE der mathematische Zusammenhang in Formel 7.6 vorgeschlagen:

$$\Delta M_s = A_\alpha \sigma_m^2 + B_\alpha J_2^2 + C_\alpha \sigma_m + D_\alpha J_2 + E_\alpha \qquad \text{Formel 7.6}$$

mit ΔM_s : Differenz der Martensitstarttemperatur

σ_m : Mittlere Spannung

J_2 : Zweite Invariante des Spannungsdeviators

$A_\alpha, B_\alpha, C_\alpha, D_\alpha, E_\alpha$: Materialabhängige Faktoren

7.3 Zwischenfazit zu den metallurgischen Vorgängen während des Schleifens
Interim Results of the Metallurgical Behaviour during Grinding

Das thermomechanische Belastungskollektiv beim Schleifen kann zu einer Phasenumwandlung in der Werkstückrandzone führen. Dabei sind die thermischen Einflüsse auf die Phasenumwandlung hinreichend genau bekannt. Die Berücksichtigung der mechanischen Belastungen während des Schleifens wurde bisher jedoch nicht vorgenommen. In den experimentellen Untersuchungen wurde die fundamentale Bedeutung der mechanischen Belastungen beim Schleifen auf die Phasenumwandlung herausgestellt unabhängig davon, ob die Auswirkung auf die Austenit- oder Martensitumwandlung betrachtet wird. Mechanische Belastungen in Form von steigenden plastischen Verformungen senkten die Austenitstart- und Austenitfinishtemperatur und beeinflussten die Umwandlungskinetik maßgeblich. Dabei war eine Mindestdehnungsgeschwindigkeit erforderlich. Auf der anderen Seite wurden die Martensitstarttemperaturen infolge von plastischen Verformungen zu höheren Werten verschoben. Die Martensitbildung während des Schleifens setzt somit früher ein als bisher angenommen. Die Umwandlungskinetik änderte sich ebenfalls aufgrund mechanischer Belastungen. Der Einfluss der mechanischen Beanspruchungen im Werkstoff auf die Phasenumwandlung wurde herausgestellt und damit die Teilhypothese 4 bewiesen. Diese wissenschaftlichen Erkenntnisse dienen als Grundlage für die Modellierung des Schleifprozesses.

8 Modellierung und Simulation der Eigenspannungen

Modelling and Simulation of the Residual Stresses

Während des Schleifens interagieren thermische, mechanische sowie metallurgische Beanspruchungen im Werkstoffgefüge miteinander. Diese drei Ursachen führen zur Eigenspannungsausbildung in der Werkstückrandzone. In dieser Arbeit wurde das thermomechanische Belastungskollektiv identifiziert und in weiterführenden Untersuchungen die wirksamen thermomechanischen Beanspruchungsprofile abgeleitet. Weiterhin wurde der Einfluss auf den metallurgischen Zustand erforscht und analytisch-empirisch beschrieben. Somit sind die Ursachen für die Eigenspannungsausbildung hinreichend bekannt. Ziel der im Folgenden vorgestellten Arbeiten ist es, diese Ursachen in einem thermomechanisch-metallurgischen 3D-FEM-Modell als Beanspruchungen und Randbedingungen zu berücksichtigen, um die Berechnung der Eigenspannungen für das Pendel- und Schnellhubschleifen zu ermöglichen. Darauf aufbauend kann die Forschungshypothese validiert werden, wozu experimentelle und simulativ ermittelte Eigenspannungen miteinander verglichen werden.

Die Modellierung und die Simulation der Eigenspannungen nach dem Pendel- und Schnellhubschleifen wurden durchgängig mit der Software ABAQUS in der Version 6.12-1 durchgeführt. In ABAQUS werden drei wesentliche Phasen für eine erfolgreiche Simulation durchlaufen (Bild 8.1).

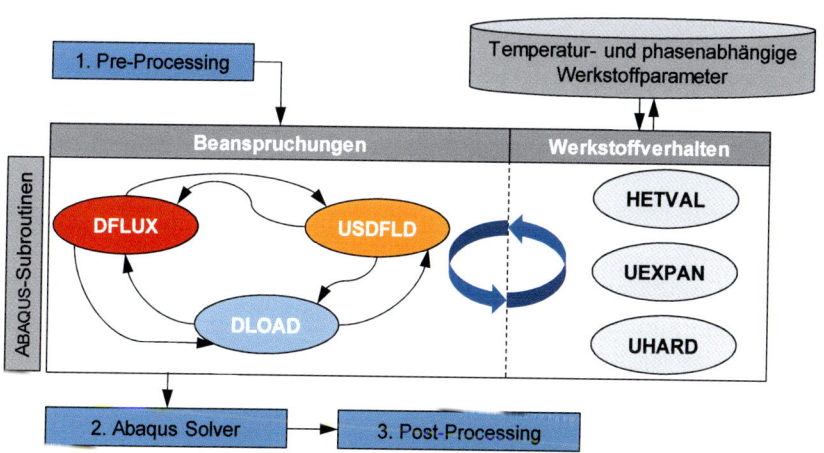

Bild 8.1: Gesamtübersicht des Modellierungs- und Simulationsprozesses in ABAQUS
Overall overview of the modelling and simulation process with ABAQUS

Hierzu gehört die eigentliche Modellbildung im Pre-Processing (1), das Lösen der Gleichungen zur Beschreibung der physikalischen Zusammenhänge mit dem ABAQUS Solver (2) und die Ergebnisauswertung und -darstellung mit dem Post-

Processing (3). Dabei stellt das Pre-Processing das Kernstück der Modellierung dar und soll im Folgenden näher erläutert werden.

Ein Modell ist stets eine Abstraktion der Realität in Bezug auf die zu untersuchenden Aspekte und muss diese hinreichend genau beschreiben, um verlässliche Aussagen aus der Simulation auf die Realität treffen zu können. Im Stand der Forschung wurde bereits darauf hingewiesen, dass die thermomechanisch-metallurgischen Beanspruchungen während des Schleifens miteinander in Interaktion stehen. Damit eine hinreichend genaue Abstraktion vorgenommen werden konnte, wurden die einzelnen Beanspruchungen sowie das temperatur- und phasenabhängige Werkstoffverhalten von 100Cr6 in dem vorliegenden Modell mit Hilfe von selbstdefinierten ABAQUS-Subroutinen vorgenommen. Für die ungleichförmigen mechanischen Beanspruchungen wurde hierzu die Standardsubroutine DLOAD genutzt. In dieser Subroutine kann ein funktionaler Zusammenhang für die mechanische Beanspruchung abgebildet und mit einer definierten Geschwindigkeit über die Werkstückoberfläche verfahren werden. Im Gegensatz dazu konnte die Standardsubroutine DFLUX für die thermische Beanspruchung Verwendung finden. Die metallurgischen Beanspruchungen wurden in der Subroutine USDFLD (user defined field) definiert. Zusätzlich zu dieser Subroutine werden weitere Standardsubroutinen von ABAQUS (HETVAL, UEXPAN, UHARD) aufgerufen, um neben den ABAQUS intern angegebenen Werkstoffparametern das temperatur- und phasenabhängige Werkstoffverhalten abzubilden. Die Aktualisierung wurde in jedem Rechenschritt in Abhängigkeit von den momentanen thermomechanisch-metallurgischen Beanspruchungen vorgenommen. Im weiteren Verlauf der Arbeit werden die einzelnen Subroutinen detailliert vorgestellt.

8.1 Modellierung der thermomechanischen Beanspruchungen und Randbedingungen

Modelling of Thermo-mechanical Stresses and Boundary Conditions

Das Werkstück wurde für alle simulativen Untersuchungen einheitlich mit den Abmaßen in x-Richtung $l_w = 20$ mm, in y-Richtung $h_w = 5$ mm und in z-Richtung $z_w = 2,5$ mm als 3D-Modell abgebildet (Bild 8.2). Dabei kann das Werkstück in alle Richtungen als fest eingespannt angenommen werden. Nach NOYEN kann ein nahezu konstanter Verlauf der Belastungen entlang der Schleifscheibeneingriffsbreite angenommen werden [NOYE08, S. 73 ff.], weshalb die Werkstücktiefe z_w als unendlich berücksichtigt und im Modell die Symmetrie entlang der x-y-Ebene festgelegt werden konnte. Im oberen Bereich des Werkstückes wurde eine feine Vernetzung, im unteren Bereich eine grobe Vernetzung gewählt. Die feine Vernetzung hatte eine minimale Kantenlänge von $n_l = 5$ µm. Das gesamte Modell beinhaltete 97234 Knoten. Die gekoppelte Temperatur-Verschiebungsanalyse wurde mit dem Elementtyp C3D8T mit 8 Knoten durchgeführt.

Die 3D-Modellierung der thermomechanischen Beanspruchungen beruht auf einem makroskopischen Modellansatz, der mit Hilfe der ABAQUS-Subroutinen DLOAD und DFLUX umgesetzt wurde (Bild 8.2). Dabei wurden die Beanspruchungen, wie in Kapitel 6 vorgestellt, durch die wirkenden Spannungen in Normalenrichtung σ_n und Wärmestromdichten in das Werkstück $\dot{q}''_w$ entlang der Länge l_{sim} in Abhängigkeit von den unterschiedlichen Prozesseinstellgrößen analytisch-empirisch beschrieben und verwendet. Die thermischen und mechanischen Beanspruchungen wurden auf der geschliffenen Werkstückoberfläche superponiert und mit verschiedenen Werkstückgeschwindigkeiten v_w verfahren.

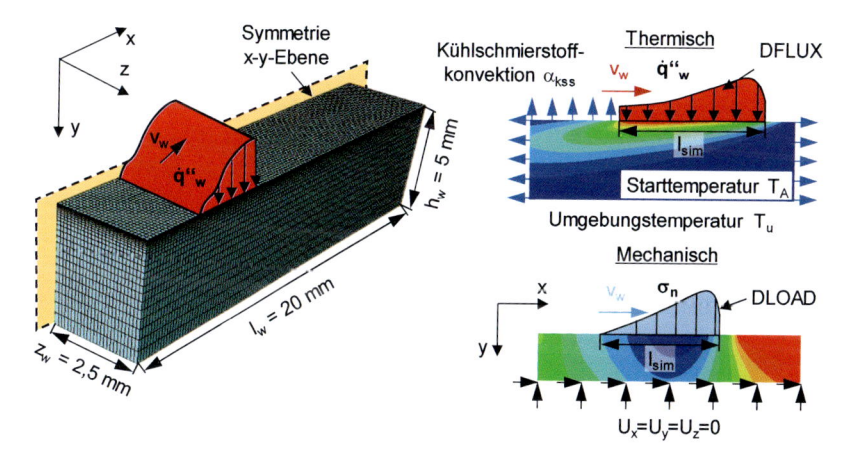

Bild 8.2: Thermomechanische Beanspruchungen und Randbedingungen des 3D-FE-Modelles
Thermo-mechanical stresses and boundary conditions for the 3D-FE-model

Die Temperatur für den Übergang zwischen Maschinentisch und Werkstück wurde im Modell mit einer Umgebungstemperatur von T_u = 25 °C hinterlegt, was ebenfalls der Anfangstemperatur T_A des Werkstückes entsprach. Außerhalb der Werkstückeinspannung und der Kontaktzone wurde das Werkstück während der experimentellen Untersuchungen durch eine Emulsion umspült. Der Kühlschmierstoff wurde mit einer Temperatur T_{kss} = 25 °C berücksichtigt. Die Kühlschmierstoffkonvektion α_{kss} fand nach Formel 6.1 (Kapitel 6) Verwendung.

8.2 Modellierung der metallurgischen Beanspruchungen und des Werkstoffverhaltens von 100Cr6

Modelling of Metallurgical Stresses and Material Behaviour of 100Cr6

In dem vergüteten Werkstoff 100Cr6 können während des Schleifens zwei mögliche Phasenumwandlungen auftreten. Dabei handelt es sich um die Austenitumwandlung (α- zu γ-Eisen) und anschließend, unter Berücksichtigung einer hinreichend schnellen Abkühlung, um die Martensitumwandlung (γ- zu α-Eisen). Als Eingangsgrößen für die Modellierung der Phasenumwandlung lagen zu jedem Zeitpunkt und Ort die thermischen und mechanischen Werkstoffbeanspruchungen in der Werkstückrandzone vor (Bild 8.3). Diese Eingangsgrößen wurden der Subroutine USDFLD für die

Berechnung der Austenitphasenanteile f_γ und Martensitphasenanteile f_α zur Verfügung gestellt.

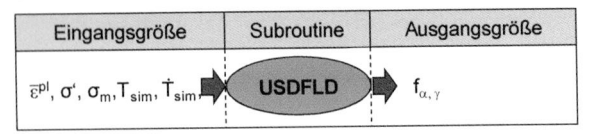

Eingangsgröße	Subroutine	Ausgangsgröße
$\bar{\varepsilon}^{pl}, \sigma', \sigma_m, T_{sim}, \dot{T}_{sim}$	USDFLD	$f_{\alpha,\gamma}$

Bild 8.3: Eingangs- und Ausgangsgrößen für die Subroutine USDFLD
Input and Output parameters for the subroutine USDFLD

Für die Berechnung wurden aufbauend auf dem Stand der Forschung die mathematischen Zusammenhänge für die möglichen Phasenumwandlungen genutzt. Für die Austenitumwandlung kann im Allgemeinen die JMAK-Gleichung (Formel 2.14) genutzt werden, wobei der Zeitverzögerungsparameter τ nach einem Ansatz von SURM ET AL. verwendet wurden (Formel 8.1) [SURM04, S. 113 ff.].

$$\tau(T_{sim}, \dot{T}_{auf}) = c_\gamma \cdot \dot{T}_{auf}^{m_\gamma} \cdot \exp\left[\frac{Q}{R \cdot (T_{sim} + 273)}\right] \qquad \text{Formel 8.1}$$

mit T_{sim}: Simulierte Temperatur

$\dot{T}_{auf}$: Aufheizrate

c_γ, m_γ: Umwandlungsparameter für die Austenitumwandlung

Q: Aktivierungsenergie für die Kohlenstoffdiffusion im Austenit

R: Gaskonstante

Die verwendeten Parameter für die Berechnung des Zeitverzögerungsparameters sind Tabelle 8.1 zu entnehmen:

Tabelle 8.1: Verwendete Parameter zur Berechnung des Zeitverzögerungsparameters
Used parameter for calculation of time delay parameter

c_γ	m_γ	n_γ	Q	R
[-]	[-]	[-]	[kJ/mol]	[kJ/(kmol·K)]
$1{,}027 \cdot 10^{-6}$	-0,802	3	141	8,314

Der Umwandlungsparameter c_γ und der Exponent n_γ wurden aufbauend auf den experimentellen Untersuchungen zur Austenitumwandlung in Kapitel 7 durch eine Regressionsanalyse mit der Software MATLAB ermittelt.

8 Modellierung und Simulation der Eigenspannungen

In Kapitel 7 wurde zudem der Einfluss verschiedener Aufheizraten auf die Austenitstarttemperatur experimentell untersucht, die in die Berechnung der Austenitumwandlung nach Formel 8.2 einfloss:

$$A_{c1b}(\dot{T}_{auf}) = 3{,}42 \cdot s^{-1} \cdot \ln(\dot{T}_{auf}) + 754{,}7 \,°C \qquad \text{Formel 8.2}$$

mit A_{c1b} : Austenitstarttemperatur

$\dot{T}_{auf}$: Aufheizrate

Die Martensitumwandlung wurde nach Formel 2.15 durch die KOISTINEN-MARBURGER-Beziehung beschrieben. Die Parameter wurden im Stand der Forschung bereits vorgestellt. Darüber hinaus wurde in den experimentellen Untersuchungen der metallurgischen Vorgänge beim Schleifen deutlich, dass die bisherigen Beschreibungen der diffusionsgesteuerten sowie diffusionslosen Phasenumwandlungen den Einfluss der auftretenden Dehnungen und/oder Spannungen nicht ausreichend berücksichtigen. Ein analytisch-empirisches Modell wurde für die verschiedenen Phasenumwandlungen (Formel 7.5, Formel 7.6) abgeleitet, das in die Berechnungen innerhalb der Subroutine einfließt. Als Ausgangsgröße stehen die jeweiligen Phasenanteile $f_{\alpha,\gamma}$ für die weiteren Berechnungen der verschiedenen Subroutinen zur Verfügung. Dabei ist die Summe der einzelnen Phasenanteile in einem Werkstoffpunkt immer 100 %.

Der metallurgische Zustand des Werkstoffgefüges wurde während des Schleifens außer von den momentanen Phasenumwandlungen von verbleibenden plastischen Dehnungen geprägt. Diese plastischen Dehnungen hinterließen im Gefüge unter anderem Versetzungen. Bei hinreichend langen Wärmebehandlungen des Werkstoffgefüges kann davon ausgegangen werden, dass diese teilweise oder vollständig aufgelöst werden [SIMS08, S 59]. Bei diesem Vorgang handelt es sich um den sogenannten *memory loss effect*. In den experimentellen Untersuchungen zu den metallurgischen Vorgängen (Kapitel 7) wurde deutlich herausgestellt, dass die eingebrachten Versetzungen im Werkstoff 100Cr6 während der kurzzeitigen Aufheiz- und Abkühlvorgänge beim Schleifen nicht aufgelöst werden konnten. Der *memory loss effect* kann daher für das Schleifen vernachlässigt werden und kam im Modell nicht zur Anwendung.

Aufgrund der Phasenumwandlung kann sich Umwandlungswärme (latente Wärme) in Form von exo- oder endothermen Reaktionen in den umliegenden Werkstoffbereichen außern. Der spezifische Wärmestrom für ein Volumenelement infolge der Enthalpiedifferenz in Abhängigkeit von den jeweiligen Phasenanteilen kann in Anlehnung an SIMSIR vereinfacht nach Formel 8.3 berechnet werden [SIMS08, S. 20]:

$$\dot{q}'''_{\Delta H} = \dot{f}_i \cdot (\Delta H_i(T_{sim})) \cdot \frac{\rho_i(T_{sim})}{\Delta t} \qquad \text{Formel 8.3}$$

mit $\dot{q}'''_{\Delta H}$: Spezifischer Wärmestrom für ein Volumenelement

$\dot{f}_i$: Inkrement des Volumens der jeweiligen Phase

ΔH_i : Inkrementale Umwandlungsenthalpiedifferenz der jeweiligen Phasen

ρ_i : Dichte der jeweiligen Phase

Δt : Zeitschritt

Der Effekt des konstanten Druckes kann für Festkörper vernachlässigt werden. Die Enthalpie sowie die Dichte sind phasen- und temperaturabhängige Werkstoffparameter und können Bild 11.6 sowie Bild 11.7 im Anhang entnommen werden. In der Kontinuumsmechanik kann ein Punkt im Werkstoff als Mischung verschiedener Phasenanteile angesehen werden. Somit ergibt sich mit linearer Mischungsregel die Summe der Umwandlungsenthalpiedifferenz. Darauf aufbauend kann der spezifische Wärmestrom für ein Volumenelement als Ausgangsgröße der Subroutine HETVAL in dem Modell abgebildet werden (Bild 8.4).

Eingangsgröße	Subroutine	Ausgangsgröße
$f_{\alpha,\gamma}$, $H_{\alpha,\gamma}$, $\rho_{\alpha,\gamma}$, T_{sim}	HETVAL	$\dot{q}$

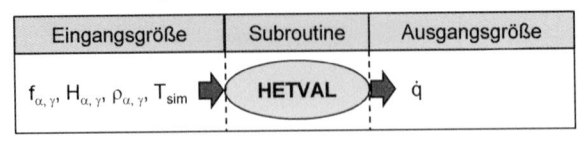

Bild 8.4: Eingangs- und Ausgangsgrößen für die Subroutine HETVAL
Input and Output parameters for the subroutine HETVAL

Im Falle einer exothermen Reaktion (γ- zu α-Eisen) wird Wärme an die umliegenden Werkstoffbereiche abgegeben. Die thermische Beanspruchung in der Werkstückrandzone nimmt zu. Im Gegensatz dazu werden den umliegenden Werkstoffbereichen bei einer endothermen Phasenumwandlung (α- zu γ-Eisen) Wärme entzogen.

Die benutzerdefinierte Subroutine UEXPAN wurde verwendet, um mit Hilfe der inkrementellen Dehnungsanteile der thermischen Dehnung $\dot{\varepsilon}^{th}$, der Umwandlungsdehnung $\dot{\varepsilon}^{tr}$ und der Umwandlungsplastizität $\dot{\varepsilon}^{tp}$ das thermoelastische Werkstoffverhalten zu ermitteln (Bild 8.5).

Eingangsgröße	Subroutine	Ausgangsgröße
$f_{\alpha,\gamma}$, σ', T_{sim}, $\dot{T}_{sim}$	UEXPAN	$\dot{\varepsilon}^{th}$, $\dot{\varepsilon}^{tr}$, $\dot{\varepsilon}^{tp}$

Bild 8.5: Eingangs- und Ausgangsgrößen für die Subroutine UEXPAN
Input and Output parameters for the subroutine UEXPAN

Die Abhängigkeit der thermischen Dehnung und der Umwandlungsdehnung von den simulierten Temperaturen und den jeweiligen Phasen waren aus den experimentellen Dilatometerversuchen (Kapitel 7) bekannt. Nach Formel 8.4 kann die thermische Dehnung für das γ-Eisen berechnet werden:

$$\varepsilon_\gamma^{th} = 0{,}000036 \cdot K^{-1} \cdot T_{sim} - 0{,}01775 \qquad \text{Formel 8.4}$$

8 Modellierung und Simulation der Eigenspannungen

Unter Berücksichtigung von Formel 8.5 kann die thermische Dehnung für das α-Eisen ermittelt werden:

$$\varepsilon_\alpha^{th} = 0{,}000016 \cdot K^{-1} \cdot T_{sim} - 0{,}00567 \qquad \text{Formel 8.5}$$

Die Steigung der thermischen Dehnung (thermischer Ausdehnungskoeffizient) weicht von den in der Literatur angegebenen Werten ab [ACHT08a, S. 238]. Die Differenz der thermischen Dehnungen aus Formel 8.4 und Formel 8.5 zwischen den jeweiligen Phasen ergab die Umwandlungsdehnung ε^{tr}. Diese verändert sich mit zunehmender Aufheizrate [SURM04, S. 116]. In der vorliegenden Arbeit wurde dieser Zusammenhang nicht abgebildet. Die Differenz war vernachlässigbar. Im Gegensatz dazu wurde die umwandlungsplastische Dehnung ε^{tp} nach Formel 8.6 aufbauend auf dem Stand der Forschung berücksichtigt [FISC96, S. 324]:

$$\varepsilon^{tp} = \frac{3}{2} k_{tp} \cdot \sigma' \cdot f(f_{\alpha,\gamma}) \qquad \text{Formel 8.6}$$

mit k_{tp} : Konstante für die Umwandlungsplastizität

σ' : Deviator des Spannungstensors

$f(f_{\alpha,\gamma})$: Korrekturterm für die Umwandlungsplastizität

Die Konstante, auch Proportionalitätsfaktor k^{tp} genannt, ist von der Legierung, der Temperatur der momentanen Phase, der auftretenden Phasenumwandlung und von der auftretenden Spannung abhängig [BESS93, S. 32 f.]. Der Wert für den Proportionalitätsfaktor k^{tp} wurde mit $5 \cdot 10^{-5}$ MPa^{-1} angenommen. Die umwandlungsplastischen Dehnungen erfolgen während der Phasenumwandlung bei thermischer und/oder mechanischer Beanspruchung der Werkstückrandzone, obwohl die wirksame Vergleichsspannung die Fließgrenze noch nicht erreicht haben muss [GREE65; ABRA72; MITT87; LEBL89; FISC96]. Dieses Phänomen konnte aufgrund der Annahme, dass nur der deviatorische Spannungsanteil in die Berechnung mit einfließt, berücksichtigt werden. Der Korrekturterm konnte nach LEBLOND mit einem logarithmischen Ansatz in Formel 8.7 beschrieben werden und ist abhängig von dem jeweilig vorliegenden Phasenanteil [LEBL89, S. 560]:

$$f(f_{\alpha,\gamma}) = f_i(1 - \ln(f_i)) \qquad \text{Formel 8.7}$$

Der Einfluss der Umwandlungsplastizität auf die mechanische Werkstückbeanspruchung war somit bekannt. Insofern die während des Schleifens ermittelten Gesamtspannungen die Fließgrenze des Werkstoffes 100Cr6 in Abhängigkeit von der simulierten Temperatur, der simulierten vorliegenden Phase und den simulierten mechanischen Beanspruchungen überschritt, kam es in der Werkstückrandzone zur Ausbildung von plastischen Dehnungen ε^{pl}.

Das thermomechanische Werkstoffverhalten wurde für den Werkstoff 100Cr6 im martensitischen Zustand in Kapitel 5 experimentell untersucht und mit Hilfe eines modifizierten JOHNSON-COOK-Modelles mathematisch beschrieben. Dieses Modell wurde in der Subroutine UHARD für die Berechnung der Fließspannungen zur Verfügung gestellt (Bild 8.6).

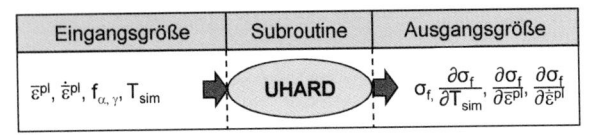

Eingangsgröße	Subroutine	Ausgangsgröße
$\bar{\varepsilon}^{pl}, \dot{\bar{\varepsilon}}^{pl}, f_{\alpha,\gamma}, T_{sim}$	UHARD	$\sigma_f, \frac{\partial \sigma_f}{\partial T_{sim}}, \frac{\partial \sigma_f}{\partial \bar{\varepsilon}^{pl}}, \frac{\partial \sigma_f}{\partial \dot{\bar{\varepsilon}}^{pl}}$

Bild 8.6: Eingangs- und Ausgangsgrößen für die Subroutine UHARD
Input and Output parameters for the subroutine UHARD

Als Eingangsgrößen für die Berechnung der Fließspannung dienten die äquivalente plastische Dehnung $\bar{\varepsilon}^{pl}$, die äquivalente plastische Dehnungsgeschwindigkeit $\dot{\bar{\varepsilon}}^{pl}$, die Phasenanteile $f_{\alpha,\gamma}$ und die simulierte Temperatur T_{sim}.

Sofern der Werkstoff einer Austenitumwandlung unterlag, hatte das vorliegende Werkstoffmodell für den Austenitanteil keine Gültigkeit. In diesem Fall wurde die Fließgrenze des γ-Eisens nach dem Ansatz zur Beschreibung des thermomechanischen Werkstoffverhaltens, dem RAMBERG-OSGOOD-Modell, zu Grunde gelegt (Formel 8.8) [ACHT08a, S. 239 ff.]:

$$\sigma_f = K(T_{sim}) \cdot (\bar{\varepsilon}^{pl})^{n_R} \qquad \text{Formel 8.8}$$

mit σ_f : Fließspannung

   K : temperaturabhängiger Werkstoffparameter

   $\bar{\varepsilon}^{pl}$: äquivalente plastische Dehnung

   n_R : Verfestigungsfaktor

Nach ACHT ET AL. wird für den temperaturabhängigen Werkstoffparameter bis zu einer Temperatur von T = 900 °C für die Austenitphase ein linearer Zusammenhang vorgeschlagen (Formel 8.9) [ACHT08a, S. 241]:

$$K = P_0 \cdot T_{sim} + P_1 \qquad \text{Formel 8.9}$$

mit P_0, P_1 : Parameter

   T_{sim} : simulierte Temperatur

Für die Parameter gilt P_0 = 960,7 und P_1 = -1,034 wobei der Verfestigungsfaktor mit n_R = 0,1092 angenommen werden kann.

8.3 Validierung der Forschungshypothese
Thesis Validation

8.3.1 Verifikation und Evaluierung der FEM-Simulation am Beispiel der Phasenumwandlung
Verification and Evaluation of the FEM-Simulation by Example of Phase Transformation

In verschiedenen wissenschaftlichen Arbeiten wurden bereits Ansätze verfolgt, um den Einfluss der Phasenumwandlung auf die Eigenspannungen herauszustellen, vgl. [MAHD00; DUSC11b; SHAH11]. Insbesondere zeigte DUSCHA ET AL., dass die nach der aktuellen Forschung bekannte A_{c1b}-Temperatur den Zeitpunkt der Phasenumwandlung in Abhängigkeit von der Aufheizrate für den Werkstoff 100Cr6 nicht korrekt wiedergeben kann [DUSC11b]. Obwohl nach den vorgestellten experimentellen Untersuchungen Phasenumwandlungen identifiziert wurden, ergaben sich für die gemessenen Schleiftemperaturen nur maximale Werte unter der A_{c1b}-Temperatur. Dennoch traten in der Werkstückrandzone Phasenumwandlungen auf. Als mögliche Ursache wurde der nicht berücksichtigte Einfluss der mechanischen Werkstückbeanspruchungen auf die A_{c1b}-Temperatur identifiziert. Aufbauend auf den Erkenntnissen aus Kapitel 7 wurde erstmals die mechanische Beanspruchung während des Schleifens bei der Modellierung der Austenit- und Martensitphasenumwandlung und weiterführend für die Abbildung des Eigenspannungsverlaufes berücksichtigt.

In Bild 8.7 ist am Beispiel des simulierten Pendelschleifprozesses mit einer Tischvorschubgeschwindigkeit von v_w = 12 m/min der Vorgang der Phasenumwandlung zu einem Zeitpunkt dargestellt. Dabei wurden maximale Schleiftemperaturen von T_{sim} = 822 °C simuliert. Dieses korreliert mit den experimentell ermittelten Schleiftemperaturen in Kapitel 4. Die thermischen Einflüsse erreichten die Werkstückrandzone bis zu einer Tiefe von $y_{wrz} \approx 1,8$ mm und haben eine direkte Auswirkung auf die Werkstoffeigenschaften. Während der thermomechanischen Beanspruchung in der Werkstückrandzone kam es zu plastischen Verformungen, welche in ABAQUS richtungsunabhängig und über die Zeit integriert als äquivalente plastische Dehnungen $\overline{\varepsilon}^{pl}$ ausgegeben werden können. Dieser Anteil der Dehnung hat eine direkte Korrelation mit der auftretenden Austenit- und Martensitumwandlung. Darüber hinaus handelt es sich bei der Austenitumwandlung um eine diffusionsgesteuerte Phasenumwandlung, die ebenfalls von der Umwandlungszeit und -temperatur abhängig ist. Die maximale Austenitumwandlung von f_γ = 100 % ist daher nicht unmittelbar im Bereich der maximalen Temperaturen wiederzufinden, weil die Zeit nicht ausreichend ist. Nachdem die Temperatur bei Unterschreitung einer kritischen Abkühlgeschwindigkeit die Martensitstarttemperatur erreicht hat, kommt es zur Martensitumwandlung. In diesem Bereich treten in Folge der Umwandlungsplastizität ebenfalls maximale plastische Verformungen auf.

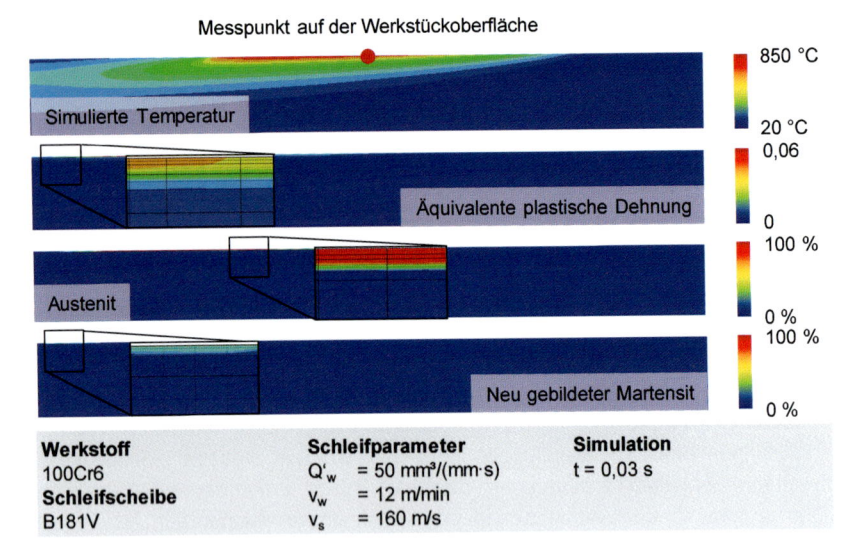

Bild 8.7: Phasenumwandlung während des Pendelschleifens
Phase transformation during pendulum grinding

Für die weitere detaillierte Betrachtung der Umwandlungsvorgänge wird ein Messpunkt auf der Werkstückoberfläche für verschiedene Zeitpunkte herangezogen. In Bild 8.8 wird der Einfluss der Aufheizrate und der mechanischen Beanspruchung auf die Phasenumwandlung deutlich. Während eines Schleifhubes ergab sich für die simulierte Temperatur ein charakteristischer Verlauf. Dabei hatte die Aufheizrate der simulierten Temperatur eine direkte Wirkung auf die A_{c1b}-Temperatur. Diese stieg folglich an. Zur gleichen Zeit wurden in die Werkstückrandzone plastische Verformungen induziert. Dieser Effekt wurde durch die Verwendung des deviatorischen Spannungsanteiles, welcher sich aus dem äquivalenten plastischen Dehnungsanteil berechnen lässt, in der Simulation herangezogen. Die Superposition des Einflusses der Aufheizrate sowie der plastischen Verformung führte mit fortschreitender Zeit zu einer Reduktion der Austenitumwandlungstemperatur. Die Phasenumwandlung begann, sobald die Temperatur eines Werkstoffpunktes mit der A_{c1b}-Temperatur übereinstimmte. Die infolge der plastischen Verformung resultierende Differenz der Austenitstarttemperatur betrug dabei für den vorliegenden Fall $\Delta A_{c1b} \approx 30°C$. Die Austenitumwandlung trat trotz des Einflusses der Aufheizraten auch bei gesenkter Temperatur auf. Insbesondere bleibt festzustellen, dass die in Kapitel 4 vorgestellten hohen Aufheizraten nicht während der Austenitumwandlung auftraten. Im Bereich der maximal zu erreichenden Schleiftemperaturen nahmen die Aufheizraten zunehmend ab, bis die maximale Temperatur erreicht wurde. Anschließend fielen die Schleiftemperaturen mit zunehmender Abkühlrate ab. Solange sich die Temperatur sowohl über der A_{c1b}-Temperatur als auch unter der A_{c1e}-Temperatur befand, bildete sich weiterer Austenit aus. Sobald in der Simulation die Temperatur unter die A_{r1e}-Temperatur (Austenitfinishtemperatur während der Abkühlphase) fiel, konnte keine weitere Aus-

8 Modellierung und Simulation der Eigenspannungen

tenitumwandlung festgestellt werden. Ein möglicher Einfluss der Abkühlrate auf die Austenitumwandlungstemperatur wurde nicht berücksichtigt. Sofern die Abkühlrate die kritische Geschwindigkeit überschritt, kam es zur Martensitumwandlung. Die simulierten Temperaturen fielen auf die Umgebungstemperatur von $T_u = 25\ °C$ ab. Die Martensitfinishtemperatur wurde nicht erreicht und es bildete sich Restaustenit in der Werkstückrandzone aus.

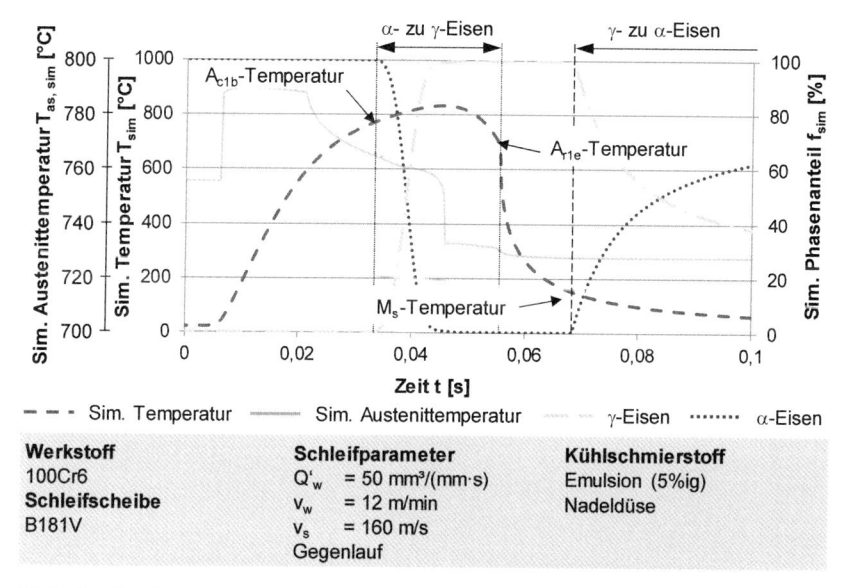

Werkstoff	Schleifparameter	Kühlschmierstoff
100Cr6	Q'_w = 50 mm³/(mm·s)	Emulsion (5%ig)
Schleifscheibe	v_w = 12 m/min	Nadeldüse
B181V	v_s = 160 m/s	
	Gegenlauf	

Bild 8.8: Simulierte Austenitumwandlungstemperatur während eines Pendelschleifhubes
Simulated austenite phase transformation temperatur during a pendulum stroke

Inwieweit die Phasenumwandlungen quantitativ vorhergesagt werden können, wurde im Folgenden für die Tischvorschubgeschwindigkeiten von v_w = 6 m/min und 12 m/min bei einer Schleifscheibenumfangsgeschwindigkeit von v_s = 160 m/s untersucht. In dem vorgestellten Parameterbereich waren diese Versuche vorwiegend durch eine thermische Überbeanspruchung gekennzeichnet. In Bild 8.9 ist der Vergleich der experimentell (metallurgischer Gefügeschliff) und der simulativ identifizierten Neuhärtungszone zu sehen. Dabei ergaben sich unterschiedliche Ausprägungen der Neuhärtungszonen in der Tiefe der Werkstückrandzone von $y_{wrz,\ 6\ m/min}$ = 92 µm und $y_{wrz,\ 12\ m/min}$ = 29 µm bei den experimentellen Schleifuntersuchungen. Die darunter liegenden Randzonenbereiche waren durch eine Anlasszone geprägt. Die Tiefe der Werkstückrandzonenschädigung war auf die hohen thermischen Beanspruchungen zurückzuführen. Insbesondere beim Schleifen mit vergleichsweise langsamen Tischvorschubgeschwindigkeiten von v_w = 6 m/min traten Temperaturen T > 930 °C auf. In der Simulation wurden die thermischen Beanspruchungen als Eingangsparameter verwendet und darauf aufbauend die Phasenumwandlungen berechnet. Die in den Gefügeanalysen herausgestellten Neuhärtungszonen bestätigten die simulierten

Phasenumwandlungen. Eine quantitative Übereinstimmung der experimentellen und simulativen Verläufe konnte festgestellt werden.

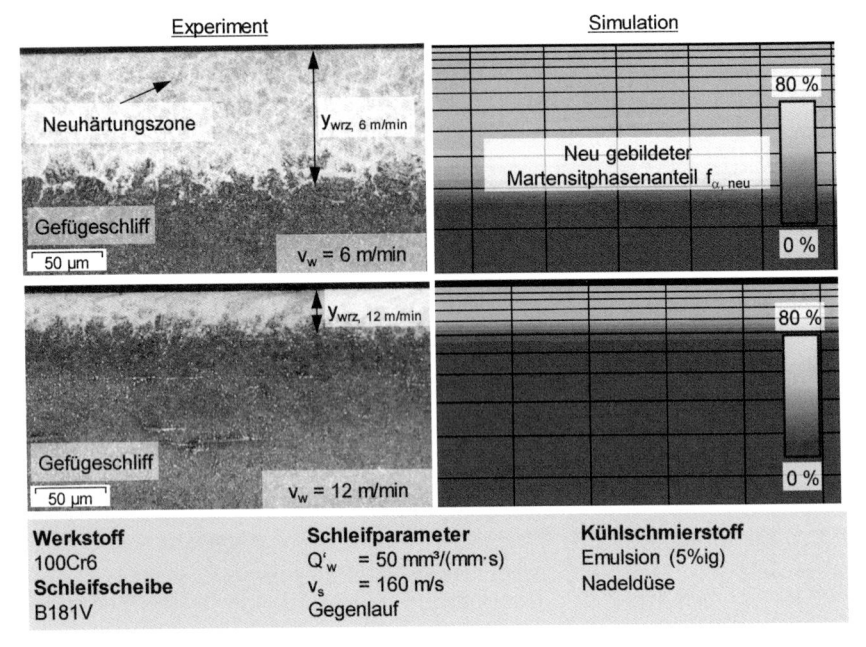

Bild 8.9: Quantitativer Vergleich der experimentell und simulativ ermittelten Phasenumwandlung (Neuhärtungszone)

Quantitative comparison for experimental and simulative identified phase transformation (Rehardened zone)

8.3.2 Eigenspannungsausbildung in Abhängigkeit von verschiedenen Tischvorschubgeschwindigkeiten

Formation of Residual Stress in Dependency of Different Table Speeds

In Kapitel 4 wurden die experimentellen Schleifversuche mit dem Ziel durchgeführt, die thermischen und mechanischen Belastungen entlang des Kontaktbogens zu identifizieren. Im Folgenden werden die geschliffenen Werkstücke hinsichtlich der ausgebildeten Werkstückrandzone untersucht. Dazu wurden die Eigenspannungsverläufe gemessen. Das Prinzip der Eigenspannungsmessung beruht auf den physikalischen Gesetzen der Beugung von elektromagnetischen Wellen. Unter Verwendung eines Cr-K_α-Röntgenstrahles wurde mit einem vorgegeben Winkel die Netzebenenschar {hkl} für den Martensit {211} durchstrahlt. Der reflektierte Beugungswinkel konnte unter Berücksichtigung der bekannten Wellenlänge des Röntgenstrahls nach Formel 7.2 (BRAGG'sche Gleichung) in direkte Beziehung mit dem momentanen Gitterabstand gesetzt werden. Auf Grundlage des Netzebenenabstandes im spannungsfreien Zustand konnte die im Gitter vorliegende Verzerrung ermittelt

8 Modellierung und Simulation der Eigenspannungen

werden [SPIE09]. Für die Berechnung der Spannungen wurde das $\sin^2\psi$-Verfahren [MACH61] und die Methode nach DÖLLE-HAUK [DOEL76] verwendet. Dabei wurden die röntgenographischen Elastizitätskonstanten mit $s_1 = 1{,}25$ MPa^{-1} und $\frac{1}{2}s_2 = 5{,}76$ MPa^{-1} angenommen [ESHE57].

Die Eigenspannung wurden zum einen parallel zur Schleifrichtung $\sigma_\parallel$ und zum anderen quer zur Schleifrichtung $\sigma_\perp$ gemessen. Dabei zeigte sich ein richtungsabhängiger Verlauf der Eigenspannungen [BRIN91]. Dies ist auf die in den Spuren der Korneingriffe unterschiedlich ausgebildete plastische Verformung zurückzuführen. Es bildeten sich infolge der Werkstoffverdrängung anteilig mehr Druckeigenspannungen quer zur Schleifrichtung aus. Damit ein Verlauf der Eigenspannungen für die Tiefe ermittelt werden konnte, musste aufgrund der mittleren Eindringtiefe von 4-5 µm ein schrittweiser Abtrag der Oberfläche erzeugt werden. Hierzu wurde auf elektrochemisches Polieren mit einem werkstoffspezifischen Elektrolyten zurückgegriffen, mit dem ein definierter Abtrag vorgenommen wurde. Das elektrochemische Polieren schließt eine weitere thermomechanische Beeinflussung der Werkstückrandzone aus.

Nach den experimentellen Schleifuntersuchungen zeigten sich längs zur Schleifrichtung unterschiedlich ausgeprägte Eigenspannungsverläufe in der Werkstückrandzonentiefe y_{wrz} in Abhängigkeit von den verschiedenen Tischvorschubgeschwindigkeiten von $v_w = 12$ m/min bis 180 m/min (Bild 8.10).

Werkstoff	Schleifparameter	Kühlschmierstoff
100Cr6	$Q'_w = 50$ mm³/(mm·s)	Emulsion (5%ig)
Schleifscheibe	$v_s = 160$ m/s	Nadeldüse
B181V	Gegenlauf	

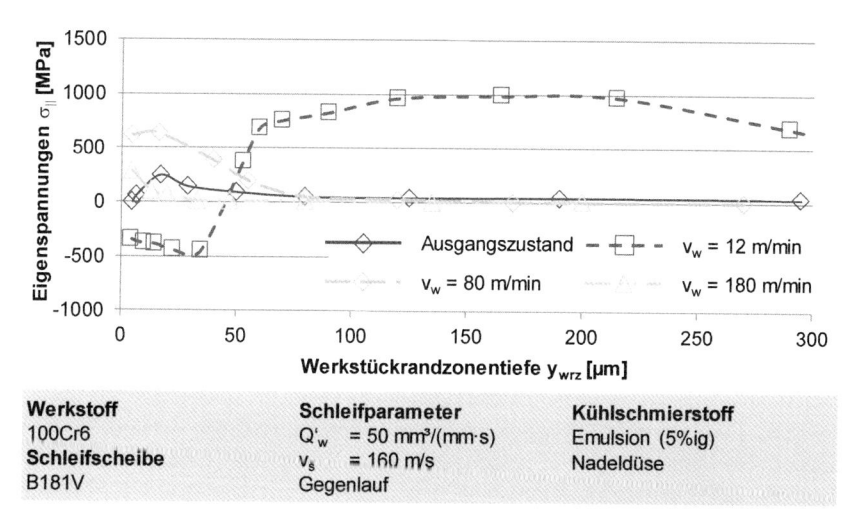

Bild 8.10: Eigenspannungsverlauf in Längsrichtung in der Werkstückrandzone für verschiedene Tischvorschubgeschwindigkeiten
Tendency of residual stresses along the grinding track in the workpiece surface layer for different table speeds

Der gemessene Eigenspannungsverlauf für das Pendelschleifen mit einer Tischvorschubgeschwindigkeit von $v_w = 12$ m/min und einer Schleifscheibenumfangsgeschwindigkeit von v_s = 160 m/s bei einem bezogenen Zeitspanungsvolumen von Q'_w = 50 mm³/(mm·s) führte nach dem letzten Schleifhub im oberflächennahen Bereich der Werkstückrandzone zu einer Druckeigenspannung mit einem maximalen Wert von $\sigma_{esp,\,druck}$ ≈ -449 MPa. Aus den experimentellen Schleifuntersuchungen in Kapitel 4 ist bekannt, dass während des Pendelschleifens hohe thermische Belastungen auf die Werkstückoberfläche wirken. Dies führte durch die thermomechanische Überbeanspruchung in der geschliffenen Werkstückrandzone zur Phasenumwandlung von γ- zu α-Eisen (Neuhärtungszone). Der Gefügezustand in der Werkstückrandzone wurde zusätzlich mittels der Analyse der Halbwertsbreiten (HBW) bewertet. Hierzu wurden zur Bestimmung der Eigenspannungen die Halbwertsbreiten der gemessenen Beugungslinien parallel ausgewertet. Nach MACHERAUCH kann ein direkter Zusammenhang zwischen den Halbwertsbreiten und der Härte des Werkstoffes gezogen werden [MACH73, S. 54 f.]. Die Halbwertsbreiten liegen für den Werkstoff 100Cr6 zwischen $\Delta\Psi$ = 5° und 7°. Sofern es zu einer Phasenumwandlung des Grundgefüges kommt, steigen diese Werte an. Im Gegensatz dazu führt ein thermisch und/oder mechanisch (plastische Verformung) beanspruchter Werkstoffbereich zu sinkenden Werten. Die beim Pendelschleifen auftretende Phasenumwandlung ließ sich ebenfalls mit den ausgewerteten Halbwertsbreiten in Bild 11.8 im Anhang nachweisen. Die Werte der Halbwertsbreiten stiegen in der Werkstückrandzone bis auf $\Delta\Psi$ = 11,23° an. Die Ausbildung der Neuhärtungszone führte zu Druckeigenspannungen in der Werkstückrandzone. Die Druckeigenspannungen nahmen im weiteren Verlauf ab. Anschließend bildete sich ein Bereich mit Zugeigenspannungen aus, wobei maximale Werte von $\sigma_{esp,\,zug}$ ≈ 984 MPa in einer Werkstückrandzonentiefe von y_{wrz} = 165 µm auftraten. Dieses war ebenfalls mit dem Einfluss hoher thermischer Werkstückbeanspruchungen zu begründen.

Es ist jedoch davon auszugehen, dass die in Bild 8.10 maximal dargestellten Zugeigenspannungen für die Tischvorschubgeschwindigkeit von v_w = 12 m/min nicht die quantitativen Eigenspannungen für die untersuchten Prozesseinstellgrößen widerspiegeln. Hierfür können verschiedene Ursachen angeführt werden. Das Pendelschleifen ist durch eine Vielzahl von Schleifhüben geprägt. In dem vorliegenden Fall wurden 13 Schleifhübe benötigt, um das geforderte bezogene Zerspanungsvolumen zu erreichen. Mit zunehmender Anzahl an Schleifhüben näherte sich die Kontaktzone den Bohrungslöchern für die Verschraubung der Versuchswerkstücke. Mit dieser Verschraubung waren die Komponenten der Temperaturmessung miteinander verspannt. Die verbleibende minimale Restwandstärke zwischen geschliffener Werkstückoberfläche und Bohrloch betrug ca. 1 mm.

Der letzte Schleifhub der Versuchsdurchführung zeigt nach Bild 11.10 im Anhang gegenüber den vorhergehenden Schleifhüben eine höhere Schleiftemperatur. Dieses ist darauf zurückzuführen, dass die Wärme aufgrund der zu den Bohrungslöchern geringen verbleibenden Restwandstärke nicht mehr gleichmäßig über das Werkstückinnere abgeführt werden kann. Die thermische Beanspruchung in der Werkstückrandzone steigt an. Dieser Anstieg der thermischen Beanspruchung zeigt sich ebenfalls in Bild 11.11 im Anhang anhand der gemessenen Eigenspannungstiefenverläufe. Die vorhergehenden Schleifhübe zeigten einen qualitativ vergleichbaren Verlauf mit niedrigeren Druck- und Zugeigenspannungen. In den vorhergehenden Schleifhüben zeigte sich jedoch eine deutlich maximale Zugeigenspannungsausprägung. Die vergleichsweise hohen Schleiftemperaturen konnten im Gegensatz zu den vorherigen Schleifhüben nicht unbeeinflusst aus der Werkstückrandzone abgeführt werden. Schlussfolgernd ist mit nachfolgenden Anlasseffekten in der Werkstückrandzone zu rechnen, die einen Abbau von Spannungsspitzen begünstigen [MACH83, S. 49 ff.].

Beim Pendel- und Schnellhubschleifen wurde infolge des thermomechanischen Beanspruchungskollektives die Austenitstarttemperatur A_{c1b} nicht überschritten. Eine Phasenumwandlung konnte somit nicht festgestellt werden. Dabei wiesen die sinkenden Halbwertsbreiten bereits auf erhöhte thermische Beanspruchungen hin. Die Zunahme der Tischvorschubgeschwindigkeit von v_w = 12 m/min auf 80 m/min führte im oberflächennahen Werkstückrandzonenbereich zu ausgeprägten Zugeigenspannungen mit maximalen Werten von $\sigma_{esp, zug}$ ≈ 635 MPa, wie in Bild 8.10 zu sehen ist. Die thermische Werkstückbeanspruchung nahm aufgrund der Tischvorschubgeschwindigkeit von v_w = 80 m/min ab. Insofern konnte bereits ein positiver Einfluss der höheren Tischvorschubgeschwindigkeit auf das Prozessergebnis festgestellt werden. Das Schnellhubschleifen mit Tischvorschubgeschwindigkeiten von v_w = 180 m/min zeigte infolge des thermomechanischen Beanspruchungskollektives geringfügig Zugeigenspannungen von $\sigma_{esp, zug}$ ≈ 285 MPa auf. Aufgrund der beim Schnellhubschleifen veränderten Zerspanmechanismen konnten die thermischen Einflüsse auf die Werkstückrandzone weiter reduziert werden.

Bereits in den Arbeiten von DUSCHA ET AL. konnten vergleichbare Tendenzen für Tischvorschubgeschwindigkeiten zwischen v_w = 12 m/min bis 180 m/min bei einem konstanten bezogenen Zeitspanungsvolumen von Q'_w = 40 mm³/mm ermittelt werden [DUSC11a, S. 443]. Beim Schleifen des Werkstoffes 100Cr6 wurde eine keramisch gebundene Schleifscheibe (B181V) eingesetzt. Für eine Tischvorschubgeschwindigkeit von v_w = 12 m/min wurden Zugeigenspannungen von $\sigma_{esp, zug}$ ≈ 500 MPa nachgewiesen. Die Druckeigenspannungen nahmen für das Schnellhubschleifen maximale Werte von $\sigma_{esp, druck}$ ≈ -800 MPa an. Die vollständige Vermeidung von Zugeigenspannungen bei hohen bezogenen Zeitspanungsvolumen während des Schnellhubschleifens konnte auf die reduzierten thermischen Werkstückbeanspruchungen zurückgeführt werden. Gleichzeitig dominierten die mechanischen Werkstückbeanspruchungen.

Eigenspannungen verbleiben im verformten Werkstoffgefüge infolge eingeschlossener elastischer Dehnungsanteile. Inwieweit es zu plastischen Verformungen im Werkstoffgefüge kommt, kann durch einen Vergleich der Fließspannung σ_f und der Vergleichsspannung σ_v vorgenommen werden. Überschreitet die Vergleichsspannung die Fließspannung, kommt es zu einer plastischen Verformung. Der ABAQUS-Solver berechnet hierzu die Vergleichsspannungen mit Hilfe der Gestaltänderungshypothese und vergleicht diese mit den in der benutzerdefinierten Subroutine UHARD berechneten Fließspannungen.

In Bild 8.11 sind die simulierten Vergleichsspannungen nach VON MISES innerhalb des gesamten Werkstückes für verschiedene Tischvorschubgeschwindigkeiten von v_w = 12 m/min bis 180 m/min für einen Zeitpunkt zu sehen:

Werkstoff
100Cr6
Schleifscheibe
B181V

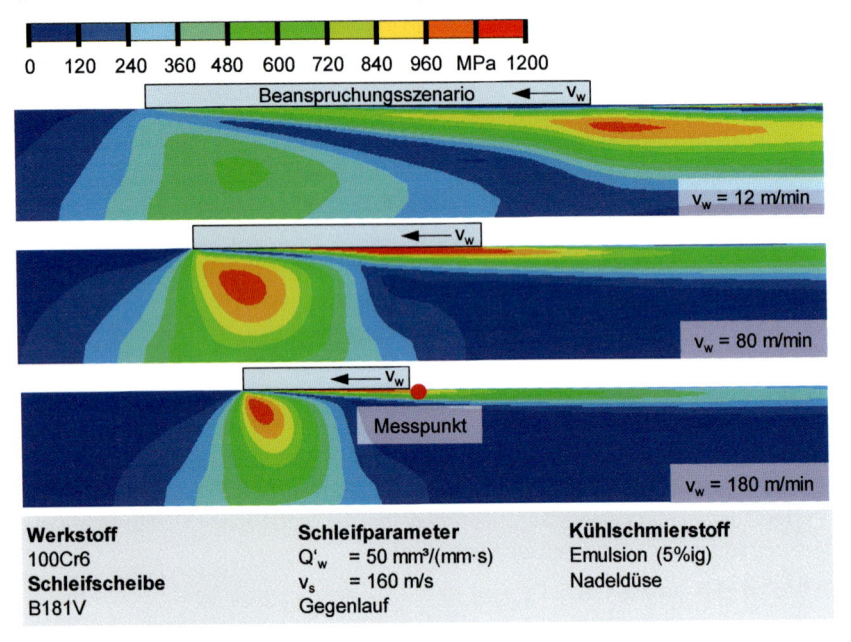

Schleifparameter
Q'_w = 50 mm³/(mm·s)
v_s = 160 m/s
Gegenlauf

Kühlschmierstoff
Emulsion (5%ig)
Nadeldüse

Bild 8.11: Simulierte Vergleichsspannungen nach VON MISES für verschiedene Tischvorschubgeschwindigkeiten
Simulated equivalent stresses according to VON MISES for different table speeds

Die dargestellten Beanspruchungsszenarien richten sich nach der tatsächlich verwendeten Kontaktlänge in der Modellbildung. Diese wurde mit der Tischvorschubgeschwindigkeit über die Werkstückoberfläche geführt. Dabei handelte es sich im Modell um die bereits geschliffene Werkstückoberfläche. Der Vergleich der simulierten Vergleichsspannungen stellte deutlich heraus, dass sich die maximal auftretenden Vergleichsspannungen mit zunehmender Tischvorschubgeschwindigkeit weiter in Richtung der Vorschubgeschwindigkeit verschoben. Während des Pendel- und Schnellhubschleifens mit Tischvorschubgeschwindigkeiten von v_w = 80 m/min und 180 m/min wurden bereits in den experimentellen Untersuchungen vergleichsweise geringe thermische Belastungen bei steigenden mechanischen Belastungen identifiziert. Die daraus abgeleiteten und simulierten mechanischen Beanspruchungen wirkten vorwiegend in der Werkstückrandzone unter der Kontaktzone. Im Gegensatz dazu zeigten sich geringere mechanische Beanspruchungen für eine Tischvorschubgeschwindigkeiten von v_w = 12 m/min. Dieses äußerte sich ebenfalls in geringeren Wer-

8 Modellierung und Simulation der Eigenspannungen

ten der Vergleichsspannung. Darüber hinaus wirkten die thermisch bedingten Anteile der Vergleichsspannungen in einem tieferen Bereich der Werkstückrandzone.

Im Bild 8.12 sind die simulierten Längsspannung σ_{II}, die Vergleichsspannung σ_v sowie die bei Überschreiten der Fließspannung σ_f resultierende äquivalente plastische Dehnung $\bar{\varepsilon}^{pl}$ dargestellt. Es wird der Verlauf der genannten Ergebnisgrößen am Ort des Messpunktes in einer Werkstückrandzonentiefe von y_{wrz} = 15 µm während eines Überlaufes in Abhängigkeit von der Zeit abgebildet (Bild 8.12).

——— Fließspannung σ_f — — — Spannungen σ_{II} — · — Vergleichsspannung σ_v

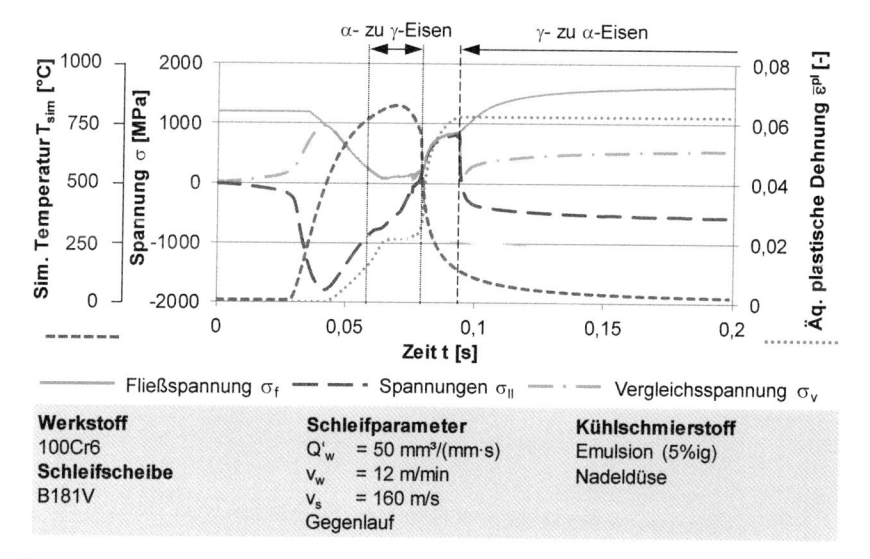

Werkstoff	Schleifparameter	Kühlschmierstoff
100Cr6	Q'_w = 50 mm³/(mm·s)	Emulsion (5%ig)
Schleifscheibe	v_w = 12 m/min	Nadeldüse
B181V	v_s = 160 m/s	
	Gegenlauf	

Bild 8.12: Simulierte Ergebnisgrößen in einer Werkstücktiefe von y_{wrz} = 15 µm für eine Tischvorschubgeschwindigkeit von v_w = 12 m/min

Simulated results at a workpiece depth of y_{wrz} = 15 µm for a table speed of v_w = 12 m/min

Bereits in den experimentellen Untersuchungen wurde herausgestellt, dass die Wärme der Kontaktzone zwischen Schleifscheibe und Werkstück vorläuft. Dieser thermische Effekt konnte durch den Anstieg der Spannungen in Schleifrichtung sowie der Vergleichsspannungen vor dem ersten Kontakt des thermomechanischen Beanspruchungskollektives identifiziert werden. Sofern die simulierte Temperatur im weiteren Verlauf anstieg, sank die Fließspannung ab. Während der Simulation wurde zu jedem neuen Simulationsschritt durch den ABAQUS-Solver geprüft, ob die Vergleichsspannung gleich der Fließspannung ist. Sobald die Fließspannung erreicht wurde, kam es zur plastischen Verformung in der Werkstückrandzone. Dieser Effekt trat erstmals bei einer maximalen Vergleichsspannung von σ_v = 962 MPa auf. Die plastische Verformung infolge mechanischer Beanspruchungen wirkte den Druckspannungen entgegen. Mit beginnender Phasenumwandlung von α- zu γ-Eisen fiel die Fließspannung auf ein Minimum von $\sigma_{f,\,min}$ ≈ 74 MPa weiter ab. Die nachfolgende reduzierte thermische Beanspruchung brachte gleichzeitig eine Steigerung der Fließspannung mit sich. In diesem Bereich waren die Längsspannungen nahezu ausgelöscht, bevor diese mit dem Beginn der Martensitumwandlung (α- zu γ-Eisen) sprunghaft in den Druckbereich abfielen. Dieses ging ebenfalls mit einem schnellen Anstieg der Fließspannung einher, sodass keine weiteren plastischen Dehnungen auftraten. Dennoch fiel die Längsspannung aufgrund der weiterschreitenden Martensitumwandlung weiter ab. Die Martensitumwandlung ging mit einer Volumenzunahme des umgewandelten Werkstoffes einher. Die umliegenden Bereiche waren jedoch bereits plastisch verformt, sodass sich durch die Volumenzunahme Druckspannungen aufbauten. Daraus resultierten nach dem Schleifen Druckeigenspannungen.

In Bild 8.13 sind die simulativ ermittelten Eigenspannungen in der Werkstückrandzone für verschiedene Tischvorschubgeschwindigkeiten von v_w = 12 m/min bis 180 m/min bei Schleifscheibenumfangsgeschwindigkeiten von v_s = 160 m/s zu sehen:

Werkstoff	Schleifparameter	Kühlschmierstoff
100Cr6	Q'_w = 50 mm³/(mm·s)	Emulsion (5%ig)
Schleifscheibe	v_s = 160 m/s	Nadeldüse
B181V	Gegenlauf	

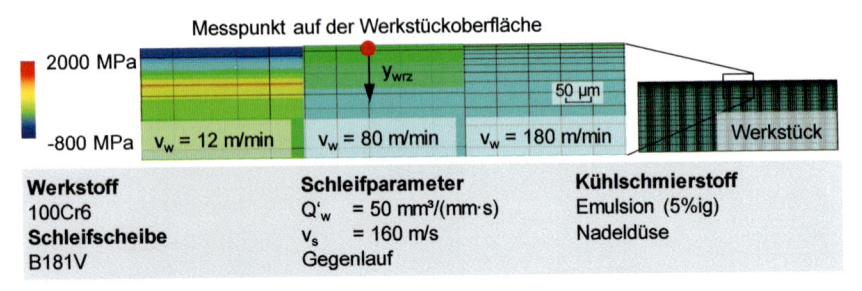

Bild 8.13: Simulierte Eigenspannungen in der Werkstückrandzone für verschiedene Tischvorschubgeschwindigkeiten
Simulated residual stresses in the workpiece surface layer for different table speeds

Dabei handelt es sich um einen Ausschnitt in der Werkstückrandzone. Es zeigte sich, dass mit zunehmender Tischvorschubgeschwindigkeit die simulierten Zugeigenspannungen in der Werkstückrandzone minimiert werden konnten. Insbesondere konnten für die Tischvorschubgeschwindigkeiten von v_w > 12 m/min keine Druckeigenspannungen infolge von Phasenumwandlung detektiert werden. Steigende Tischvorschubgeschwindigkeit wirken sich demzufolge günstig auf den Eigenspannungszustand in der geschliffenen Werkstückrandzone aus.

Im Folgenden werden die simulierten Eigenspannungen aus Bild 8.13 genutzt, um einen quantitativen Vergleich der experimentellen und simulativ ermittelten Eigenspannungen vornehmen zu können. Dazu werden die Eigenspannungen bis zu einer Werkstückrandzonentiefe von y_{wrz} = 300 µm dargestellt (Bild 8.14). Für die Tischvorschubgeschwindigkeiten von v_w = 80 m/min und 180 m/min wurden, wie bereits in Bild 8.13 diskutiert, nur Zugeigenspannungen detektiert. Die Ergebnisse in Form von gemessenen und simulierten Eigenspannungstiefenverläufen stimmen qualitativ sowie quantitativ überein. Die simulierten Eigenspannungen in der oberflächennahen Werkstückrandzone für eine Tischvorschubgeschwindigkeit von v_w = 12 m/min zeig-

8 Modellierung und Simulation der Eigenspannungen

ten geringe Abweichungen. Diese Abweichungen in den ersten Mikrometern wurden in allen simulativen Untersuchungen festgestellt. Aufbauend auf den Erkenntnissen aus Kapitel 5 wurde die Annahme getroffen, dass die thermischen und mechanischen Beanspruchungen als makroskopische Beanspruchung berücksichtigt werden können. Nach Bild 5.1 konnten starke Verformungen für einen thermisch dominierten Prozess in der oberflächennahen Werkstückrandzone nachgewiesen werden. Beim Schnellhubschleifen wurden dahingehend keine Einflüsse in der unmittelbaren Werkstückrandzone festgestellt. Für diesen Bereich gab es ebenfalls keine Abweichungen in den simulierten Eigenspannungen.

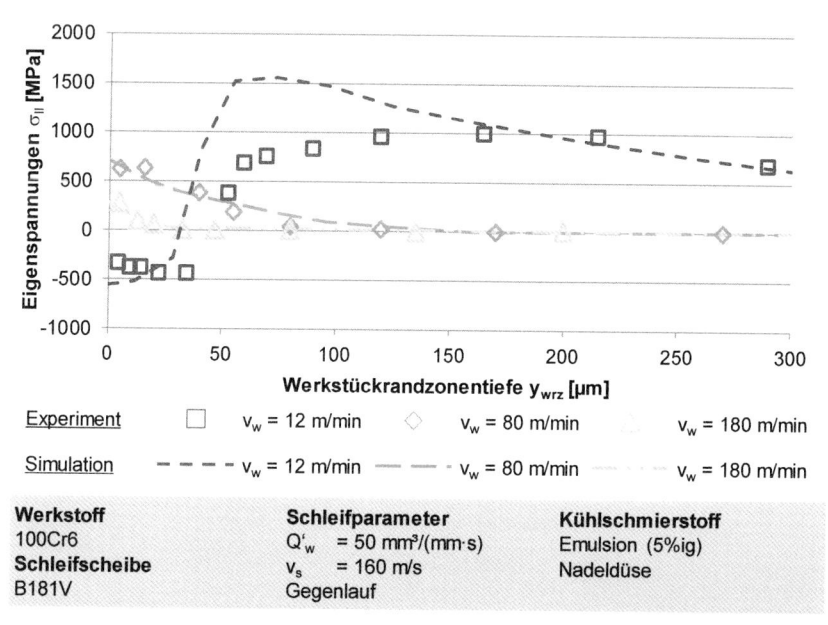

Bild 8.14: Vergleich der Eigenspannungen in der Werkstückrandzone zwischen Experiment und Simulation für verschiedene Tischvorschubgeschwindigkeiten
Comparison of residual stresses in the workpiece surface layer between experimental and simulated results for different table speeds

Der Vergleich zwischen den experimentell und simulativ ermittelten Eigenspannungstiefenverläufen für eine Tischvorschubgeschwindigkeit von $v_w = 12$ m/min macht jedoch deutlich, dass die Eigenspannungen in der unmittelbaren Werkstückrandzone einer mikroskopischen Beschreibung der thermischen und mechanischen Beanspruchungen bedürfen, um die Güte der simulierten Eigenspannungen zu steigern. Darüber hinaus zeigten sich deutliche Abweichungen im Zugeigenspannungsbereich für die Tischvorschubgeschwindigkeiten von $v_w = 12$ m/min zwischen der Werkstückrandzonentiefe $y_{wrz} \approx 50$ µm bis 125 µm. Die Abweichung zwischen der experimentellen und simulierten Zugeigenspannung ist auf die experimentelle Versuchsdurchführung im letzten Schleifhub zurückzuführen. Während des letzten Schleifhubes wurde der kritische Abstand zum Bohrloch für die Einspannung der Temperaturmessung unterschritten. In der Simulation der Temperaturmessung in Bild 8.7 konnte gezeigt werden, dass die Temperaturen aufgrund des Schleifprozesses bis in eine Werkstückrandzonentiefe von y_{wrz} = 1,8 mm vordringen. Die Restwandstärke zwischen geschliffener Oberfläche und Bohrloch wies nach dem letzten Schleifhub jedoch nur ca. 1 mm auf. Der Wärme konnte nicht ohne Beeinflussung des Werkstoffes in das Werkstückinnere abgeführt werden. Schlussfolgernd stiegen die Schleiftemperaturen für den 13. Schleifhub im Vergleich zu den vorher gemessenen Schleifhüben deutlich an, siehe Bild 11.10 im Anhang.

Damit der quantitative Vergleich für die experimentell und simulativ ermittelten Eigenspannungen dennoch geführt werden konnte, wurde der Eigenspannungsverlauf für den 6. Schleifhub simuliert. In Bild 8.15 sind die experimentellen und simulierten Eigenspannungsverläufe für den 6. und 13. Schleifhub aufgetragen:

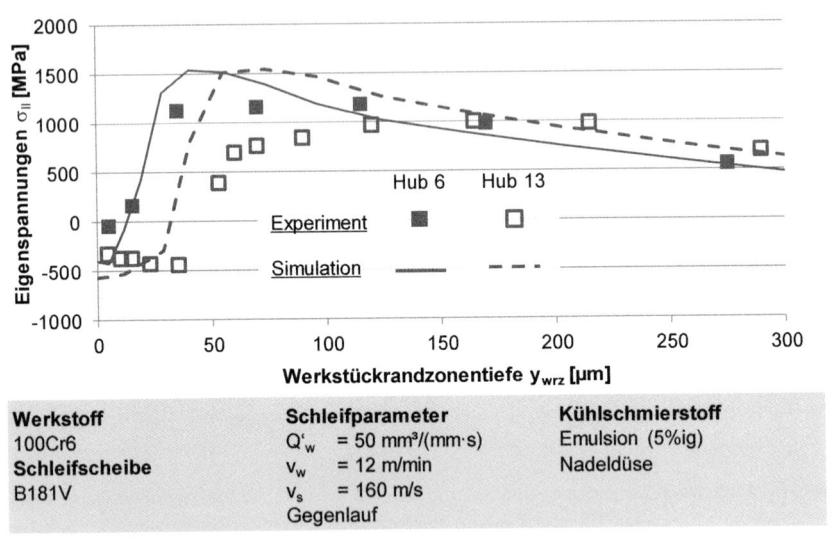

Werkstoff	Schleifparameter	Kühlschmierstoff
100Cr6	Q'_w = 50 mm³/(mm·s)	Emulsion (5%ig)
Schleifscheibe	v_w = 12 m/min	Nadeldüse
B181V	v_s = 160 m/s	
	Gegenlauf	

Bild 8.15: Vergleich der Eigenspannungen in der Werkstückrandzone zwischen Experiment und Simulation für verschiedene Schleifhübe

Comparison of residual stresses in the workpiece surface layer between experimental and simulated results for different grinding strokes

Die experimentell ermittelten Eigenspannungen wiesen für den 6. Schleifhub im Vergleich zum 13. Schleifhub höhere Zugeigenspannungen auf, obwohl die gemessenen Schleiftemperaturen für den 6. Schleifhub niedriger waren. Insofern die in das Werkstück eingebrachte Wärme aufgrund von baulichen Störeinflüssen nicht abgeführt wird, können Eigenspannungsspitzen durch Anlasseffekte reduziert werden. Der abschließende Vergleich zwischen den experimentell und simulativ ermittelten Eigenspannungen für den 6. Schleifhub stimmt quantitativ überein.

8 Modellierung und Simulation der Eigenspannungen

In Bild 8.16 sind die Ursachen zur Eigenspannungsausbildung in einer schematischen Übersicht dargestellt:

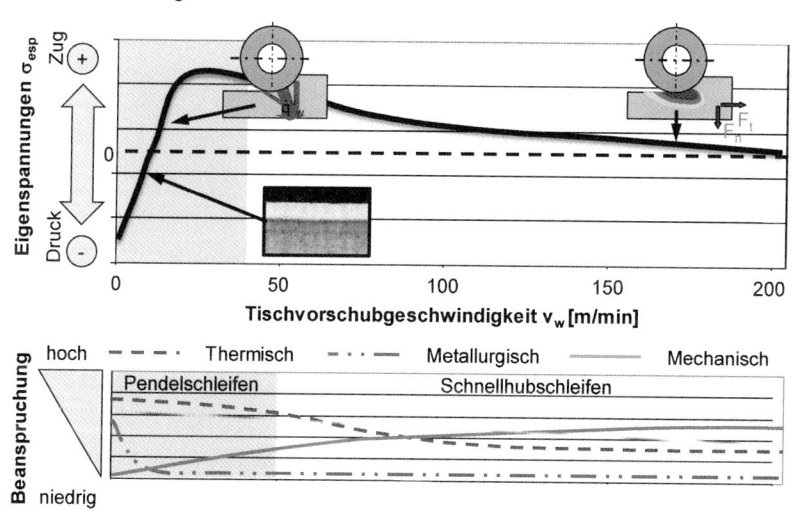

Bild 8.16: Übersicht der resultierenden Eigenspannungen in Abhängigkeit von den Ursachen zur Ausbildung von Eigenspannungen

Overview of resulting residual stresses in dependency of the overall causes for residual stress formation

Für das Pendelschleifen mit geringen Tischvorschub- und hohen Schleifscheibenumfangsgeschwindigkeiten konnte herausgestellt werden, dass die thermischen Beanspruchungen in der Werkstückrandzone zu einer Überbeanspruchung führten. Daraus resultiert eine Veränderung des metallurgischen Zustandes. Es kam zu Phasenumwandlungen, welche sich ebenfalls in Druckeigenspannungen ausdrückten. Mit steigenden Tischvorschubgeschwindigkeiten sanken die thermischen Beanspruchungen bei gleichzeitiger Zunahme der mechanischen Beanspruchungen. Dieses führte bei deutlicher Steigerung der Tischvorschubgeschwindigkeit zu geringen Zugeigenspannungen. Bei einer Reduzierung des bezogenen Zeitspanungsvolumens ist aufgrund geringerer Beanspruchungen mit ausgeprägten Druckeigenspannungen zu rechnen.

8.3.3 Eigenspannungsausbildung in Abhängigkeit von der Schleifhubanzahl
Formation of Residual Stress in Dependency of the Grinding Stroke Number

Das Pendel- und das Schnellhubschleifen sind im Vergleich zum Tiefschleifen durch eine Vielzahl von Schleifhüben charakterisiert. Die Werkstückrandzone erfährt während des Pendel- und Schnellhubschleifens eine wiederholte mechanische und thermische Beanspruchung. Nach Bild 8.17 konnten hierbei zwei Fälle unterschieden werden:

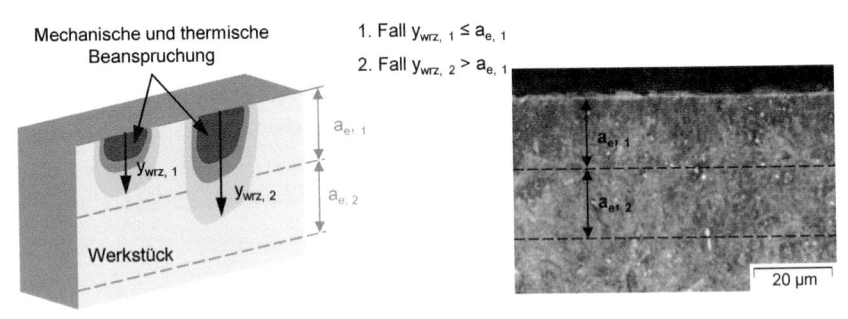

1. Fall $y_{wrz,\,1} \leq a_{e,\,1}$
2. Fall $y_{wrz,\,2} > a_{e,\,1}$

Bild 8.17: Nachhaltige Einwirktiefe der mechanischen und thermischen Werkstückrandzonenbeanspruchung
Sustained impact depth of the mechanical and thermal workpiece surface layer stress

Im ersten Fall ist die Einwirktiefe der mechanischen und thermischen Werkstückbeanspruchung bis zu einer Tiefe $y_{wrz,\,1}$ in die Werkstückrandzone vorgedrungen. Bei einem nachfolgenden Schleifhub mit einer Zustellung a_1 wird die vollständige beeinflusste Randzone zerspant. Es ergibt sich somit für die Eigenspannungsausbildung ein stationärer Zustand. Im zweiten Fall ist die nachhaltige Einwirktiefe innerhalb der Werkstückrandzone bis zu einer Tiefe $y_{wrz,\,2}$ vorgedrungen. Bei einem Schleifhub mit der Zustellung a_1 kann nicht der vollständige Werkstoffanteil mit vorbelastetem Werkstoffbereich zerspant werden. Schlussfolgernd bildet sich ein Eigenspannungszustand infolge einer Vielzahl von Schleifhüben aus.

Der vor dem ersten Schleifhub ursprüngliche Zustand der Werkstückrandzone war ausschließlich durch den Wärmebehandlungsprozess geprägt. Nach Bild 8.18 ergab sich bereits vor der ersten Schleifscheibe-Werkstück-Interaktion ein Eigenspannungsverlauf, welcher durch Druck- und Zugeigenspannungen gekennzeichnet war. Der Ausgangszustand des Eigenspannungsverlaufes in der Werkstückrandzone war durch Druckeigenspannungen nach der Wärmebehandlung im oberflächennahen Bereich geprägt und wurde in einen Bereich von Zugeigenspannungen überführt, bevor der Eigenspannungsverlauf in der Werkstückrandzonentiefe bei Zugeigenspannungen von $\sigma_{esp,\,zug} \approx 50$ MPa einen nahezu konstanten Verlauf annahm. Der erste Schleifhub mit einer Tischvorschubgeschwindigkeit von $v_w = 180$ m/min und einer Zustellung von $a_e = 17$ µm beeinflusste den Eigenspannungsverlauf positiv in Richtung Druckeigenspannungen. Dabei wird nach Bild 8.18 bereits ein wesentlicher

8 Modellierung und Simulation der Eigenspannungen

Anteil der vorbeanspruchten Werkstückrandzone zerspant. Nach dem ersten Schleifhub bildete sich unter Einflussnahme der verbleibenden Zugeigenspannungen aus dem Ausgangszustand von $\sigma_{esp,\,zug} > 139$ MPa ein Druckeigenspannungsverlauf aus. Somit lag nach Bild 8.17 der zweite Fall vor. Der Ausgangszustand hat einen Einfluss auf den Eigenspanungsverlauf nach dem ersten Schleifhub. Es bildeten sich Druckeigenspannungen mit einem maximalen Wert von $\sigma_{esp,\,druck} \approx -141$ MPa aus.

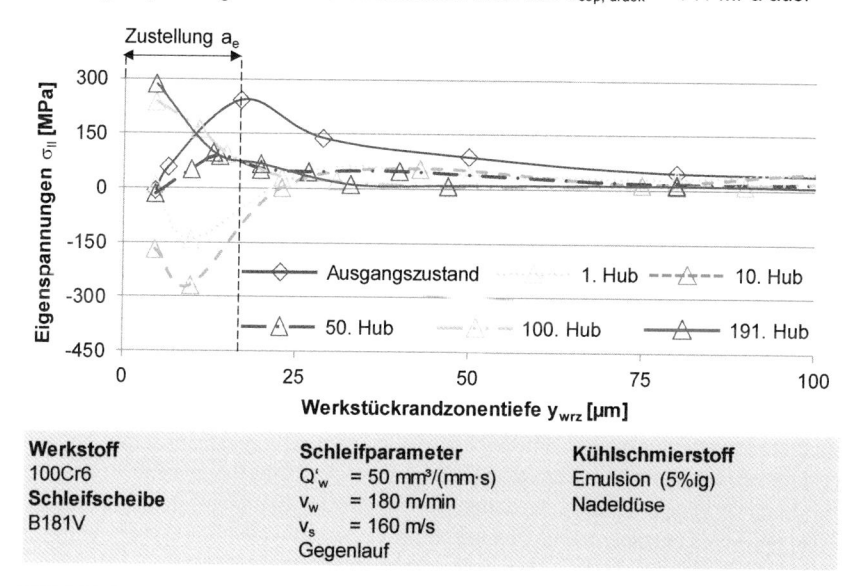

Werkstoff	Schleifparameter	Kühlschmierstoff
100Cr6	Q'_w = 50 mm³/(mm·s)	Emulsion (5%ig)
Schleifscheibe	v_w = 180 m/min	Nadeldüse
B181V	v_s = 160 m/s	
	Gegenlauf	

Bild 8.18: Gemessener Eigenspannungsverlauf in Abhängigkeit von der Schleifhubanzahl
Measured Residual stress tendency dependent on the stroke number

Mit zunehmender Anzahl der Schleifhübe bis zu s_{hub} = 10 konnten die Druckeigenspannungen auf maximal $\sigma_{esp,\,druck} \approx -268$ MPa gesteigert werden. Unter Berücksichtigung der Zustellung a_e ist davon auszugehen, dass der vollständige beeinflusste Bereich zerspant wurde. Darüber hinaus kann davon ausgegangen werden, dass der erste zuvor genannte Fall eingetreten war und sich die Beanspruchungshistorie aus dem vorherigen Schleifhub nicht auf den nachfolgenden Schleifhub auswirkt. Schlussfolgernd wurden die Eigenspannungen zu diesem Zeitpunkt ausschließlich von dem vorliegenden thermomechanischen Beanspruchungskollektiv beeinflusst (siehe Bild 11.9 im Anhang). Ein vergleichbares Szenario konnte für das Pendelschleifen mit einer Tischvorschubgeschwindigkeit von v_w = 12 m/min und einer Zustellung von a_e = 250 µm abgeleitet werden (siehe Bild 11.11 im Anhang). In den ersten sechs Schleifhüben bildeten sich vergleichbare maximale Zugeigenspannungen von $\sigma_{esp,\,zug}$ > 1200 MPa aus.

Beim Schnellhubschleifen ergaben sich mit zunehmenden Schleifhubzahlen bis $s_{hub,\,180\,m/min}$ = 191 steigende Schleiftemperaturen. Obwohl mit den Schleiftemperaturen ebenfalls die maximalen resultierenden Flächenpressungen anstiegen, konnten bis zum Schleifhub $s_{hub,\,180\,m/min}$ = 50 keine weiteren Druckeigenspannungen in der Werkstückrandzone induziert werden (siehe Bild 11.9 im Anhang). Insbesondere für die Tischvorschubgeschwindigkeit von v_w = 12 m/min stiegen die Schleiftemperaturen über die A_{c1b}-Temperatur hinaus (siehe Bild 11.10 im Anhang), wodurch im letzten Schleifhub $s_{hub,\,12\,m/min}$ = 13 zu einer stark ausgeprägten Phasenumwandlung kam. Die thermischen Einflüsse dominierten das Prozessergebnis. Die Phasenumwandlung konnten ebenfalls mit den gemessenen Halbwertsbreiten nachgewiesen werden (siehe Bild 11.12 im Anhang).

8.4 Zwischenfazit zur Validierung der Forschungshypothese
Interim Results of Thesis Validation

In den vorherigen Kapiteln wurden das thermomechanische Beanspruchungskollektiv sowie die metallurgischen Werkstoffeinflüsse für das Schleifen herausgestellt. Darauf aufbauend konnten erstmals die thermomechanisch-metallurgischen Beanspruchungen als sich gegenseitig beeinflussende Größen in einem Modell zur Eigenspannungssimulation zusammengeführt werden. Die Teilhypothese 5, die Ursachen (thermomechanisch-metallurgische Beanspruchungen) zur Ausbildung der Eigenspannungen zu modellieren und somit die Beschreibung des Eigenspannungszustandes in der Werkstückrandzone vornehmen zu können, wurde damit hinreichend validiert. In weiterführenden Untersuchungen wurden die Eigenspannungen für verschiedene Tischvorschubgeschwindigkeiten simuliert. Die Eigenspannungsausbildung konnte infolge der verschiedenen Beanspruchungsszenarien quantitativ abgebildet werden. Die experimentell ermittelten sowie die simulierten Eigenspannungen stimmten quantitativ überein. Die Forschungshypothese, den Eigenspannungszustand in der Werkstückrandzone quantitativ vorhersagen zu können, wurde damit verifiziert.

Abschließende Untersuchungen hatten zum Ziel, die Eigenspannungshistorie in Abhängigkeit von der Schleifhubanzahl herauszustellen. Es zeigte sich für das Pendel- und Schnellhubschleifen, dass der ausgebildete Eigenspannungsverlauf nach dem ersten Schleifhub vollständig vom folgenden Schleifhub zerspant wurde. Die Ausbildung der Eigenspannungen ist dementsprechend vorwiegend von dem aktuellen Beanspruchungsszenario abhängig.

9 Zusammenfassung und Ausblick
Summary and Outlook

Die Zielsetzung der vorliegenden Arbeit war die Beschreibung der Eigenspannungsausbildung in der Werkstückrandzone beim Pendel- und Schnellhubschleifen. Dazu wurden die drei Ursachen, der thermische, der mechanische und der metallurgische Zustand der Werkstückrandzone, zur Ausbildung von Eigenspannungen identifiziert, analysiert und beschrieben.

Die Interaktion zwischen Schleifscheibe und Werkstück führt während des Schleifens im Kontaktbogen zu thermischen und mechanischen Belastungen, welche sich in der Werkstückrandzone als thermomechanisches Beanspruchungskollektiv widerspiegeln. Sofern eine Überbeanspruchung der Werkstückrandzone auftritt, kommt es zu Phasenumwandlungen des Werkstoffgefüges. Damit die thermischen und mechanischen Belastungen während des Pendel- und Schnellhubschleifens quantitativ ermittelt werden konnten, musste ein Versuchsaufbau entwickelt sowie eine Vorgehensweise erarbeitet werden. Insbesondere die beim Schnellhubschleifen kurzen theoretischen Kontaktlängen und -zeiten stellten dabei eine große Herausforderung für die örtliche und zeitliche Auflösung der Schleiftemperaturen und -kräfte dar. Diesbezüglich wurden aufbauend auf der aktuellen Forschung geeignete Messmethoden abgeleitet und weiterentwickelt, so dass erstmals in einem Versuchsaufbau die thermischen sowie die mechanischen Belastungen für einen großen Untersuchungsbereich identifiziert werden konnten. Infolge der analytisch-empirischen Analyse der Schleifscheibentopografie konnten erstmals die kinematischen Einzelkornkontaktflächen quantitativ beschrieben werden. Zusätzlich wurden experimentelle Untersuchungen für das Pendel- und Schnellhubschleifen durchgeführt, um die detaillierte Auswertung der resultierenden Flächenpressungen entlang des Kontaktbogens vornehmen zu können. Es zeigte sich, dass die resultierenden Flächenpressungen im Gegensatz zur Schleiftemperatur mit steigenden Tischvorschubgeschwindigkeiten zunahmen.

Eine wesentliche Bedeutung kam zunächst den weiterführenden Untersuchungen der Werkstückrandzone bezüglich des thermomechanischen Belastungskollektives zu. Es konnte herausgestellt werden, dass für die Beschreibung der thermomechanischen Einflüsse ein makroskopischer Modellansatz herangezogen werden kann. Die Dehnungen und Dehnungsgeschwindigkeiten nahmen mit zunehmender Werkstoffrandzonentiefe im Bereich von wenigen Mikrometern schnell ab. In Anlehnung an die im Schleifprozess identifizierten Belastungen wurden für unterschiedliche Temperaturen Hochgeschwindigkeitszugversuche durchgeführt. Die mathematische Beschreibung des thermomechanischen Werkstoffverhaltens wurde mittels eines modifizierten JOHNSON-COOK-Werkstoffmodelles vorgenommen und zeigte eine gute Übereinstimmung zu den experimentellen Ergebnissen.

Die vorliegende Arbeit konnte einen grundlegenden Beitrag zu den Zusammenhängen zwischen den thermomechanischen Belastungen auf die Kontaktzone während des Schleifens sowie den thermomechanischen Beanspruchungen in der geschliffenen Werkstoffrandzone liefern. Es zeigte sich in den Untersuchungen eine in Abhängigkeit von der Tischvorschubgeschwindigkeit zunehmende Differenz zwischen dem Belastungs- und dem Beanspruchungskollektiv. Somit wurde klar herausgestellt, dass die gemessenen Belastungen innerhalb der Kontaktzone nicht unmittelbar als Eingangsgröße für die Modellierung der Beanspruchungshistorie genutzt werden können. Die im Rahmen dieser Arbeit in Abhängigkeit von den Prozesseinstellgrößen abgeleitete Beanspruchungshistorie diente als Grundlage für die Erforschung der Phasenumwandlungen während des Schleifens und der Modellierung des Schleifprozesses.

Die Phasenumwandlungen für Stahlwerkstoffe werden nach dem derzeitigen Stand der Forschung maßgeblich von den auftretenden Temperaturen sowie den Aufheiz- und Abkühlraten beeinflusst. Die in dieser Arbeit erzielten Ergebnisse erweitern die grundlegenden wissenschaftlichen Erkenntnisse zur Phasenumwandlung um die mathematische Beschreibung der Dehnungs- und Dehnungsgeschwindigkeitseinflüsse auf die resultierenden Austenitstart- und Austenitfinishtemperaturen sowie der Martensitstarttemperaturen. Weiterhin wurde die Umwandlungskinetik für die verschiedenen Beanspruchungsszenarien herausgestellt. Somit waren die Phasenanteile in Abhängigkeit von der Beanspruchungshistorie während eines Schleifhubes zu jedem Zeitpunkt bekannt.

Auf Grundlage der vorhergehenden wissenschaftlichen Erkenntnisse war es möglich, einen ganzheitlichen Ansatz zur Modellierung des Schleifprozesses zur Berechnung von Eigenspannungen in einem 3D-FEM-Modell für das Pendel- und Schnellhubschleifen umzusetzen. Als Eingangsgröße diente die Beanspruchungshistorie in der Werkstückrandzone in Abhängigkeit von den Prozesseinstellgrößen. Dazu wurden die temperatur- und phasenabhängigen thermischen und mechanischen Werkstoffeigenschaften für den Werkstoff 100Cr6 berücksichtigt. Die Validierung der simulierten Eigenspannungen wurde am Beispiel von unterschiedlichen Pendel- und Schnellhubschleifprozessen vorgenommen. Es zeigte sich eine gute quantitative Übereinstimmung, womit die Simulationsergebnisse verifiziert wurden. Somit konnte die Forschungshypothese angenommen werden.

Die in dieser Arbeit erzielten Forschungsergebnisse zeigen weiteres Forschungspotential auf. Im Rahmen zukünftiger Arbeiten sollte die Übertragbarkeit veränderter Bedingungen bei der Phasenumwandlung aufgrund von mechanischer Beanspruchung auf weitere Stahlwerkstoffe mit unterschiedlichen Kohlenstoffanteilen sowie Legierungselementen vorgenommen werden, um allgemeine Zusammenhänge abzuleiten. In der Modellierung und Simulation der Eigenspannungen wurden bisher vereinfachte Werkstückkonturen verwendet. Im Gegensatz dazu kann sich beim Profilschleifen eine Vielzahl von verschiedenen Formelementen ergeben. Die Vorgehensweise für die Beschreibung der thermischen und mechanischen Werkstückbeanspruchungen sollte auf das Profilschleifen adaptiert werden. Somit können in zukünftigen Arbeiten komplexe Realgeometrien in der Modellierung und Simulation von Eigenspannungen Berücksichtigung finden.

Summary and Outlook

The aim of this thesis was the description of the formation of residual stresses in the workpiece surface layer by pendulum and speed stroke grinding. Therefore all three primary causes, the thermal, the mechanical and the metallurgical conditions of the workpiece surface layer stresses have been identified, analysed and described.

The interaction within the contact arc between grinding wheel and workpiece during grinding leads to thermo-mechanical stresses in the workpiece surface layer. Due to an overload of the thermo-mechanical stresses, phase transformations can occur within the surface layer. Therefore, a test set-up was developed and a procedure was acquired for the quantitative determination of the thermal and mechanical loads during pendulum and speed stroke grinding. The short theoretical contact lengths and time especially during speed stroke grinding were a major challenge for spatial and temporal resolution of the grinding temperatures and forces. Concerning this challenge suitable measuring methods have been derived and developed based on the state of research to identify a test set-up measuring thermal and mechanical loads for large range of process input parameters. Furthermore, as a result of the analytical-empirical analysis of the grinding wheel topography the quantitative description of the kinematic single grit contact areas engaged during the grinding process was described for the first time. In addition experimental investigations have been accomplished for pendulum and speed stroke grinding to analyse the resulting contact pressure along the contact arc in detail. This analysis revealed that contrary to the grinding temperature the resulting contact pressure increased with rising table speeds. Further investigations of the workpiece surface layer regarding the thermo-mechanical load distribution were carried out. It was printed out that a macroscopic approach for describing the thermo-mechanical influences can be used. With increasing workpiece surface layer depth strains and strain rates decreased within the range of a few micrometre.

High speed tensile material tests have been carried out for different temperatures reproducing the stresses which have been identified during the grinding processes. For the mathematical description of the mechanical material behaviour a modified JOHNSON-COOK-material law has been introduced and indicated a good consistency with the experimental results. This thesis has supplied a fundamental contribution of the coherences between thermo-mechanical loads within the contact zone during grinding and thermo-mechanical stresses in the ground workpiece surface layer. The investigations indicated an increasing difference between the load and stress distribution in dependency of rising table speeds. As a consequence it was clearly highlighted that the measured stresses within the contact zone could not been taken immediately as input quantities for the modelling of the stress history. As part of this work deduced stress history in dependency of the process input parameters were used for further research on the phase transformation during grinding and for modelling the grinding process. Based on the current state of research phase transformations in steels have been influenced significantly by arising temperatures as well as heat-up and cooling rates. The results obtained in this thesis expands the fundamental scientific knowledge of phase transformation on the mathematical description of the strains and strain rates influences for the resulting austenite start and finish temperatures as well as the martensite start temperature in grinding processes. Furthermore, the phase transformation kinetics have been highlighted for different stress scenarios. Therefore, the phase fractions were known at any time by each grinding stroke in dependency of the stress history.

Based on new scientific knowledge an approach of a 3D-FEM grinding model for residual stress calculation in pendulum and speed stroke grinding was established. As input parameter the workpiece surface layer history in dependency of the process input parameters were used. Therefore temperature and phase dependent thermal and mechanical material properties for the material 100Cr6 were considered. The validations of the simulated residual stresses were carried out for the example of pendulum and speed stroke grinding. It was shown that the results were in good quantitative agreement to the experimental results of residual stress measurements. In conclusion the research hypothesis was confirmed.

As an outcome of this thesis the obtained research results demonstrate potential for further research. Further works are required to pursue the transferability of modified conditions within the phase transformation due to mechanical stress for steel with different carbon content as well as alloys. Thereby a general relation for different steel materials can be derived. In the modelling and simulation of residual stresses only simplified workpiece geometries have been applied. Conversely, a large number of different shape elements may arise by profile grinding. The strategy for describing the thermal and mechanical workpiece surface layer stresses should be adapted to the profile grinding. Hence, in future work complex real workpiece geometries can be used for modelling and simulation of residual stresses.

10 Literaturverzeichnis
References

[ABRA72] Abrassart, F.: *Influence des Transformations Martensitiques sur les Properties Mecaniques des Alliages du Systeme Fe-Ni-Cr-C.* Diss. Universität Nancy, 1972

[ACHT08a] Acht, C., Dalgic, M., Frerichs, F., Hunkel, M., Irretier, A., Lübben, Th., Surm, H.: *Ermittlung der Materialdaten zur Simulation des Durchhärtens von Komponenten aus 100Cr6. Teil 1: Einleitung - Charakterisierung des Werkstoffs und der Wärmebehandlung - Grundsätzliche Überlegungen - Beschreibung von Abhängigkeiten - Thermo-physikalische Kennwerte.* In: HTM Härterei-Technische Mitteilungen. 63. Jg., 2008, Nr. 5, S. 234-244

[ACHT08b] Acht, C., Dalgic, M., Frerichs, F., Hunkel, M., Irretier, A., Lübben, Th., Surm, H.: *Ermittlung der Materialdaten zur Simulation des Durchhärtens von Komponenten aus 100Cr6. Teil 2: Parameter zum Umwandlungsverhalten - Beurteilung des Datensatzes anhand von Bauteilversuchen.* In: HTM Härterei-Technische Mitteilungen. 63. Jg., 2008, Nr. 6, S. 362-371

[AHGA00] Ahga, S. R., Liu, R. C.: *Experimental Study on the Performance of Superfinish Hard Turned Surfaces in Rolling Contact.* In: Wear. 244. Jg., 2000, S. 52–59

[AHRE03] Ahrens, U.: *Beanspruchungsabhängiges Umwandlungsverhalten und Umwandlungsplastizität niedrig legierter Stähle mit unterschiedlich hohen Kohlenstoffgehalte.* Diss. Paderborn, 2003

[ANDE08] Anderson, D., Warkentin, A., Bauer, R.: *Experimental Validation of Numerical Thermal Models for Dry Grinding.* In: Journal of Materials Processing Technology. 204. Jg., 2008, S. 269-278

[AVRA39] Avrami, M.: *Kinetics of Phase Change. I. General Theory.* In: Journal of Chemical Physics. 7. Jg., 1939, S. 1103-1112

[AVRA40] Avrami, M.: *Kinetics of Phase Change. II. Transformation-Time Relations for Random Distribution of Nuclei.* In: Journal of Chemical Physics. 8. Jg., 1940, S. 212-224

[AVRA41] Avrami, M.: *Kinetics of Phase Change. III. Granulation, Phase Change, and Microstructure.* In: Journal of Chemical Physics. 9. Jg., 1941, S. 177–184

[BABE13] Babel, R., Koshy, P., Weiss, M.: *Acoustic Emission Spikes at Workpiece Edges in Grinding: Origin and Applications.* In: International Journal of Machine Tools & Manufacture. 64. Jg., 2013, S. 96-101

[BATA05] Batako, A. D., Rowe, W. B., Morgan, M. N.: *Temperature Measurement in High Efficiency Deep Grinding.* In: International Journal of Machine Tools & Manufacture., 45. Jg., 2005, S. 1231-1245

[BERN93] Berns, H.: *Stahlkunde für Ingenieure.* Springer-Verlag, Berlin, Heidelberg, New York, 2. Auflage, 1993

[BESS93] Besserdich, G.: *Untersuchungen zur Eigenspannungs- und Verzugsausbildung beim Abschrecken von Zylindern aus den Stählen 42CrMo4 und Ck45 unter Berücksichtigung der Umwandlungsplastizität.* Diss. Karlsruhe, 1993

[BESW84] Beswick, J.: *Effect of Prior Cold Work on the Martensite Transformation in SAE 52100.* In: Metallurgical Transaction A. 15. Jg., 1984, S. 299-306

[BHAT54] Bhattacharyya, S., Kehl, G.L.: *Isothermal Transformation of Austenite under Externally Applied Tensile Stress.* In: Transactions Of The American Society For Metals. 47. Jg., 1954, S. 351-378

[BIER61] Biermann, W.: *Beeinflussung des Austenitzerfalls in der Perlit- und Zwischenstufe durch allseitigen Druck.* Diss. RWTH Aachen, 1961

[BIER97] Biermann, D., Schneider, M.: *Modeling and Simulation of Workpiece Temperature in Grinding by Finite Element Analysis.* In: Machining Science and Technology. 1. Jg., 1997, Nr. 2, S. 173-183

[BLACK94] Black, S. C. E., Rowe, W. B., Mills, B., Qi, H. S.: *Experimental Energy Partitioning in Grinding.* In: Tagungsband zur Study of Metal Cutting and Forming Processes Eurometalworking '94. 28.-30. September, 1994, Udine, Italy

[BLEC10] Bleck, W.: *Werkstoffkunde Stahl für Studium und Praxis.* Aachen: Mainz, 2010

[BOEH03] Böhm, M., Dachkovski, S., Hunkel, M., Lubben, T., Wolff, M.: *Übersicht über einige makroskopische Modelle für Phasenumwandlungen im Stahl.* In: Berichte aus der Technomathematik 03-09, Zentrum für Technomathematik, Fachbereich 3 - Mathematik und Informatik, Universität Bremen, August 2003

[BRAN78]	Brandin, H. J. E.: *Pendelschleifen und Tiefschleifen. Vergleichende Untersuchungen beim Schleifen von Rechteckprofilen.* Diss. Braunschweig, 1978
[BRIN82]	Brinksmeier, E.: *Randzonenanalyse geschliffener Werkstücke.* Diss. Hannover, 1982
[BRIN90]	Brinksmeier, E.: *Eigenspannungsanalyse zur Prozeßgestaltung beim Schleifen.* In: HTM Härterei-Technische Mitteilungen. 45. Jg., 1990, Nr. 6, S. 348-355
[BRIN91]	Brinksmeier, E.: *Prozeß- und Werkstückqualität in der Feinbearbeitung.* Habil.-Schr. Hannover, 1991
[BRIN94]	Brinksmeier, E., Brockhoff, T.: *Randschicht-Wärmebehandlung durch Schleifen.* In: Härterei-Technische Mitteilungen. 49. Jg., 1994, Nr. 5, S. 327-330
[BRIN96]	Brinksmeier, E., Brockhoff, T.: *Utilization of grinding heat as a new heat treatment process.* In: CIRP Annals Manufacturing Technology. 45. Jg., 1996, Nr. 1, S. 283-286
[BRIN03]	Brinksmeier, E., Wilke, T., Heinzel, C., Böhm, C.: *Simulation of the Temperature Distribution and Metallurgical Transformation in Grinding by Using the Finite-Element-Method.* In: Production Engineering - Research and Development. 10. Jg., 2003, Nr. 1, S. 9-14
[BRIN05]	Brinksmeier, E., Minke, E., Wilke, T.: *Investigations on Surface Layer Impact and Grinding Wheel Performance for Industrial Grindhardening Applications.* In: Production Engineering - Research and Development. 12. Jg., 2005, Nr. 1, S. 35-40
[BRIN06]	Brinksmeier, E., Aurich, J. C., Govekar, E., Heinzel, C., Hoffmeister, H.-W., Klocke, F., Peters, J., Rentsch, R., Stephenson, D. J., Uhlmann, E., Weinert, K., Wittmann, M.: *Advances in Modeling and Simulation of Grinding Processes.* In: Annals of the CIRP. 55. Jg., 2006, S. 667-696
[BRIN08]	Brinksmeier, E., Garbrecht, M., Meyer, D., Dong, J.: *Surface Hardening by Strain Induced Martensitic Transformation.* In: Production Engineering - Research and Development. 2. Jg., 2008, S. 109-116
[BROC99]	Brockhoff T.: *Grind-hardening: A comprehensive view.* In: CIRP Annals Manufacturing Technology. 48. Jg., 1999, Nr. 1, S. 255-260
[BROE10]	Broeckmann, C., Beiss, P.: *Werkstoffkunde I. Vorlesungsskript.* Lehrstuhl für Werkstoffanwendungen im Maschinenbau, RWTH Aachen, 2010

[BUET68] Büttner, A.: *Das Schleifen sprödharter Werkstoffe mit Diamant-Topfscheiben unter besonderer Berücksichtigung des Tiefschleifens*. Diss. Hannover, 1968

[BULL13] Bulla, B.: *Ultrapräzisionszerspanung von Nanokorn-Hartmetall mit monokristallinen Diamantwerkzeugen*. Diss. RWTH Aachen, 2013

[CARS59] Carslaw, H., Jaeger, J. C.: *Conduction of Heat in Solids*. Oxford Science Publications, Oxford University Press. 1959

[CHIL01] Childs, P. R. N.: *Practical Temperature Measurement*. Woburn: Butterworth Heinemann, 2001

[CHOI86] Choi, H.-Z.: *Beitrag zur Ursachenanalyse der Randzonenbeeinflussung beim Schleifen*. Diss. Hannover, 1986

[COLD59] Colding, B.N.: *A Wear Relationship for Turning, Milling and Grinding - Machining Economics*. Ph.D. Thesis, Stockholm, 1959

[COLD72] Colding, B., König, W., Pahlitzsch, G., Pekelharing, J., Peters, J.: *Recent Research and Development in Grinding*. In: Annals of the CIRP. 21. Jg., 1972, Nr. 2, S. 157-166

[DARK53] Darken, L. S., Gurry, R. W.: *Physical Chemistry of Metals*. Tokyo: McGraw-Hill, 1953

[DAVI07] Davies, M. A., Ueda, T., M'Saoubi, R., Mullany, B., Cooke, A. L.: *On the Measurement of Temperature in Material Removal Processes*. In: Annals of the CIRP. 56. Jg., 2007, Nr. 2, S. 581-604

[DEDE72] Dederichs, M.: *Untersuchung der Wärmebeeinflussung des Werkstückes beim Flachschleifen*. Diss. RWTH Aachen, 1972

[DENI82] Denis, S., Simon, A., Beck, G.: *Berücksichtigung des Werkstoffverhaltens eines Stahles mit Martensitumwandlung bei der Berechnung von Eigenspannungen während des Abschreckvorganges*. In: HTM Härterei-Technische Mitteilungen. 37. Jg., 1982, Nr. 1, S. 18-28

[DENI85] Denis, S, Gautier, E., Simon, A., Beck, G.: *Stress-Phase Transformation Interactions - Basic Principles, Modelling, and Calculation of Internal Stresses*. In: Materials Science and Technology. 1. Jg., 1985, Nr.10, S. 805-814

[DENI87] Denis, S., Gautier, E., Sjöström, S., Simon, A.: *Influence of Stresses on the Kinetics of Pearlitic Transformation during Continuous Cooling*. In: Acta Metallurgica. 35. Jg., 1989, Nr. 7, S. 1621-1632

[DENK03]	Denkena, B., Jung, M., Walden, L., Müller, C.: *Charakterisierung weißer Schichten nach mechanischer und thermischer Einwirkung durch Fertigungsverfahren.* In: HTM Härterei-Technische Mitteilungen. 58. Jg., 2003, Nr. 4, S. 211-217
[DENK11]	Denkena, B., Tönshoff, H. K.: *Spanen: Grundlagen.* Springer, 2011
[DENK12]	Denkena, B., Köhler, J., Kästner, J.: *Chip Formation in Grinding: an Experimental Study.* In: Production Engineering - Research and Development. 6. Jg., 2012, Nr. 2, S. 107-115
[DIN93]	Norm DIN EN 10052 (Januar 1993). Begriffe der Wärmebehandlung von Eisenwerkstoffen.
[DIN96]	Norm DIN EN 60584-1 Teil 1 (Oktober 1996). Grundwerte der Thermospannungen.
[DOEG07]	Doege, E., Behrens, B.-A.: *Handbuch der Umformtechnik: Grundlagen, Technologien, Maschinen.* 2. Auflage, Springer Verlag, 2010
[DOEL76]	Dölle, H., Hauk, V.: *Röntgenographische Spannungsermittlung für Eigenspannungssysteme allgemeiner Orientierung.* In: HTM Härterei-Technische Mitteilungen. 31. Jg., 1976, S. 165-168
[DOMA09]	Doman, D. A., Warkentin, A., Bauer, R.: *Finite Element Modeling Approaches in Grinding.* In: International Journal of Machine Tools and Manufacture. 49. Jg., 2009, S. 109-116
[DUSC09]	Duscha, M., Klocke, F., Wegner, H.: *Erfassung und Charakterisierung der Schleifscheibentopographie für die anwendungsgerechte Prozessauslegung. Teil 1.* In: Diamond Business. 36. Jg., 2009, Nr. 1, S. 36-40
[DUSC09a]	Duscha, M., Klocke, F., Wegner, H., Gröning, H.: *Erfassung und Charakterisierung der Schleifscheibentopographie für die anwendungsgerechte Prozessauslegung. Teil 2.* In: Diamond Business. 28. Jg., 2009, Nr. 2, S. 28-33
[DUSC10]	Duscha, M., Linke, B., Klocke, F.: *Enhancement of the New Technology "Speed Stroke Grinding" by High Speed Grinding.* In: Tagungsband zur Eighth International Conference on High Speed Machining. Metz, Frankreich, 8.-10. Dezember, 2010
[DUSC10a]	Duscha, M., Klocke, F., d'Entremont, A., Linke, B., Wegner, H.: *Investigation of Temperatures and Residual Stresses in Speed Stroke Grinding via FEA Simulation and Practical Tests.* In: Tagungsband zur Manufacturing System. 5. Jg., 2010, Nr. 3, S. 143-148

[DUSC11a]   Duscha, M.; Klocke, F.; Wegner, H.: *Residual Stress Model for Speed-Stroke Grinding of Hardened Steel with CBN Grinding Wheels.* In: International Journal of Automation Technology. 5. Jg., 2011, Nr. 3, S.439-444

[DUSC11b]   Duscha, M., Eser, A., Klocke, F., Broeckmann, C., Wegner, H., Bezold, A.: *Modeling and Simulation of Phase Transformation during Grinding.* In: Advanced Materials Research. 223. Jg., 2011, S. 743-753

[EDA93]   Eda, H., Yamauchi, S., Ohmura, E.: *Computer Visual Simulation on Structural Changes of Steel in Grinding Process and Experimental Verification.* In: Annals of the CIRP. 42. Jg., 1993, Nr. 1, S. 389-392

[EE05]   Ee, K. C., Dillon, O. W., Jawahir, Jr. I. S.: *Finite Element Modeling of Residual Stresses in Machining Induced by Cutting using a Tool with Finite Edge Radius.* In: International Journal of Mechanical Science. 47. Jg., 2005, S. 1611-1628

[ESHE57]   Eshelby, J. D.: *The Determination of the Elastic Field of an Ellipsoidal Inclusion and Related Problems.* In: Tagungsband zur Royal Society of London. Series A. Mathematical and Physical Sciences. 241. Jg., 1957, Nr. 1226, S. 376-396.

[FANI72]   Faninger, G., Hartmann, U.: *Physikalische Grundlagen der quantitativen·röntgenographischen Phasenanalyse (RPA).* In: HTM Härterei-Technische Mitteilungen. 27. Jg., 1972, S. 233-244

[FERL92]   Ferlemann, F.: *Schleifen mit höchsten Schnittgeschwindigkeiten.* Diss. RWTH Aachen, 1992

[FISC94]   Fischer, E. D., Berveiller, M., Tanaka, K., Oberaigner, E. R.: *Continuum Mechanical Aspects of Phase Transformations in Solids.* In: Archive of Applied Mechanics. 64. Jg., 1994, S. 54-85

[FISC96]   Fischer, F.D., Sun, Q.-P., Tanaka, K.: *Transformation-Induced Plasticity (TRIP).* In: American Society Of Mechanical Engineers, Applied Mechanics Reviews. 49. Jg., 1996, S. 317-364

[FOEC09]   Foeckerer, T., Huntemann, J. W., Heinzel, C, Brinksmeier, E., Zaeh, M. F.: *Einfluss der Wärmequellenmodellierung auf die Simulation der Einhärtetiefe und der Bauteilverzüge beim Schleifhärteprozess.* In: Tagungsband zur Sysweld Forum 2009. 22.-23. Oktober 2009, S. 205-220

[FOEC10]   Foeckerer, T., Huntemann, J. W., Heinzel, C, Brinksmeier, E., Zaeh, M. F.: *Experimental and Numerical Analysis of the Influences on Part Distortion as a Result of the Grind-Hardening Process.* In: Tagungsband zur 7. CIRP International Conference on Intelligent Computation in Manufacturing Engineering. 23.-25. Juni 2010

[FOEC12]	Föckerer, T., Kolkwitz, B., Heinzel, C., Zäh, M. F.: *Experimental and Numerical Analysis of Transient Behaviour during Grind-Hardening of AISI 52100*. In: Production Engineering - Research and Development. 6. Jg., 2012, Nr. 6, S. 559-568
[FONS96]	Fonseca, A. S. M.: *Simulation der Gefügeumwandlungen und des Austenitkornwachstums bei der Wärmebehandlung von Stahl*. Diss. RWTH Aachen, 1996
[FUJI71]	Fujita, M., Suzuki, M. *The Effect of High Pressure on the Isothermal Transformation in High-Purity Fe-C Alloys and Commercial Steels*. In: ISIJ The Iron and Steel Institute of Japan. 57. Jg., 1971, Nr. 10, S. 1676-1689
[GAUT94]	Gautier E., Denis S., Liebaut C., Sjostrom, S.: *Mechanical behaviour of Fe-C alloy during phase transformations*. In: Journal de Physic IV, 4. Jg., 1994, Nr. C3, S. 279-284
[GREE65]	Greenwood, G. W., Johnson, R. H.: *The Deformation of Metals under Small Stresses during Phase Transformation*. In: Tagungsband zur Royal Society of London. Series A. Mathematical and Physical Sciences. 283. Jg., 1965, Nr. 1394, S. 403-422.
[GRIF87]	Griffiths, B. J.: *Mechanisms of White Layer Generation With Reference to Machining and Deformation Processes*. In: Journal of Tribology. 109. Jg., 1987, Nr. 86, S. 525-530
[GROF77]	Grof, H. E.: *Beitrag zur Klärung des Trennvorganges beim Schleifen von Metallen*. Diss. München, 1977
[GUEH67]	Gühring, K.: *Hochleistungsschleifen - Eine Methode zur Leistungssteigerung der Schleifverfahren durch hohe Schnittgeschwindigkeiten*. Diss. RWTH Aachen, 1967
[GUO02]	Guo, Y. B., Liu, C. R.: *FEM Analysis of Mechanical State on Sequentially Machined Surfaces*. In: Machining Science and Technology, 6. Jg., 2002, S. 21-41
[GUO99]	Guo, C., Malkin, S., Varghese, V., Wu, Y.: *Temperatures and Energy Partition for Grinding with Vitrified CBN Wheels*. In: Annals of the CIRP. 48. Jg., 1999, Nr. 1, S. 247-250
[HAMD04]	Hamdi, H., Zahouani, H., Bergheau, J.-M.: *Residual Stresses Computation in a Grinding Process*. In: Journal of Materials Processing Technology. 147. Jg., 2004, S. 277-285
[HAN06]	Han, S.: *Mechanisms and Modelling of White Layer Formation in Orthogonal Machining of Steels*. Diss. Mechanical Engineering Georgia Institute of Technology. USA, 2006

[HEIN09] Heinzel, C.: *Zum Stand der Modellbildung und Simulation sowie unterstützender experimenteller Methoden. Schleifprozesse verstehen.* Habil.-Schr. Bremen, 2009

[HEUE92] Heuer, W.: *Außenrundschleifen mit kleinen keramisch gebundenen CBN-Schleifscheiben.* Diss. Hannover, 1992

[HOEF05] Höfter, A.: *Numerische Simulation des Härtens von Stahlbauteilen mit verschleißbeständigen Schichten.* Diss. Bochum, 2005

[HOSE00] Hosenfeld, T.: *Schwingfestigkeit des Stahls 42CrMo4 nach partieller Härtung mit gepulster Nd:YAG-Laserstrahlung.* Diss. Universität Bremen, 2000

[HYAT13] Hyatt, G. A., Mori, M., Föckerer, T., Zäh, M. F., Niemeyer, N., Duscha, M.: *Integration of Heat Treatment into the Process Chain of a Mill Turn Center by Enabling External Cylindrical Grind-Hardening.* In: Production Engineering - Research and Development. 7. Jg., 2013, Nr. 6, S. 571-584

[INAS88] Inasaki, I.: *Speed-Stroke Grinding of Advanced Ceramies.* In: Annals of the CIRP. 37. Jg., 1988, Nr. 1, S. 299-302

[INAS89] Inasaki, I.; Chen, C.; Jung, Y.: *Surface, Cylindrical and Internal Grinding of Advanced Ceramics. Grinding Fundamentals and Applications.* In: Transaction of ASME. 39. Jg., 1989, S. 201-211

[INOU81] Inoue, T., Nagaki, S., Kishino, T., Monkawa, M.: *Description of Transformation Kinetics, Heat Conduction and Elastic-Plastic Stress in the Course of Quenching and Tempering of Some Steels.* In: Ingenieur-Archiv. 50. Jg., 1981, S. 315-327

[INOU85] Inoue,T., Zhigang, W.: *Coupling Between Stress, Temperature, and Metallic Structures during Processes Involving Phase Transformations.* In: Materials Science and Technology. 1. Jg., 1985, S. 845-850

[JAEG42] Jaeger, J. C.: *Moving Sources of Heat and the Temperature at Sliding Contacts.* In: Tagungsband zur Royal Society of New South Wales. 76. Jg., 1942, S. 203-224

[JIN04] Jin, T., Stephenson, D. J.: *Three Dimensional Finite Element Simulation of Transient Heat Transfer in High Efficiency Deep Grinding.* In: CIRP Annals - Manufacturing Technology. 53. Jg., 2004, Nr. 1, S. 259-262

[JIN06] Jin, T., Stephenson, D. J.: *Analysis of Grinding Chip Temperature and Energy Partitioning in High-Efficiency Deep Grinding.* In: Journal of Engineering Manufacture. 220. Jg., 2006, S. 615-625

[JOHN39] Johnson, W. A., Mehl, R. F.: *Reaction Kinetics in Processes of Nucleation and Growth.* In: Transactions of the American Institute of Mining and Metallurgical Engineers. 135. Jg., 1939, S. 416-458

[JOHN83] Johnson, R. G.; Cook, W. H.: *A Constitutive Model and Data for Metals Subjected to Large Strains, High Strain Rates and High Temperatures.* In: Engineering Fracture Mechanics. 21. Jg. 1983, Nr. 1, S. 541-547

[KAIS75] Kaiser, M.: *Tief- und Pendelschleifen von Hartmetall mit Diamantumfangsschleifscheiben.* Diss. Hannover, 1975

[KARP01] Karpuschewski, B.: *Sensoren zur Prozeßüberwachung beim Spanen.* Diss. Hannover, 2001

[KASS69] Kassen, G.: *Beschreibung der elementaren Kinematik des Schleifvorganges.* Diss. RWTH Aachen, 1969

[KEHL56] Kehl, G., Bhattacharyya, S.: *The Influence of Tensile Stress on the Isothermal Decomposition of Austenite to Ferrite and Perlite.* In: Transactions of the American Institute of Mining and Metallurgical Engineers. 48. Jg., 1956, S. 234-248

[KLOC82] Klocke, F.: Gewindeschleifen mit Bornitridschleifscheiben. Diss. Berlin, 1982

[KLOC97] Klocke, F., Brinksmeier, E., Evans, C. J., Webster, J. A., Inasaki, I., Minke, E., Stuff, D., Howes, T. D., Tönshoff, H. K.: *High-Speed Grinding. Fundamentals and State of the Art in Europe, Japan, and the USA.* In: Annals of the CIRP. 46. Jg., 1997, Nr. 2, S. 715-724

[KLOC03] Klocke, F.: *Modeling and Simulation in Grinding.* In: Tagungsband zur 1st European Conference on Grinding, 3. Schleiftechnisches Kolloquium. Aachen, 6.-7. November 2003, Hrsg.: Werner, K., Klocke, F., Brinksmeier, E. Fortschr.-Ber. VDI Reihe 2 Nr. 642. Düsseldorf: VDI Verlag, 2003, S. 8-1 - 8-27

[KLOC05] Klocke, F., König, W.: *Fertigungsverfahren 2. Schleifen, Honen, Läppen.* Berlin, Heidelberg: Springer-Verlag Berlin Heidelberg, 2005

[KLOC08] Klocke, F., Zeppenfeld, C., Pampus, A., Mattfeld, P.: *Fertigungsbedingte Produkteigenschaften - FePro, Status und Perspektiven.* Voruntersuchung, Apprimus Verlag, 2000

[KLOO80] Kloos, K. H., Broszeit, E., Koch, M.: *Eigenspannungsänderungen beim Überrollen von gehärtetem Wälzlagerstahl 100Cr6.* In: Materialwissenschaft und Werkstofftechnik. 11. Jg., 1980, S. 68-72

[KNEE11] Kneer, R.: *Wärme- und Stoffübertragung*. Vorlesungsskript, Lehrstuhl für Wärme- und Stoffübertragung, RWTH Aachen, 2011

[KOEN71] König, W., Schreitmüller, H., Sperling, F., Werner, G., Younis, M. A.: *A Survey of the Present State of High Speed Grinding*. In: Annals of the CIRP. 19. Jg., 1971, S. 275-283

[KOIS59] Koistinen, D., Marburger, R.: *A General Equation Prescribing the Extent of the Austenite-Martensite Transformation in Pure Iron-Carbon Alloys and Plain Carbon Steels*. In: Acta Metallurgica. 7. Jg., 1959, Nr. 1, S. 59-60

[KOLK11] Kolkwitz, B., Foekerer, T., Heinzel, C., Zaeh, M. F., Brinksmeier, E.: *Experimental and Numerical Analysis of the Surface Integrity Resulting from Outer-Diameter Grind-Hardening*. In: Procedia Engineering. 19. Jg., 2011, S. 222-227

[KOLM37] Kolmogorov, A. N.: *On the Statistical Theory of the Crystallization of Metals*. In: Tagungsband zur USSR Academy of Sciences. 3. Jg., 1937, S. 355-359

[KOMA01] Komanduri, R., Hou, Z. B.: *A Review of the Experimental Techniques for the Measurement of Heat and Temperatures Generated in Some Manufacturing Processes and Tribology*. In: Tribology International. 34. Jg., 2001, S. 653-682

[KOPA06] Kopac, J., Krajnik, P.: *High-Performance Grinding - A Review*. In: Journal of Materials Processing Technology. 175. Jg., 2006, S. 278-284

[KRAN99] Kranz, S. W.: *Mechanisch-Technologische Eigenschaften Metastabiler austenitischer Edelstähle und deren Beeinflussung durch den TRIP-Effekt*. Diss. RWTH Aachen, 1999

[KRAU80] Kraus, G., Grossmann, M. A.: *Principles of Heat Treatment*. In: American Society for Metals. 1980

[KRAU90] Krauss, G.: Steels: *Heat Treatment and Processing Principles*, In: American Society for Metals. 1990

[KRAU95] Kraus, W., Nolze, G.: *Powder Cell - A Program for the Representation and Manipulation of Crystal Structures and Calculation of the Resulting X-ray Powder Patterns*. In: Journal of Applied Crystallography. 1995, Nr. 29, S. 301-303

[KURR28]	Kurrein, M.: *Untersuchung der Schleifscheibenhärte.* In: Werkstatttechnik. 22. Jg., 1928, Nr. 10, S. 293-298
[LEBL86]	Leblond, J. B., Mottet, G., Devaux, J. C.: *A Theoretical and Numerical Approach to the Plastic Behaviour of Steels during Phase Transformations - I. Derivation of General Relations.* In: Journal of the Mechanics and Physics of Solids. 34. Jg., 1986, Nr. 4, S. 395-409
[LEBL89]	Leblond, J. B., Devaux, J., Devaux, J. C.: *Mathematical modelling of transformation plasticity in steels I: Case of Ideal-Plastic Phases.* In: International Journal of Plasticity. 5. Jg., 1989, Nr. 6, S. 551-572
[LEE04]	Lee, S.-J., Leeb, Y.-K.: *Effect of Austenite Grain Size on Martensitic Transformation of a Low Alloy Steel.* In: Material Science. 475-479. Jg., 2005, S. 3169-3172
[LEOP80]	Leopold, J.: *Modellierung der Spanbildung:* Experiment. Wissenschaftliche Schriftenreihe der Technischen Hochschule Karl-Marx-Stadt, 1980
[LIER90]	Lierath, F.; Jankowski, R.; Schenkel, St.; Bage, Th.: *Prozeßmodelle zur Qualitätssteigerung von Arbeitsabläufen in der Feinbearbeitung.* In: Tagungsband zum 6. Internationalen Braunschweiger Feinbearbeitungskolloquium (FBK). 19.-21. Sept. 1990, S. 16.01-16.28
[LIER99]	Lierath, F., Knoche, H. J.: *Durchdringung der schleifprozessbedingten Wärmefließvorgänge.* In: Werkstatttechnik- Forschung und Entwicklung für die Produktion. 89. Jg., 1999, S. 231-234
[LITT53]	Littmann, W. E.: *The Influence of the Grinding Process on the Structure of Hardened Steel.* Diss. Massachusetts, 1953
[LIU00]	Liu, C. R., Guo, Y. B.: *Finite Element Analysis of the Effect of Sequential Cuts and Tool Chip Friction on Residual Stresses in a Machined Layer.* In: International Journal of Mechanical Science. 42. Jg., 2000, S. 1069-1086
[LOEW03]	Löwisch, G., Mayr, P.: *Teilprojekt C1* In: Abschlussbericht des Teilprojekts C1 im Rahmen des SFB 570 „Distorsion Engineering" für den Berichtszeitraum 2001-2003
[LORT75]	Lortz, W.: *Schleifscheibentopographie und Spanbildungsmechanismen beim Schleifen.* Diss. RWTH Aachen. 1975
[LOWI80]	Lowin, R.: *Schleiftemperaturen und ihre Auswirkungen im Werkstück.* RWTH Aachen, 1980
[LUEN91]	Lünenbürger, A.: *Zum Umwandlungs- und Verformungsverhalten bainitischaustenitischer Siliziumstähle.* Diss., Universität Karlsruhe 1991

[MACH61]　Macherauch, E., Müller, P.: *Das sin²ψ-Verfahren der röntgenographischen Spannungsmessung*. In: Zeitschrift für angewandte Physik. 13. Jg., 1961, Nr. 7, S. 305.

[MACH73]　Macherauch, E., Wohlfahrt, H., Wolfstieg, U.: *Zur zweckmäßigen Definition von Eigenspannungen*. In: HTM Härterei-Technische Mitteilungen. 28. Jg., 1973, Nr. 3, S. 201-211

[MACH83]　Macherauch, E., Hauk, V.: *Eigenspannungen. Entstehung, Messung, Bewertung. Band 1*. In: Vortragstexte eines Symposiums der Deutschen Gesellschaft für Metallkunde, in Zusammenarbeit mit dem Deutschen Verband für Materialprüfung, dem Schweiz. Verband für Materialprüfung und der Arbeitsgemeinschaft für Wärmebehandlung und Werkstofftechnik. Deutsche Gesellschaft für Metallkunde, 1983.

[MACK03]　Mackerle, J.: *Finite Element Analysis and Simulation of Machining: an Addendum. A Bibliography (1996-2002)*. In: International Journal of Machine Tools and Manufacture. 43. Jg., 2003, S. 103-114

[MAHD95]　Mahdi, M., Zhang, L. C.: *The Finite Element Thermal Analysis of Grinding Processes by ADINA*. In: Computers & Structures. 56. Jg., 1995, Nr. 2/3, S. 313-320

[MAHD97]　Mahdi, M., Zhang, L. C.: *Applied Mechanism in Grinding-V. Thermal Residual Stresses*. In: International Journal of Machine Tools and Manufacture. 37. Jg., 1997, Nr. 5, S. 619-633

[MAHD98]　Mahdi, M.: *A Numerical Investigation into the Mechanisms of Residual Stresses Induced by Surface Grinding*. Diss. Sydney, 1998

[MAHD99]　Mahdi, M., Zhang, L. C.: *Residual Stresses in Ground Components Caused by Coupled Thermal and Mechanical Plastic Deformation*. In: Journal of Materials Processing Technology. 95. Jg., 1999, S. 238-245

[MAHD99a]　Mahdi, M., Zhang, L. C.: *Applied Mechanics in Grinding Part 7: Residual Stresses Induced by the full Coupling of Mechanical Deformation, Thermal Deformation and Phase Transformation*. In: International Journal of Machine Tools & Manufacture. 39. Jg., 1999, S. 1285-1298

[MAHD00]　Mahdi, M., Zhang, L.: *A Numerical Algorithm for the Full Coupling of Mechanical Deformation, Thermal Deformation and Phase Transformation in Surface Grinding*. In: Computational mechanics. 26. Jg., 2000, Nr. 2, S. 148-156

[MAIE08] Maier, B.: *Beitrag zur thermischen Prozessmodellierung des Schleifens.* Diss. RWTH Aachen, 2008.

[MALK89] Malkin, S.: *Grinding Technology.* Theory and applications of machining with abrasives. Chichester: Ellis Horwood, 1989

[MALK07] Malkin, S., Guo, C.: *Thermal Analysis of Grinding.* In: Annals of the CIRP. 56. Jg., 2007, Nr. 2, S. 760-782

[MAO08] Mao, C., Zhou, Z., Zhou, D., Gu, D.: *Analysis of Influence Factors for the Contact Length between Wheel and Workpiece in Surface Grinding.* In: Key Engineering Materials. 359.-360. Jg., 2008, S. 128-132

[MARI04] Marinescu, I. D., Rowe W. B., Dimitrov B., Inasaki I.: *Tribology of Abrasive Machining Processes.* William Andrew Publishing, New York, 2004

[MARI77] Maris, M.: *Thermische Aspekten van de oppervlakteintegriteit bij het slijpen.* Diss. Leuven, 1977

[MARI04] Marinescu, I. D., Rowe W. B., Dimitrov B., Inasaki I.: *Tribology of Abrasive Machining Processes.* William Andrew Publishing, New York, 2004

[MITT87] Mitter, W.: *Umwandlungsplastizität und ihre Berücksichtigung bei der Berechnung von Eigenspannungen.* In: Materialkundliche Technische Reihe 7. Gebrüder Borntraeger Berlin Stuttgart, 1987

[MOEL62] Moeller, C. E.: *Thermocouples for the Measurement of Transient Surface Temperatures.* In: Temperature, Its Measurement and Control in Science and Industry. 2. Jg., 1962, S. 617-623

[MOUL01] Moulik, P. N., Yang, H. T. Y., Chandrasekar, S.: *Simulation of Thermal Stresses due to Grinding.* In: International Journal of Mechanical Sciences. 43. Jg., 2001, S. 831-851

[MUCK00] Muckli, J. H.: *Hochgeschwindigkeitsschleifen mit keramisch gebundenen CBN-Schleifscheiben.* Diss. RWTH Aachen, 2000

[NACH08] Nachmani, Z.: *Randzonenbeeinflussung beim Schnellhubschleifen.* Diss. RWTH Aachen, 2008

[NGUY11] Nguyen, T., Zhang, L. C.: *Realisation of Grinding-Hardening in Workpieces of Curved Surfaces - Part 1: Plunge Cylindrical Grinding.* In: International Journal of Machine Tools & Manufacture. 51. Jg., 2011, S. 309-319

[NOCK76] Nocke, G., Jänsch, E., Lenk, P.: *Untersuchungen zum Spannungseinfluß auf das isotherme Umwandlungsverhalten des übereutektoiden Stahls UR38CrMoV21.14.* In: Neue Hütte. 21. Jg., 1976, Nr. 8, S. 468-473

[NOYE08] Noyen, M.: *Analyse der mechanischen Belastungsverteilung in der Kontaktzone beim Längs-Umfangs-Planschleifen.* Diss. Universität Dortmund, 2008

[OLIV09] Oliveira, J. F. G., Silva, E. J., Hashimoto, F., Guo, C.: *Industrial Challenges in Grinding.* In: CIRP Annals - Manufacturing Technology. 58. Jg., 2009, S. 663-680

[OLSO72] Olson, G., Cohen, M.: *A Mechanism for the Strain-Induced Nucleation of Martensitic Transformations.* In: Journal of the Less Common Metals. 28. Jg., 1972, Nr. 1, S. 107-118

[OPPE03] Oppelt, P., Fischbacher, M., Zeppenfeld, C.: *Process Relations and Machine Requirements on Speed Stroke Grinding of Turbine Materials.* In: Tagungsband zur 1st European Conference on Grinding. 2003. Aachen, Düsseldorf: Fortschritt-Berichte VDI

[ORLI73] Orlich, J., Rose, P., Wiest, P.: *Atlas zur Wärmebehandlung der Stähle.* Band 3. Düsseldorf: Stahleisen mbH, 1973

[OUTE06] Outeiro, J. C., Umbrello, D., M'Saoubi, R.: *Experimental and Numerical Modelling of the Residual Stresses induced in Orthogonal Cutting of AISI 316L Steel.* In: International Journal of Machine Tools & Manufacture. 46. Jg., 2006, S. 1786-1794

[PAHL43] Pahlitzsch, G., Helmerdig, H.: *Bestimmung und Bedeutung der Spanungsdicke beim Schleifen.* In: Werkstatttechnik. 1943, Nr. 11/12, S. 397

[PATE53] Patel, J. R, Cohen, M.: *Criterion for the Action of Applied Stress in the Martensitic Transformation.* In: Acta Metallurgica. 1. Jg., 1953, S. 531-538

[PAUL94] Paul, T.: *Konzept für ein schleiftechnologisches Informationssystem.* Düsseldorf, 1994

[PEKL57] Peklenik, J.: *Ermittlung von geometrischen und physikalischen Kenngrößen für die Grundlagenforschung des Schleifens.* Diss. RWTH Aachen, 1957

[PETE67] Peters, J. M.: *Les recherches actuelles dans le domaine de la rectification.* In: Annals of the CIRP. 15. Jg., 1967, S. 21-33

[PORT59] Porter, L. F., Rosenthal, P. C.: *Effect of Applied Tensile Stress on Phase Transformations.* In: Acta Metallurgica. 7. Jg. 1959, S. 504-514

[QI97a]	Qi, H. S., Rowe, W. B., Mills, B.: *Contact Length in Grinding. Part 1: Contact Length Measurement.* In: Tagungsband zur Institution of Mechanical Engineers. 211. Jg., 1997, Nr. 211, S. 67-76
[QI97b]	Qi, H. S., Rowe, W. B., Mills, B.: *Contact Length in Grinding. Part 2: Evaluation of the Contact Length Models.* In: Tagungsband zur Institution of Mechanical Engineers. 211. Jg., 1997, Nr. 211, S. 77-85
[QUIR80]	Quiroga, E. S.: *Spannungen und Verformungen in der Schleifscheibe beim Schleifprozess.* Diss. RWTH Aachen, 1980
[RADC63]	Radcliffe, S. V., Schatz, M., Kulin, S. A.: *The Effect of High Pressure on the Isothermal Transformation of Austenite in Iron-Carbon Alloys.* In: Journal of the Iron and Steel Institute. 1963, S. 142-153
[RAME08]	Ramesh, A., Melkote, S. N.: *Modeling of White Layer Formation under Thermally Dominant Conditions in Orthogonal Machining of Hardened AISI 52100 steel.* In: Machine Tools & Manufacture. 48. Jg., 2008, S. 402-414
[RASI13]	Rasim, M., Duscha, M., Klocke, F.: *Innovative Versuchsmethodik zur Identifikation der Thermischen und Mechanischen Werkstoffbeanspruchung während der Spanbildungsphasen beim Schleifen.* In: Jahrbuch Schleifen, Honen, Läppen und Polieren. 66. Jg., 2013, S. 2-20
[REIC56]	Reichenbach, G. S.; Mayer, J. E.; Kalpakcioglu, S.; Shaw, M. C.: *The Role of Chip Thickness in Grinding.* In: Transaction ASME 18, 1956, S. 847-850
[REIC82]	Reichelt, G.: *Beitrag zum Austenitisierungsprozeß der Stähle.* Diss. Berlin, 1982
[ROES12]	Rösler, J.; Harders, H.; Bäker, M.: *Mechanisches Verhalten der Werkstoffe.* Wiesbaden: Springer Vieweg, 2012
[ROWE01]	Rowe, W. B., Jin, T.: *Temperatures in High Efficiency Deep Grinding (HEDG).* In: Annals of the CIRP. 50. Jg., 2001, Nr. 1, S. 205-208
[ROWE96]	Rowe, W. B., Black, S. C. E., Mills, B., Qi, H. S.: *Analysis of Grinding Temperatures by Energy Partitioning.* In: Tagungsband zur Institution of Mechanical Engineers. Part B. Journal of engineering manufacture. 210. Jg., 1996, S. 579-588.
[ROWE98]	Rowe, W. B., Morgan, M. N., Black, S. C. E.: *Validation of Thermal Properties in Grinding.* In: Annals of the CIRP. 47. Jg., 1998, Nr. 1, S. 275-279

[SADE09] Sadeghi, F., Jalalahmadi, B., Slack, T. S., Raje, N., Arakere, N.: *A Review of Rolling Contact Fatigue.* In: Journal of Tribology. 131. Jg., 2009, Nr. 4, S. 1-15

[SASA97] Sasahara, H., Obikawa, T., Shirakashi, T.: *Finite Element Modeling of Residual Stress Control on Machined Surface.* In: Transaction of North American Manufacturing Research Institution of SME. 25. Jg., 1997, S. 213-218

[SCHE32] Scheil, E.: *Über die Umwandlung des Austenits in Martensit in Eisen-Nickel-Legierungen unter Belastung.* In: Zeitschrift für anorganische und allgemeine Chemie. 207. Jg., 1932, S. 20-40

[SCHL82] Schleich, H.: *Schärfen von Bornitridschleifscheiben.* Diss. RWTH Aachen. 1982

[SCHM76] Schmidtmann, E., Grave, H., Chen, F. S.: *Einfluß von hohen allseitigen Drücken bis 40 kbar auf die Martensitbildung in Kohlenstoffstählen.* In: HTM Härterei-Technische Mitteilung. 31. Jg., 1976, Nr. 3, S. 125-182

[SCHN99] Schneider, M.: *Auswirkungen thermomechanischer Vorgange beim Werkzeugschleifen.* Diss. Dortmund, 1999

[SCHU12] Schulze, V., Osterried, J., Strauß, T., Zanger, F.: *Analysis of Surface Layer Characteristics for Sequential Cutting Operations.* In: HTM Härterei-Technische Mitteilungen. 67. Jg., 2012, S. 347-356

[SCHU12a] Schumann, S., Biermann, D.: *Herausforderungen bei der Modellierung von Schleifprozessen mittels der Finite-Elemente-Methode. Teil 1 von 3.* In: diamond business. 41. Jg., 2012, Nr. 2, S. 34-43

[SCHU12b] Schumann, S., Biermann, D.: *Herausforderungen bei der Modellierung von Schleifprozessen mittels der Finite-Elemente-Methode. Teil 2 von 3.* In: diamond business. 42. Jg., 2012, Nr. 3, S. 58-66

[SCHU12c] Schumann, S., Biermann, D.: *Herausforderungen bei der Modellierung von Schleifprozessen mittels der Finite-Elemente-Methode. Teil 3 von 3.* In: diamond business, 43. Jg., 2012 Nr. 4, S. 56-63

[SCHU13] Schulze, V., Michna, J., Zanger, F., Faltin, C., Maas, U., Schneider, J.: *Influence of Cutting Parameters, Tool Coatings and Friction on the Process Heat in Cutting Processes and Phase Transformations in Workpiece Surface Layers.* In: HTM-Journal of Heat Treatment and Materials. 68. Jg., 2013, Nr. 1, S. 22-31

[SHAF74]	Shafto, G. R.: *Creep feed grinding. An Investigation of Surface Grinding with High Depths of Cut and Low Feed Rates.* Diss. University of Bristol, 1974
[SHAH11]	Shah, S. M. A.: *Prediction of Residual Stresses Due to Grinding with Phase Transformation.* Diss. University of Lyon, 2011
[SHAM89]	Shamsunder, G., Hebbar, R. R., Chandrasekar, S., Farris, T. N.: *Abrasive-Tip Temperature Measurements during Grinding.* In: Grinding Fundamentals and Applications: presented at the Winter Annual Meeting of the American Society of Mechanical Engineers. San Francisco, California, 10.-15. Dezember 1989, S. 267-280
[SHEN08]	Shen, B., Xiao, G., Guo, C., Malkin, S., Shih, A. J.: *Thermocouple Fixation Method for Grinding Temperature Measurement.* In: Journal of Manufacturing Science and Engineering. 130. Jg., 2008, Nr. 5, S. 1-8
[SHI09]	Shi, Z., Srinivasaraghavan, M., Attia, H.: *Experimental Investigation of the Force Distributions in the Grinding Contact Zone.* In: Machining Science and Technology. 13. Jg., 2009, S. 372-384
[SIMS08]	Simsir, C.: *3D Finite Element Simulation of Steel Quenching in Order to Determine the Microstructure and Residual Stresses.* Diss. Middle East Technical University, 2008
[SNOE74]	Snoeys, R., Peters, J.: *The Significance of Chip Thickness in Grinding.* In: CIRP Annals - Manufacturing Technology. 23. Jg., 1974, Nr. 1, S. 227-237
[SPER70]	Sperling, F.: *Grundlegende Untersuchungen beim Flachschleifen mit hoher Schleifscheibenumfangsgeschwindigkeit und Zerspanleistungen.* Diss. RWTH Aachen, 1970
[SPIE09]	Spieß, L., Schwarzer, R., Behnken, H., Teichert, G.: *Moderne Röntgenbeugung. Röntgendiffraktometrie für Materialwissenschaftler, Physiker und Chemiker.* 2. Aufl. Wiesbaden: Teubner, 2009
[STAR11]	Staron, P., Fischer, T., Lippmann, T., Stark, A., Daneshpour, S., Schnubel, D., Uhlmann, E., Gerstenberger, R., Camin, B., Reimers, W., Eidenberger, E., Clemens, H., Huber, N., Schreyer, A.: *In Situ Experiments with Synchrotron High-Energy X-Rays and Neutrons.* In: Advanced Engineering Material. 13. Jg. 2011, S. 658-663
[STEF83]	Steffens, K.: *Thermomechanik des Schleifens.* Diss. RWTH Aachen, 1983
[STOE08]	Stöhr, R.: *Untersuchung und Entwicklung des Innenrundschleifhärtens.* Diss. Universität Bremen, 2008

[STUF96]	Stuff, D.: *Einsatzvorbereitung keramisch gebundener CBN-Schleifscheiben.* Diss. RWTH Aachen, 1996
[SURM04]	Surm, H., Kessler, O., Hunkel, M., Hoffman, F., Mayr. P.: *Modelling the Ferrite/Carbide -> Austenite Transformation of Hypoeutectoid and Hypereutectoid Steels.* In: Journal of Physics. 120. Jg., 2004, S. 111-119
[TAKA66]	Takazawa, K.: *Effects of Grinding Variables on Surface Structure of Hardened Steel.* In: Bulletin of the Japan Society of Precision Engineering. 2. Jg., 1966, Nr. 1
[TAWA90]	Tawakoli, T.: *Hochleistungs-Flachschleifen. Technologie, Verfahrensplanung und wirtschaftlicher Einsatz.* Diss. Hannover, 1990
[TOEN92]	Tönshoff, H. K., Inasaki, I., Paul, T., Peters, J.: *Modelling and Simulation of Grinding Processes.* In: Annals of the CIRP. 41. Jg., 1992, Nr. 2, S. 677-688
[TOEN97]	Tönshoff, H. K., Karpuschewski, B., Meyer, T.: *Schnellhubschleifen von Hochleistungskeramik.* In: Jahrbuch Schleifen, Honen, Läppen und Polieren. 58. Jg., 1997, S. 184-192
[TOEN98]	Tönshoff, H. K., Karpuschewski, B., Mandrysch, T.: *Grinding Process Archievements and their Consequences on Machine Tools Challenges and Opportunities.* In: Annals of the CIRP. 47. Jg., 1998, Nr. 2, S. 651-668
[TOEN02]	Tönshoff, H. K., Becker, J. C., Friemuth, T.: *Process Monitoring in Grinding.* In: CIRP Annals - Manufacturing Technology. 51. Jg., 2002, Nr. 2, S. 551-571.
[TREF94]	Treffert, C.: *Hochgeschwindigkeitsschleifen mit galvanisch gebundenen CBN-Schleifscheiben.* Diss. RWTH Aachen, 1994
[TRIE75]	Triemel, J. *Untersuchungen zum Stirnschleifen von Schnellarbeitsstählen mit Bornitridwerkzeugen.* Diss. Hannover, 1975
[UHLM11]	Uhlmann, E., Sammler, C.: *Einfluss der Vorschubgeschwindigkeit auf die Abtrennmechanismen beim Schnellhubschleifen keramischer Werkstoffe.* In: Keramische Zeitschrift. 3. Jg., 2011, S. 186-189
[VDI27]	*Die Grundlagen des Schleifens.* In: Zeitschrift des Vereins Deutscher Ingenieure. Nr. 32, August 1927
[WAGN57]	Wagner, K.: *Das Schleifen, ein ungewolltes Verfahren der Oberflächen-Wärmebehandlung.* In: Härterei-Technik und Wärmebehandlung. 3. Jg., 1957, S. 83-85

[WASS37] Wassermann, G.: *Untersuchungen an einer Eisen-Nickel Legierung über die Verformbarkeit während der γ-α-Umwandlung.* In: Archiv Eisenhüttenwesen. 10. Jg., 1937, Nr. 7, S. 321-325

[WEBE01] Weber, T.: *Simulation des Flachprofilschleifens mit Hilfe der Finiten-Elemente-Methode.* Diss. Braunschweig, 2001

[WEIN00] Weinert, K., Schneider, M.: *Simulation of Tool-Grinding with Finite Element Method.* In: Annals of the CIRP. 49. Jg., 2000, Nr. 1, S. 253-256.

[WEIS92] Weiß, A., Eckstein, H.-J.: *Der Einfluß äußerer Spannungen auf die spannungs- und verformungsinduzierte Martensitbildung in austenitischen und austenitisch-ferritischen Cr-Ni-Stählen.* In: Neue Hütte. 37. Jg., 1992, S. 438-444

[WERN71] Werner, G.: *Kinematik und Mechanik des Schleifprozesses.* Diss. RWTH Aachen, 1971

[WEVE61] Wever, F., Rose, A., Peter, W., Strassburg, W., Rademacher, L.: *Atlas zur Wärmebehandlung der Stähle.* Band 1. In: Stahleisen, Düsseldorf, 1961

[WILD86] Wildau, M.: *Zum Einfluß der Werkstoffeigenschaften auf Spannungen, Eigenspannungen und Maßänderungen von Werkstücken aus Stahl.* Diss. RWTH Aachen, 1986

[WILK06] Wilken-Meyer, L.: *Einsatz von Temperatur- und Kraftsensoren in Schleifwerkzeugen.* Diss. Bremen, 2006

[WILK08] Wilke, T.: *Energieumsetzung und Gefügebeeinflussung beim Schleifhärten.* Diss. Universität Bremen, 2008

[ZAEH09] Zäh, M. F., Brinksmeier, E., Heinzel, C., Huntemann, J.-W., Föckerer, T.: *Experimental and Numerical Identification of Process Parameters of Grind-Hardening and Resulting Part Distortions.* In: Production Engineering - Research and Development. 3. Jg., 2009, S. 271-279

[ZEPP05] Zeppenfeld, C.: *Schnellhubschleifen von γ-Titanaluminiden.* Diss. RWTH Aachen, 2005

[ZHAN95] Zhang, L. C., Mahdi, M.: *Applied Mechanics in Grinding-Part IV. The Mechanism of Grinding Induced Phase Transformation.* In: International Journal of Machine Tools & Manufacture. 35. Jg., 1995, Nr. 10, S. 1379-1409

[ZHAN99]   Zhang, L., Mahdi, M.: *Applied Mechanics in Grinding-Part VII: Residual Stresses Induced by the Ffull Coupling of Mechanical Deformation, Thermal Deformation and Phase Transformation.* In: International Journal of Machine Tools & Manufacture. 39. Jg., 1999, S. 1285

[ZOCH95]   Zoch, H.-W.: *Randschichtverfestigung - Verfahren und Bauteileigenschaffen.* In: HTM Härterei-Technische Mitteilungen. 50. Jg., 1995, Nr. 5, S. 287-293

11 Anhang

Appendix

11.1 Bilderanhang

Figure Appendix

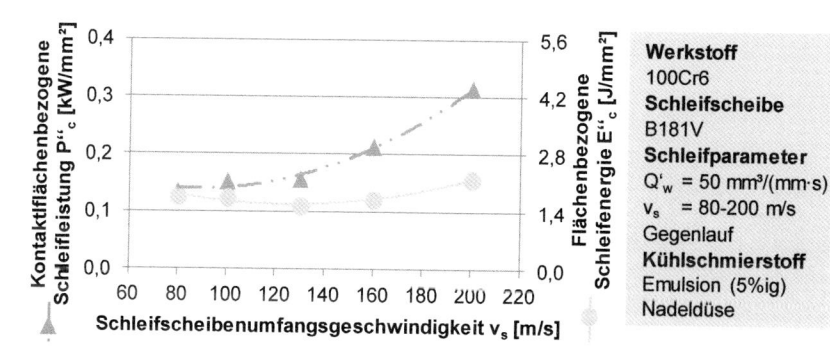

Bild 11.1: Kontaktflächenbezogene Schleifleistung und flächenbezogene Schleifenergie in Abhängigkeit von der Schleifscheibenumfangsgeschwindigkeit

Area specific grinding power and area specific grinding energy depending on the grinding wheel velocity

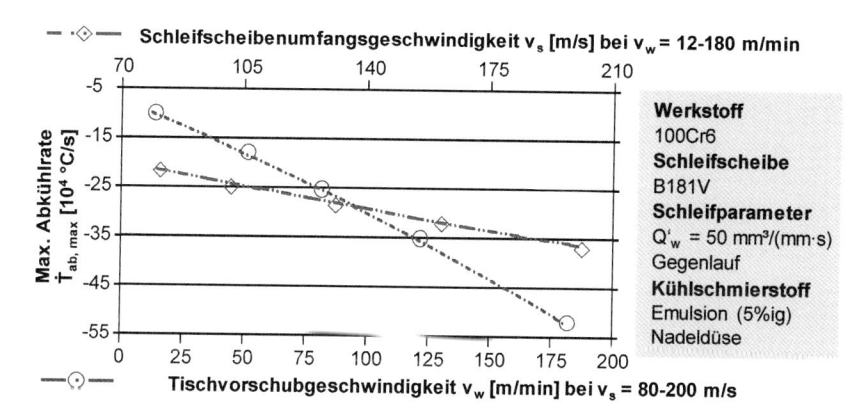

Bild 11.2: Maximale Abkühlraten beim Pendel- und Schnellhubschleifen mit verschiedenen Schleifscheibenumfangsgeschwindigkeiten

Maximum cooling rates during pendulum and speed-stroke grinding with different grinding wheel velocities

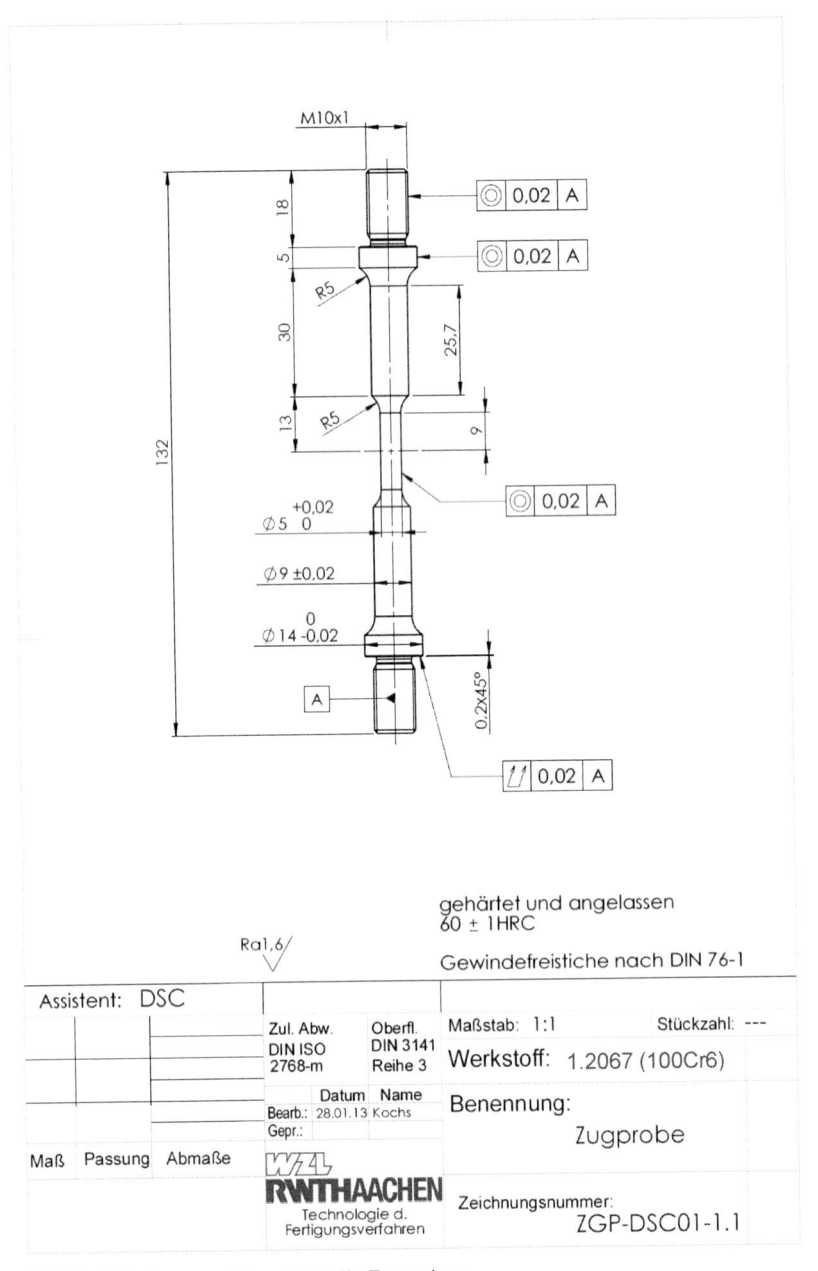

Bild 11.3: Fertigungszeichnung für die Zugproben
Production drawing for the tensile test probes

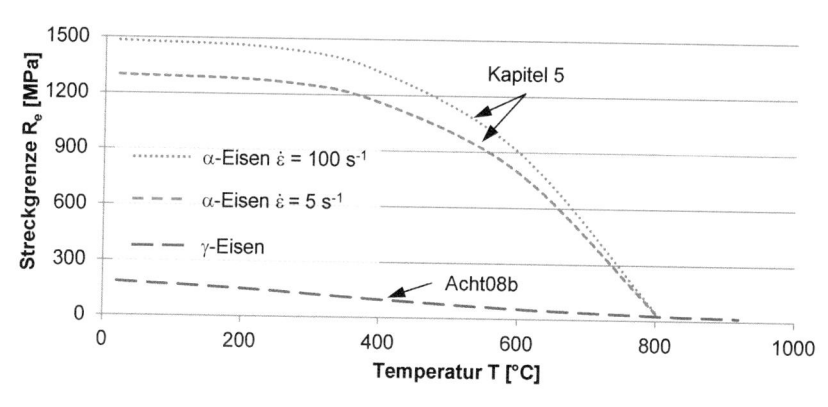

Bild 11.4: Phasen- und temperaturabhängige Streckgrenze für α- und γ-Eisen [ACHT08b]

Phase and temperature dependent yield stress for α- und γ-iron

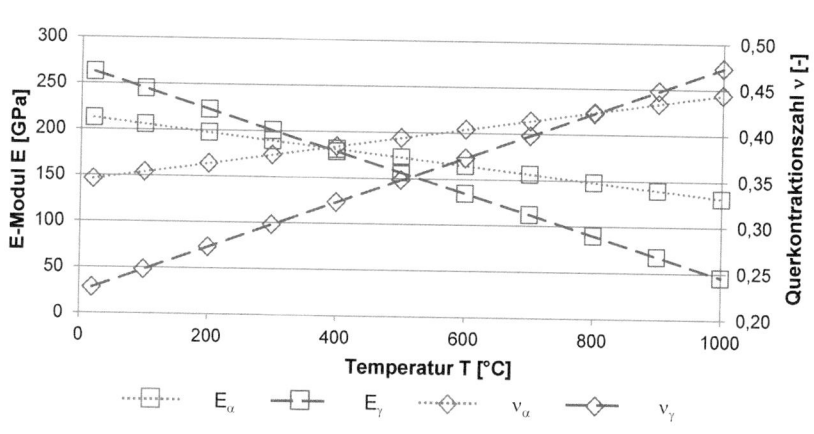

Bild 11.5: E-Modul und Querkontraktionszahl für α- und γ-Eisen [ACHT08b]

Young's Modulus and Poisson's ratio for α- und γ-iron

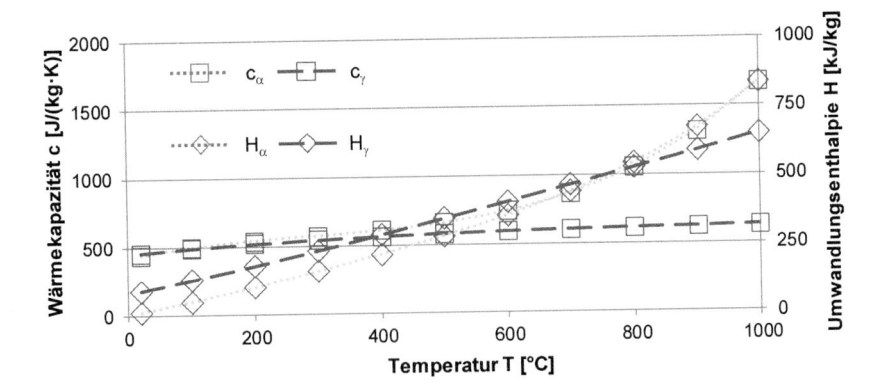

Bild 11.6: Wärmekapazität und Umwandlungsenthalpie für α- und γ-Eisen [ACHT08b]

Heat capacity and phase transformation enthalpy for α- und γ-iron

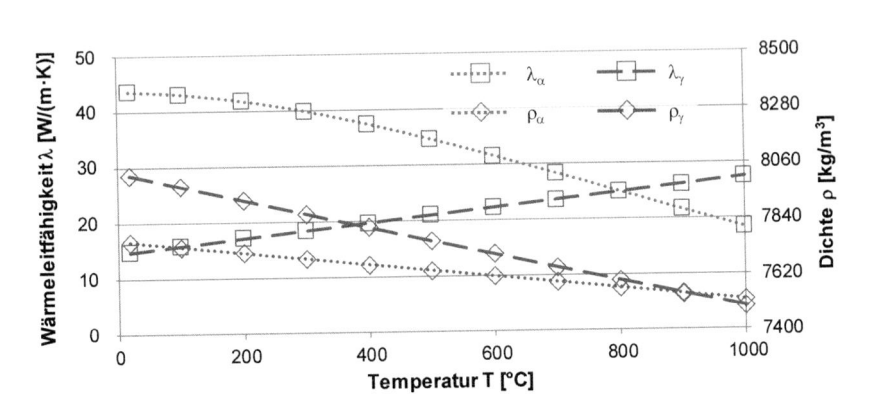

Bild 11.7: Wärmeleitfähigkeit und Dichte für α- und γ-Eisen [ACHT08b]

Heat conductivity and density for α- und γ-iron

11 Anhang

Werkstoff
100Cr6
Schleifscheibe
B181V

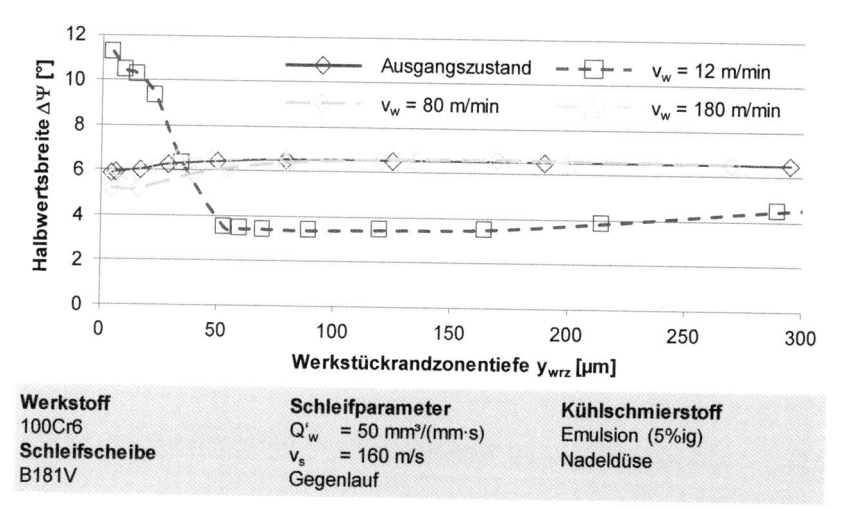

Schleifparameter
Q'_w = 50 mm³/(mm·s)
v_s = 160 m/s
Gegenlauf

Kühlschmierstoff
Emulsion (5%ig)
Nadeldüse

Bild 11.8: Halbwertsbreiten für verschiedene Tischvorschubgeschwindigkeiten

Value at half width of the stress peaks for different table speeds

Werkstoff
100Cr6
Schleifscheibe
B181V

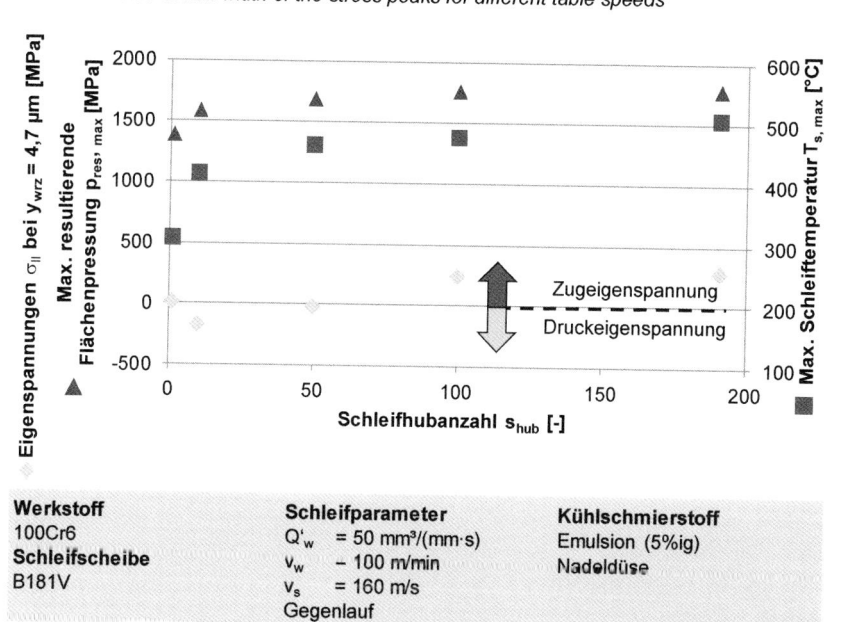

Schleifparameter
Q'_w = 50 mm³/(mm·s)
v_w = 100 m/min
v_s = 160 m/s
Gegenlauf

Kühlschmierstoff
Emulsion (5%ig)
Nadeldüse

Bild 11.9: Maximale Eigenspannungen in Abhängigkeit von den maximalen Schleiftemperaturen und resultierenden maximalen Flächenpressungen für eine Tischvorschubgeschwindigkeit von v_w = 180 m/min

Maximum residual stresses dependent on the maximum grinding temperature and the resulting maximum pressure for a table speed of v_w = 180 m/min

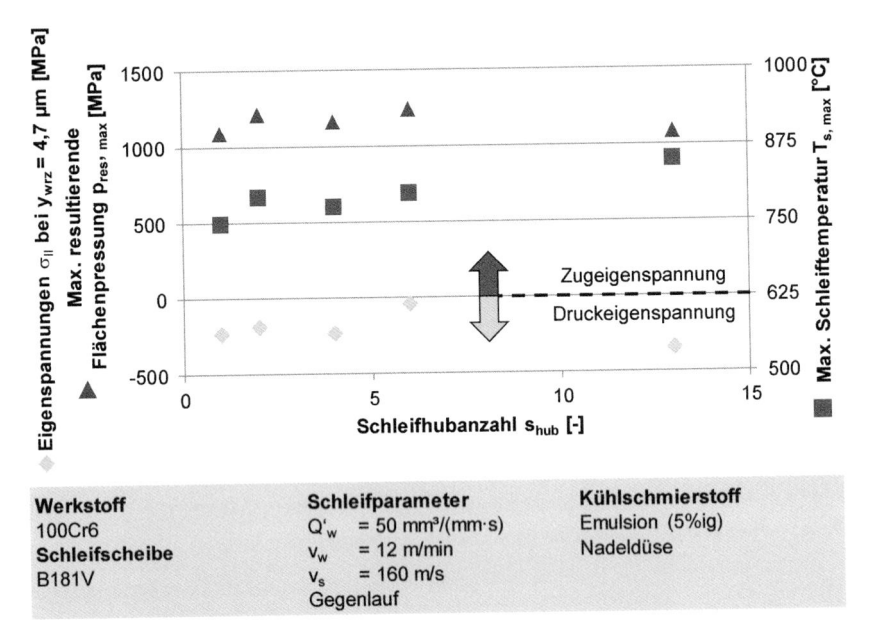

Bild 11.10: Maximale Eigenspannungen in Abhängigkeit von den maximalen Schleiftemperaturen und resultierenden maximalen Flächenpressungen für eine Tischvorschubgeschwindigkeit von v_w = 12 m/min

Maximum residual stresses dependent on the maximum grinding temperature and the resulting maximum pressure for a table speed of v_w = 12 m/min

Werkstoff	Schleifparameter	Kühlschmierstoff
100Cr6	Q'_w = 50 mm³/(mm·s)	Emulsion (5%ig)
Schleifscheibe	v_w = 12 m/min	Nadeldüse
B181V	v_s = 160 m/s	
	Gegenlauf	

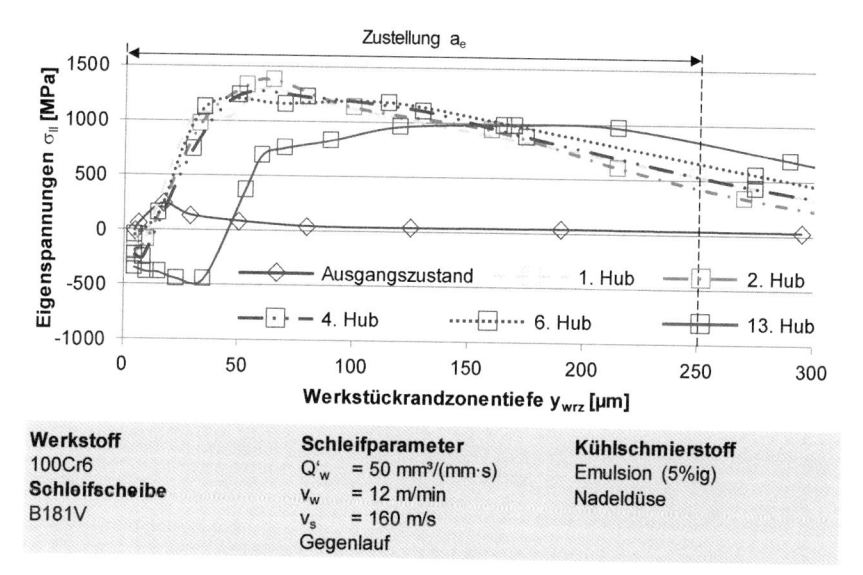

Werkstoff	Schleifparameter	Kühlschmierstoff
100Cr6	Q'_w = 50 mm³/(mm·s)	Emulsion (5%ig)
Schleifscheibe	v_w = 12 m/min	Nadeldüse
B181V	v_s = 160 m/s	
	Gegenlauf	

Bild 11.11: Eigenspannungsverlauf in Abhängigkeit von der Schleifhubanzahl für eine Tischvorschubgeschwindigkeit von v_w = 12 m/min

Residual stress sequence dependent on the stroke number for the table speed of v_w = 12 m/min

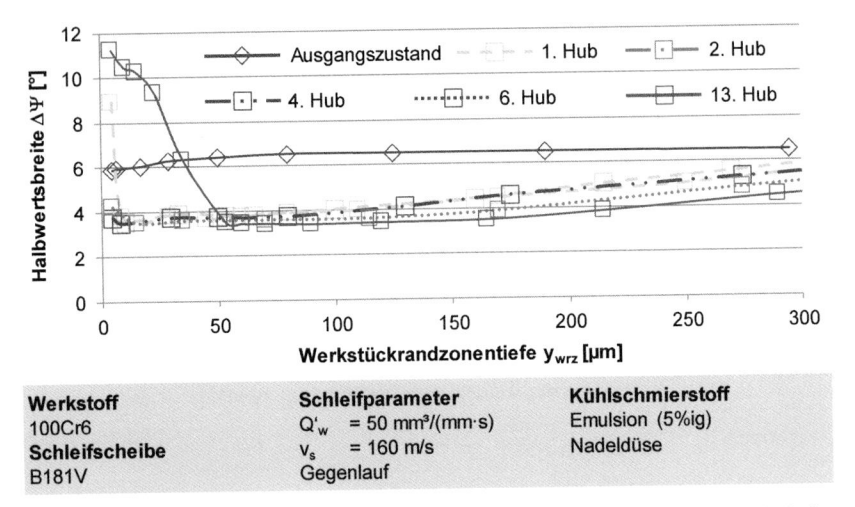

Werkstoff	Schleifparameter	Kühlschmierstoff
100Cr6	Q'_w = 50 mm³/(mm·s)	Emulsion (5%ig)
Schleifscheibe	v_s = 160 m/s	Nadeldüse
B181V	Gegenlauf	

Bild 11.12: Halbwertsbreiten in der Werkstückrandzone für die Tischvorschubgeschwindigkeit von v_w = 12 m/min bei verschiedenen Schleifhubzahlen

Value at half width of the stress peaks in the workpiece surface layer for the table speed of v_w = 12 m/min at different grinding strokes

Lebenslauf

Resume

Persönliches Michael Duscha
geb. am 12. Mai 1980 in Rostock
deutsche Staatsangehörigkeit
ledig
Eltern: Dietmar und Marina Duscha, geb. Grusser

Schulbildung

1986 - 1992	Wilhelm-Florin Grundschule Rostock
1992 - 1996	Arthur-Becker Realschule Rostock
2000 - 2001	Beruffiche Schule der Hansestadt Rostock mit der Fachrichtung Metalltechnik Abschluss: Allgemeine Fachhochschulreife

Wehrdienst

09/2001 - 09/2003	Grundwehrdienst beim 1. Objektschutzbataillon der Luftwaffe mit Auslandseinsatz im Kosovo (KFOR)

Hochschulstudium

09/2003 - 09/2007	Maschinenbau an der Hochschule Wismar Vertiefungsrichtung: Konstruktionstechnik Abschluss: Diplom-Ingenieur (FH)
10/2007 - 02/2010	Promotionszulassung gemäß Promotionsordnung der RWTH Aachen

Berufstätigkeit

08/1996 - 01/2000	Ausbildung zum Gas- und Wasserinstallateur bei der Schneider & Co. GmbH in Rostock (familiengeführtes Unternehmen) Abschluss: Geselle (IHK)
02/2000 - 08/2000	Geselle/Gas- und Wasserinstallateur in selbiger Firma
09/2005 - 02/2006	Ingenieurspraktikum, Fachbereich für Maschinenwesen an der Tokyo University of Science (Japan)
03/2000 - 03/2007	Studentische Hilfskraft am Lehrstuhl für theoretische Elektrotechnik, Prof. Dr. rer. nat. habil. U. van Rienen, Universität Rostock
10/2007 - 09/2013	Wissenschaftlicher Mitarbeiter am Werkzeugmaschinenlabor WZL, Lehrstuhl für Technologie der Fertigungsverfahren, Prof. Dr.-Ing. Dr.-Ing. E.h. Dr. h.c. Dr. h.c. Fritz Klocke, RWTH Aachen
seit 02/2014	Spezialist Entwicklung Bearbeitungsverfahren bei der Schaeffler Technologies GmbH & Co. KG